国家出版基金项目
NATIONAL PUBLICATION FOUNDATION

"十四五"时期国家重点出版物出版专项规划项目
新一代人工智能理论、技术及应用丛书

边 缘 智 能

王晓飞　韩溢文　仇　超　梁中明　胡清华　著

科学出版社

北　京

内 容 简 介

本书深入探讨人工智能与边缘计算的密切关系。众多智能场景和大模型的兴起加剧了大数据需求，同时数据规模对网络架构提出挑战，边缘计算应运而生。人工智能和边缘计算密不可分，边缘计算通过降低延迟和负载为人工智能提供保障，而人工智能的优化能力则支持了边缘计算高效运行。

本书从基础知识、概念、框架、应用案例、优化方法、未来方向等方面全面介绍智能边缘技术，旨在为边缘计算和人工智能领域的科研人员和实践者提供参考。

图书在版编目（CIP）数据

边缘智能 / 王晓飞等著. --北京：科学出版社，2024. 11. -- （新一代人工智能理论、技术及应用丛书）. -- ISBN 978-7-03-079716-2

Ⅰ. TP18

中国国家版本馆 CIP 数据核字第 2024YD8247 号

责任编辑：张艳芬　李　娜 / 责任校对：崔向琳
责任印制：师艳茹 / 封面设计：陈　敬

科学出版社 出版
北京东黄城根北街 16 号
邮政编码：100717
http://www.sciencep.com

北京中科印刷有限公司印刷
科学出版社发行　各地新华书店经销
*
2024 年 11 月第　一　版　开本：720×1000　1/16
2024 年 11 月第一次印刷　印张：14 1/2
字数：292 000

定价：130.00 元
（如有印装质量问题，我社负责调换）

"新一代人工智能理论、技术及应用丛书"编委会

主　　编：李衍达

执行主编：钟义信

副 主 编：何华灿　涂序彦

秘 书 长：魏英杰

编　　委：(按姓名拼音排列)

曹存根	柴旭东	陈　霖	郭桂蓉	韩力群
何华灿	胡昌华	胡晓峰	黄　如	黄铁军
李伯虎	李洪兴	李衍达	陆汝钤	欧阳合
潘云鹤	秦继荣	史元春	史忠植	宋士吉
孙富春	谭　营	涂序彦	汪培庄	王小捷
王蕴红	魏英杰	邬　焜	吴　澄	熊　璋
薛　澜	张　涛	张盛兵	张艳宁	赵沁平
郑南宁	钟义信			

"新一代人工智能理论、技术及应用丛书"序

科学技术发展的历史就是一部不断模拟和扩展人类能力的历史。按照人类能力复杂的程度和科技发展成熟的程度,科学技术最早聚焦于模拟和扩展人类的体质能力,这就是从古代就启动的材料科学技术。在此基础上,模拟和扩展人类的体力能力是近代才蓬勃兴起的能量科学技术。有了上述的成就做基础,科学技术便进展到模拟和扩展人类的智力能力。这便是 20 世纪中叶迅速崛起的现代信息科学技术,包括它的高端产物——智能科学技术。

人工智能,是以自然智能(特别是人类智能)为原型、以扩展人类的智能为目的、以相关的现代科学技术为手段而发展起来的一门科学技术。这是有史以来科学技术最高级、最复杂、最精彩、最有意义的篇章。人工智能对于人类进步和人类社会发展的重要性,已是不言而喻。

有鉴于此,世界各主要国家都高度重视人工智能的发展,纷纷把发展人工智能作为战略国策。越来越多的国家也在陆续跟进。可以预料,人工智能的发展和应用必将成为推动世界发展和改变世界面貌的世纪大潮。

我国的人工智能研究与应用,已经获得可喜的发展与长足的进步:涌现了一批具有世界水平的理论研究成果,造就了一批朝气蓬勃的龙头企业,培育了大批富有创新意识和创新能力的人才,实现了越来越多的实际应用,为公众提供了越来越好、越来越多的人工智能惠益。我国的人工智能事业正在开足马力,向世界强国的目标努力奋进。

"新一代人工智能理论、技术及应用丛书"是科学出版社在长期跟踪我国科技发展前沿、广泛征求专家意见的基础上,经过长期考察、反复论证后组织出版的。人工智能是众多学科交叉互促的结晶,因此丛书高度重视与人工智能紧密交叉的相关学科的优秀研究成果,包括脑神经科学、认知科学、信息科学、逻辑科学、数学、人文科学、人类学、社会学和相关哲学等学科研究成果。特别鼓励创造性的研究成果,着重出版我国的人工智能创新著作,同时介绍一些优秀的国外人工智能成果。

尤其值得注意的是,我们所处的时代是工业时代向信息时代转变的时代,也是传统科学向信息科学转变的时代,是传统科学的科学观和方法论向信息科学的科学观和方法论转变的时代。因此,丛书将以极大的热情期待与欢迎具有开创性的跨越时代的科学研究成果。

　　"新一代人工智能理论、技术及应用丛书"是一个开放的出版平台，将长期为我国人工智能的发展提供交流平台和出版服务。我们相信，这个正在朝着"两个一百年"奋斗目标奋力前进的英雄时代，必将是一个人才辈出百业繁荣的时代。

　　希望这套丛书的出版，能给我国一代又一代科技工作者不断为人工智能的发展做出引领性的积极贡献带来一些启迪和帮助。

李衍达

序

通用人工智能技术与应用正在迅速崛起，我们正面临着前所未有的挑战，但传统的中心化计算架构已难以满足需求。边缘智能，通过在靠近数据的位置进行智能计算，极大地缓解了中心系统的压力，为大规模、复杂的应用场景提供了低延迟、高效率的解决方案。

与此同时，智能技术正从传统的中心化智能逐步演进为分布式智能，边缘智能正是这一趋势的核心。它通过实时的数据处理和智能决策，提升系统的响应速度、降低延迟、减少对网络带宽的依赖。该书系统地探讨了边缘智能的理论基础、技术创新和应用前景，为读者提供深刻而全面的视角。

首先，该书从理论层面深入剖析了边缘智能的原理，涵盖其在信息处理、决策制定和智能感知等方面的特性。边缘智能不仅是一项技术手段，更代表了一种新的数据处理范式，为解决数字世界的复杂问题提供了全新思路。

其次，该书对数字化时代的变迁进行了系统性分析。伴随着大数据、云计算的兴起，以及元宇宙等新兴概念的推进，边缘智能为处理海量数据提供了新的途径，将智慧能力下沉到更接近数据的边缘侧，极大地提升了数据处理的实时性和效率。通过案例分析，书中展示了边缘智能在智慧城市、智能制造、自动化车联网、实时视频分析等领域的广泛应用，并深入探讨了其对各行业智慧化转型的推动作用。

此外，边缘智能的发展也面临一系列挑战，如安全性、隐私保护和算法优化等。该书不仅对这些挑战进行了深入分析，还提出了相应的解决方案。

在技术创新和产业变革的关键时刻，随着生成式人工智能技术与应用的蓬勃发展，边缘智能的地位愈发不可或缺，并将持续为我们的生活和工作带来更多便捷。该书呈现了边缘智能的学术前沿、产业应用和所面临的挑战。

最后，我向该书的作者们致以诚挚的敬意。王晓飞教授在边缘智能领域深耕多年，对其理论技术体系的发展作出了重要贡献；韩溢文博士和仇超教授作为富有潜力的青年学者，以创新思维为领域注入了新活力；梁中明院士是通信网络领域的国际著名学者，指引了人工智能与移动通信网络融合发展的全新思路；胡清华教授在人工智能领域成绩斐然，为机器学习理论与智能技术的突破作出了重要贡献。作者们的相关论文和专著在国际上备受关注，被广泛阅读和引用。我本人十分认可他们的成果与影响力，我们在边缘计算、人工智能、智慧城市等方向经常深入探讨，并开展深度合作。期望该书能够激发更多的研究与创新，共同推动边缘智能的发展，为未来数字世界的美好愿景贡献力量。

中国科学院院士

前　言

目前，我们正处在一个快速发展的时代。人工智能(artificial intelligence，AI)作为引领时代潮流、颠覆人们传统生活方式的技术，已经深入全球生产和生活中。随着智能工厂、智能城市、智能家居和智能物联网等领域的迅速崛起及众多 AI 大模型的兴起，AI 实现了人与机器之间的互动协作。目前，AI 已经开始在许多高强度、高难度和高风险的关键领域取代人类，甚至在一些领域表现得比人类更好。因此，AI 通过取代人力劳动和人工管理，在一定程度上提高了整个社会的生产和管理效率。

但是，实现 AI 需要大规模数据作为支持。基于对大量样本数据的训练和学习，AI 可以实现近乎超过人类的表现。同时，各类 AI 大模型的兴起也进一步加大了对数据的需求规模。现在网络中的数据呈指数级增长，这为 AI 的兴起和发展创造了机会。然而，网络数据规模的迅速增加也是当前网络架构的一大挑战。为了缓解数据规模爆炸式增长对网络造成的压力，边缘计算技术应运而生。边缘计算可以通过在网络边缘设置分布式边缘节点来减小网络压力，并减少请求响应的延迟，同时能更好地应对 AI 大模型海量数据处理的需求。

数据的爆炸式增长不仅为 AI 的发展提供了先决条件，还为边缘计算的兴起创造了机会。然而，AI 和边缘计算作为两种流行的新技术，是密不可分的。一方面，边缘计算能够降低延迟和流量负载的特性为 AI 提供基本保证。另一方面，AI 的学习与决策能力可以支持边缘计算的高效、稳定运行。这两种技术不但相互支持，而且相互融合，是密不可分的。深度学习作为 AI 与边缘计算相结合的最具代表性的技术，通过与边缘计算的协作，在许多领域取得了显著的进步。在此背景下，本书围绕边缘计算与人工智能的关系，探讨相关成果，从基础知识、概念、框架、应用案例、优化方法、未来方向等方面介绍和讨论智能边缘的先进技术，为相关领域的学生、研究人员和实践者提供全面的参考。

本书由王晓飞(天津大学)、韩溢文(天津大学)、仇超(天津大学)、梁中明(深圳大学)、胡清华(天津大学)共同撰写而成。感谢校稿阶段付出辛勤努力的沈仕浩、段卓希等同学，感谢为此书提供宝贵意见和大力支持的所有朋友！

本书得到了国家自然科学基金项目(62072332、62002260)、科技部重点研发计划项目(2019YFB2101900)、天津市自然科学基金项目(23JCYBJC00780)、广东省

"珠江人才计划"引进创新创业团队项目(2019ZT08X603)及"珠江人才计划"引进高层次人才项目(2019JC01X235)的支持。

　　限于作者水平和学识，书中难免存在不足之处，恳请广大读者批评指正。

王晓飞

目　　录

第 1 章　边缘计算概述

随着互联网广泛普及，网络数据正以井喷式的趋势增长。与此同时，对于应用的低延时需求也成为普通用户的迫切需求。传统的云计算模式通过将数据上传到云来解决终端设备面临的资源匮乏问题，但是它仍无法满足大数据时代人们对计算效率的极致需要。由此，边缘计算应运而生。通过在靠近数据源的设备上预先处理数据，边缘计算可大幅减少网络传输开销，降低请求响应延迟，同时也可给数据隐私保护带来积极影响。边缘计算的产生得益于相关技术的改进，其发展趋势也将是相关技术的集成演进。其中，人工智能(artificial intelligence，AI)与移动(多接入)边缘计算(mobile/multi-access edge computing，MEC)的结合是最重要的发展方向之一。无论是智能边缘还是边缘智能，未来都有广阔的发展空间。

1.1　边缘计算的产生

随着计算和存储设备的激增，从云数据中心的服务器集群到个人计算机和智能手机，再到可穿戴和其他物联网(internet of things，IoT)设备，当今世界正处在一个以信息为中心的时代。计算已经无处不在，并且计算服务正从云端延伸至边缘。据报道，2020 年全世界已有 500 亿个物联网设备连接到互联网[1]；2021 年底，在云之外产生的数据将接近 850 泽字节(zettabyte，ZB)数据，而全球数据中心流量仅为 20.6 ZB[2]。这表明，大数据的数据源也在经历转型，即从大型云数据中心到越来越多的边缘设备。然而，现有的云计算模式逐渐无法管理这些大规模分布的计算能力，甚至无法分析其数据：一方面，大量的计算任务需要传递到云数据中心进行处理[3]，这无疑给网络容量和云计算基础架构的计算能力带来严峻挑战；另一方面，许多新型应用程序，例如协同式自动驾驶要求具有极低且严格的延迟，因此仅靠云计算将难以满足用户需求[4]。

因此，边缘计算[5,6]成为一种最具吸引力的解决方案，尤其是承载尽可能靠近数据源或终端用户的计算任务。当然，边缘计算和云计算并不是相互排斥、对立的[7,8]。相反，边缘计算应当被视为云计算的扩展与补充。与单纯的云计算相比，边缘计算与云计算相结合的主要优势有三方面：一是缓解骨干网络压力，分布式边缘计算节点可以处理大量计算任务，无须与云数据中心交换相应数据，从而减轻网络的流量负载；二是敏捷的服务响应，在边缘托管的服务可以显著减少数据传输的延迟并提高响应速度；三是强大的云备份，当边缘基础设施无法承载突发的大规模请求时，云可以提供强大的处理能力和大容量存储。

1.2　边缘计算的发展

纵观计算模式，从云计算到边缘计算的跨越是计算模式发展史上的又一里程碑。根据行业发展历史可知，计算模式的演化过程与计算设备的发展其实是同步的。因此，我们根据计算设备的发展历史，总结计算模式演化过程(表 1-1)，具体如下。

(1) 以大型机为核心的集中式处理模式。由于最早的计算机计算能力不强、设备巨大、成本昂贵，所以几乎所有的计算任务都依赖中央宿主计算机，而其他物理设备不具有计算能力，只能访问宿主机上的应用程序和数据，并以此满足各个用户不同的计算需求。

(2) 以个人计算机 (personal computer，PC)/文件服务器为核心的文件共享计算模式。随着计算机的发展，计算设备体积减小，成本降低，PC 逐渐成为主流计算设备，但是因为存储介质落后，PC 的数据存储容量仍然不足。在这样的背景下，原有的大型机下放了大部分的计算任务，其本身只用来存储大量的文件数据供各个 PC 访问，从而形成以 PC/文件服务器为核心的文件共享计算模式。

(3) 以客户端/服务器(client/server，C/S)架构为主流的分布式计算模式。随着数据库技术的出现和普及，以及传统文件共享结构缺陷的显现，数据库服务器取代了传统的文件服务器，这就产生了所谓的 C/S 模式。在该模式下，服务器使用数据库管理系统(database management system，DBMS)快速应答用户请求，并通过远程过程调用(remote procedure call，RPC)或结构化查询语言(structured query language，SQL)进行通信。

(4) 以 Web 为核心，浏览器/服务器(browser/server，B/S)架构为主流的分布式计算模式。随着用户数量、计算需求、数据量的飞速增加，传统的 C/S 模式在发展中不断发展和扩充，形成两层 C/S 模式、三层 C/S 模式等。与此同时，随着互联网的发展和普及，浏览器和 Web 服务器加入 C/S 模式中，并分别充当 C/S 模式中的客户层和中间层，进而形成如今的 B/S 架构。

(5) 以各类移动设备为核心的普适计算模式。经过多年的发展，计算机逐步从实验室进入办公室，甚至普通家庭，这极大地推动了计算机技术产业的发展。但是，以计算机为中心的计算模式要求用户必须端坐在计算机前完成任务，无法将计算机业务拓展到人们生活的方方面面。因此，普适计算的出现使信息技术真正地融入人们的日常生活成为可能。

(6) 以网格计算(grid computing，GC)、对等网络(peer-to-peer，P2P)、云计算等为核心的分布式计算模式。信息技术的高速发展使用户对计算机的计算能力有了更多、更高的期望。为了在应对日益增长的数据量和高并发应用的同时，降低成本、充分利用闲置计算资源，以网格计算、P2P、云计算为代表的一批分布式计算模式便开始活跃在人们的视野中。

(7) "云-边-端" 协同的计算模式。物联网技术的出现使计算机技术开始真正地融入人类的生活。如今，物联网已经从"物"与"物"相连提升到"人"与"物"相连，计算模式不仅需要拥有更强的计算和感知能力，也需要及时处理海量物联网设备产生的海量异构数据。显然，仅传统云计算模式本身已经无法满足"万物互联"时代的需求，但是其与边缘计算模式有效协同，即云-边-端协同模式将成为下一代协同计算的发展方向。

表 1-1　计算模式演化过程

时间	计算模式
1965~1985 年	以大型机为核心的集中式处理模式
1986~1990 年	以个人计算机/文件服务器为核心的文件共享计算模式
1990~1996 年	以客户端/服务器架构为主流的分布式计算模式
1996 年至今	以 Web 为核心，浏览器/服务器架构为主流的分布式计算模式
2000 年至今	以各类移动设备为核心的普适计算模式
2005 年至今	以网格计算、对等网络、云计算等为核心的分布式计算模式
2015 年至今	"云-边-端"协同的计算模式

1.3　边缘计算的现状

与云计算相比，边缘计算是从云计算每个边缘节点的"集中式资源共享模式"转变为"分布式互助共享模式"。在行业内，位于三个不同层面的云-边-端的服务运营商形成并分化出不同的解决方案[9]，具体如下。

(1) 基于云服务商的边缘计算"云服务引流"。例如，腾讯、百度、阿里的边缘云节点，谷歌的 GKE On-Prem、微软的 Azure Stack、华为的公有云边缘计算，都是瞄准云生态入口，在边缘云上实现小边缘云。

(2) 站点设施边缘联盟/站点提供商"站点+计算服务"。Vapor 团队代表十余家公司共同建立生态，类似于中国铁塔股份有限公司提供的多个中心站点的理念，通过机房、机柜等各种机制将边缘站点连接成网络。

(3) 面向固定运营商的边缘计算"固定连接+计算服务"。边缘计算产业联盟(Edge Computing Consortium，ECC)是由华为公司发起的固网边缘计算组织，旨在推动工业互联网的广泛互动。其主要服务对象是企业交换设备和固定接入边缘设备。

(4) 以移动运营商为中心的边缘计算"移动连接+计算服务"。边缘计算在2014年被称为移动边缘计算。早期的场景是在移动基站本地进行缓存,但由于当时的内容分发和基站管理未受重视,所以商用推动受阻,逐渐演变成分组移动网关。随后,本地分发、内容缓存和加速、固网对接、交互式网络电视(interactive personal television,IPTV)、组播等形式逐渐商用落地。例如,2017年,华为无线核心网等各方提出将MEC的全称改为多接入边缘计算,2018年结合5G网络架构,在3GPP(3rd Generation Partnership Project,第三代合作伙伴计划)国际标准SA2中规定将MEC部署在用户平面功能(user plane function,UPF)位置,并对UPF进行各种增强。随着5G的普及,MEC也在向"固定-移动"融合和多路接入的方向迈进。2024年,全球6G技术大会提出将边缘的计算本地性和人工智能的强计算能力相结合,来提高无线通信系统的整体性能,推动信息社会向更高效、更智能的方向发展。

(5) 由工业/企业/交通路政形成的网络或自组织网络形式的边缘计算。行业自建连接+计算服务可扩展分解,部分相当于基于技术协议栈的第四类移动运营商网络或第三类固定运营商网络(频谱可改成无证件)。它们中的一些,如LoRa(long range radio)、WiFi(wireless fidelity),是用于免费联网的。随着云服务提供商、现场服务提供商、物联网和终端形式的实施,协议栈类似于第一类/第二类/第六类。

(6) 终端/客户前置设备、物联网网关和车辆的边缘计算。近端计算服务就是及时在本地进行计算处理,然后连接到宏网协助上层节点或周边节点。

1.4　边缘计算的趋势

为什么由云计算向边缘计算的发展可以视为计算模式变革的趋势?从宏观上看,可以从生物进化学、人体解剖学、社会学三个角度来回答这个问题。

从生物进化学角度来看,生命体的发展是从简单到复杂的过程。约35亿年前,地球上诞生了最初的单细胞生命体,之后随着漫长的时间演化,出现了具有简单独立线性组合的单细胞生命体,并逐步进化出具有神经细胞和神经网络(neural network,NN)的多细胞生命体。复杂生命体通过神经细胞的稳定连接和统一的信息交流语言进行信息传递和神经计算,大幅提升了生命体的存活率。

从人体解剖学角度来看,类似于章鱼有60%的神经分布在肢体,人体也在全身上下分布着大大小小的神经。人体神经系统将信息感知和数据分析功能分散在不同的子系统中,实现分层、异构的感知、认知和决策过程。这样才能为人类智能的产生提供计算基础。

从社会学角度来看,人类社会的发展历史是通过分工协作从家庭、小型社会群体逐渐发展成为具有全球规模的超大型社会群体的过程。这种社会分工协同模式可以实现高效的资源共享与流动。当前人类社会许多组织的结构设计也参照了这种社会分工协同模式。

以上三个角度的进化趋势均是从简单到复杂、从集中式到分布式的过程，最终都发展成具有分层、异构、自组织特点的系统。如图 1-1 所示，类似于上述进化趋势，计算模式从最初单体的集中式计算逐渐发展为边云协同的分布式计算，逐步实现弹性分级算法协同、边缘数据缓存协同、边缘泛在算力网络协同，并可通过横纵向网络融合优化实现更加智能的计算模式。

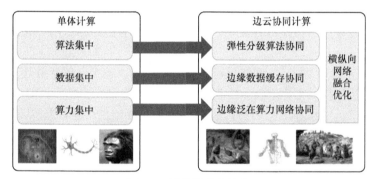

图 1-1 计算模式的趋势

边缘计算的兴起和发展离不开新一轮技术变革的机遇。这些新兴技术为边缘计算从架构蓝图到产业落地提供了助力。同时，边缘计算技术与其标准化体系的成熟也为这些技术提供了跨越式发展的契机。因此，边缘计算未来发展趋势定是与其他技术融合发展。这些融合发展趋势包括异构计算、边缘智能(edge intelligence，EI)、边云协同、5G+边缘计算等。

(1) 异构计算。异构计算能够协同地使用性能、结构各异的机器来满足不同的计算需求，并通过算法在异构平台上获取最大总体性能。这种方法可以满足未来异构计算平台和多样化数据处理的需求。通过在边缘计算中引入异构计算，可以满足边缘侧业务中处理碎片化数据和差异化应用的需求，在提升计算资源利用率的基础上做到支持算力资源的灵活调度。在网络边缘设备中，异构计算可支持边缘计算满足业务的多样化需求，边缘计算也可为异构计算提供新的应用场景。

(2) 边缘智能。边缘智能是利用边缘计算将人工智能技术推向边缘侧，是人工智能技术的一种应用和表现形式。随着终端硬件算力的提升，越来越多的终端应用场景中出现人工智能的身影。一方面，人工智能利用边缘节点可以较快获取更丰富的数据，不仅可以节省通信成本，减少响应延迟，在隐私保护和可靠性方面也有较大提升，极大地扩展人工智能的应用场景。另一方面，边缘节点可以利用人工智能技术优化边缘侧资源调度决策，帮助边缘计算扩展业务范围，为用户提供更高效的服务。边缘计算和人工智能的互补式融合发展，使边缘智能成为边缘计算在未来发展的一个重要方向。因此，有理由相信边缘智能将成为未来社会的一项重要技术。

(3) 边云协同。边缘计算是云计算的延伸，它和云计算相互取长补短。云计算擅长全局性、非实时、长周期的大数据处理与分析。边缘计算擅长现场级、实时、短周期智能分析。因此，在面对类似人工智能相关的应用时，可以将计算密集的任务放在云端，快速响应的任务放在边缘侧，同时边缘侧也可以对发送到云的数据进行预处理，进一步降低网络带宽消耗。通过边云的协同计算，不仅可以满足多样化的需求，也可以降低计算成本和网络带宽成本。边缘计算和云计算的协调发展不但能促进这两种技术的发展，而且能为边缘智能、物联网等其他技术的发展提供动力。

(4) 5G+边缘计算。5G 网络具有超高速率、超大连接、超低时延三大特性，这些特性正是依托众多先进技术实现的，边缘计算也是其中之一。5G 和边缘计算有紧密的联系。一方面，边缘计算是 5G 网络的重要组件，能够为 5G 网络提供技术支撑，有效缓解 5G 时代的数据爆炸问题；另一方面，5G 又为边缘计算产业的落地和发展提供了良好的网络基础。5G 和边缘计算的发展是相辅相成的，从用户面功能的灵活部署、5G 三大场景的支持到网络能力开发等方面，二者都有合作的空间。5G 时代正是边缘计算高速发展的时期，边缘计算在助力 5G 网络发展的同时，其实也是在助力自己不断完善和发展。

1.5　边缘计算的挑战

事实上，边缘计算并没有一个确切、定量的定义。相较于云计算，边缘意味着将大部分服务请求在靠近数据源的地方就近处理，这就需要更多的边缘节点、多种资源的竞争与协同，更重要的是强化边缘与云数据中心的协同工作能力，使边缘计算系统的性能达到最优。Shi 等[6]于 2016 年提出边缘计算面临着可编程性、命名、数据抽象、服务管理、隐私与安全、性能指标优化等 6 种挑战。李林哲等[10]于 2019 年在可编程性、命名、服务管理、隐私及安全问题上概括和总结学术界与工业界取得的阶段性成果。对本书而言，我们将更多的精力集中在边缘计算与人工智能技术相融合的挑战上面。本节概括并总结边缘计算与人工智能融合的挑战性技术问题，详细阐述将在后续章节得到扩充。

深度学习(deep learning, DL)作为一种典型且应用广泛的人工智能技术[11]，由于其在计算机视觉(computer vision, CV)和自然语言处理(natural language processing, NLP)领域的巨大优势[12]，各种基于深度学习的智能服务和应用已改变了人们生活的许多方面。这些成就不仅源于人工智能技术的发展，还与不断增长的数据和计算能力有千丝万缕的联系。然而，对于更广泛的应用场景，如智慧城市、车联网(internet of vehicles，IoV)等。由于以下因素，当前的计算架构只能提供数量有限的智能服务。

(1) 能耗。在云数据中心训练和推理人工智能模型需要终端设备或用户将大量数据传输到云，这会消耗和占用大量网络带宽。

(2) 延迟。此类智能服务通常无法保证访问云服务的响应延迟，很难满足许多严格要求低时延应用的需求，如协作自动驾驶[13]。

(3) 可靠性。大多数云计算应用程序都依靠无线通信和骨干网络将用户连接到云服务，但是对于许多工业场景，即使短时间内网络连接丢失，智能服务也必须高度可靠。

(4) 隐私。人工智能所需的数据可能包含大量隐私信息，而隐私问题对于诸如智能家居和智慧城市等领域至关重要。

由于边缘比云数据中心更接近用户，因此边缘计算有望解决许多此类问题。实际上，边缘计算正逐步与人工智能相结合，在实现边缘智能和智能边缘方面互利互惠。如图 1-2 所示，边缘智能和智能边缘并非彼此独立，边缘智能是目标，而智能边缘中的人工智能服务也是边缘智能的一部分。反过来，智能边缘也可以为边缘智能提供更高的服务吞吐量和资源利用率。

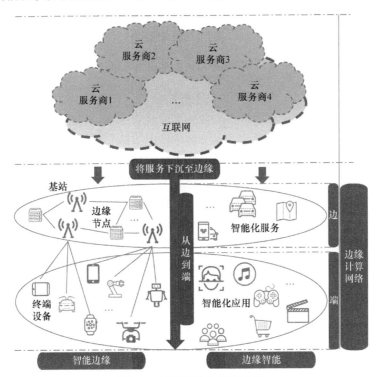

图 1-2　边缘智能与智能边缘

具体来说，一方面，边缘智能有望将人工智能计算尽可能地从云端推向边缘，从而实现各种分布式、低延迟和高可靠的智能服务。云、边缘与终端智能的比较如图 1-3 所示。

边缘智能具有以下优点：一是人工智能服务部署在靠近数据源的请求用户附近，并且仅在需要额外处理时云数据中心才参与[14]，因此可以显著降低向服务器发送数据至云数据中心处理的延迟和成本；二是由于人工智能服务所需的原始数据存储在本地边缘或用户设备(user equipment，UE)本身而不是云中，因此可以增强用户的隐私保护；三是分层计算架构能提供更可靠的人工智能计算；四是边缘计算具有更丰富的数据和应用场景，可以促进人工智能的普遍应用，并实现"为每个地方的每个人和每个组织提供人工智能"的愿景[15]；五是多样化且有价值的人工智能服务可以扩大边缘计算的商业价值，并加速其部署和增长。

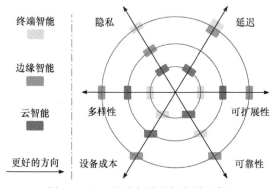

图 1-3 云、边缘与终端智能的比较

另一方面，智能边缘旨在将人工智能集成到边缘中，以进行动态、自适应边缘维护和管理。随着通信技术的发展，网络访问方法变得越来越多样化。与此同时，边缘计算基础设施充当中间媒介，使无处不在的终端设备和云之间的连接更加可靠和持久[16]。因此，终端设备、边缘和云正逐步合并到共享资源社区中。然而，智能边缘目前面临的一项重大挑战是，维护和管理涉及无线通信、网络、计算与存储等庞大而复杂的整体架构[17]。典型的网络优化方法依赖固定的数学模型，但是这类解决方案很难对快速变化的边缘网络环境和系统进行准确建模。深度学习是人工智能近来的一项重要技术，它的出现有望解决此问题，即面对复杂而烦琐的网络信息时，深度学习可以依靠其强大的学习和推理能力从数据中提取有价值的信息并做出自适应决策，从而实现智能维护和相应管理。

因此，考虑边缘智能和智能边缘(即边缘人工智能)在多个方面面临一些相同的挑战和实际问题，边缘人工智能应包括以下几项必不可少的技术。

(1) 边缘智能应用。用于系统组织边缘计算和人工智能以提供智能服务的技术框架。

(2) 边缘人工智能推理。专注于边缘计算体系结构中人工智能的实际部署和推理，以满足不同的需求，如准确性、及时性。

(3) 面向人工智能的边缘计算架构。在网络架构、硬件、软件等方面适应边缘计算平台以支持人工智能计算。

(4) 边缘人工智能训练。在资源和隐私约束下，在分布式边缘设备上为边缘智能训练人工智能模型。

(5) 面向边缘优化的人工智能算法。人工智能在维护和管理边缘计算网络(系统)的不同功能方面的应用，如优化边缘缓存[18]、计算卸载策略[19]等。

如图 1-4 所示，边缘智能的五项主要技术包括边缘人工智能服务、边缘人工智能训练、边缘人工智能推理、边缘智能应用，以及面向边缘优化的人工智能算法。具体来说，边缘智能应用和面向边缘优化的人工智能算法分别对应于边缘智能和智能边缘的理论目标。为了支持它们，首先应该通过密集计算来训练各种深度学习模型。在这种情况下，对于利用边缘计算资源训练各种深度学习模型的相关工作，本书将它们归类为边缘人工智能训练。其次，为了启用和加速边缘人工智能服务，本书关注支持边缘计算框架和网络中深度学习模型有效推理的多种相关技术，并将其统称为边缘人工智能推理。最后，本书将适应边缘计算框架和网络，以更好地为边缘人工智能服务的所有技术归类为面向人工智能的边缘计算架构。

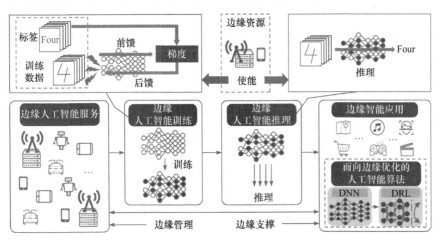

图 1-4 边缘智能的五项主要技术

据了解，与本书工作最相关的综述工作有文献[20]～[23]。但是，与本书对边缘人工智能更广泛的介绍不同，Park 等[20]专注于在边缘智能中使用机器学习(而非深度学习)来实现无线通信的观点，即在网络边缘训练机器学习以发挥无线通信的优势。此外，关于人工智能推理和训练的讨论是文献[21]～[23]的主要贡献。与这些工作不同，本书内容侧重以下方面：一是抛出关系人工智能长远部署的主要因素是深度学习与边缘计算的融合，以及跨越网络、通信和计算的优化；二是从五个方面探讨在技术层面深度学习和边缘计算相融合的内容；三是指出人工智能和边缘计算是互利的，并且仅考虑在边缘部署人工智能是不完整的。

综上所述，随着通信网络的发展，互联网数据的爆炸性增长为边缘计算提供了良好的发展环境。同时，边缘计算的出现也推动了计算模型和网络结构的革新。我们认为，边缘计算更像是解决问题的方法或工具，可以与任何现有技术相融合并提升其性能。因此，无论是在工业生产、娱乐还是人工智能技术的应用中，边缘计算都可以发挥重要作用，并为人类社会带来更多样化的"色彩"。

1.6 边缘计算理论科学问题初探

边缘计算已经开始成为新兴技术中的佼佼者，并逐渐融入各个技术领域。据估计，未来将有超过 50%的数据在边缘侧进行处理分析，并且全球边缘计算市场将进一步扩张。2024 年，市场规模将达到 2506 亿美元。在国内，边缘计算技术同样发展迅猛，在各行各业中承担着不可或缺的重要角色，逐渐成为推动国家新基建战略、促进行业数字化转型的中坚力量。在如今 5G 大规模商用、人工智能技术日新月异的背景下，边缘计算技术正在带动新的科技热潮。因此，在边缘计算技术迅速发展的同时，学术界需要深入完善和加强边缘计算的理论支撑。接下来，本书将围绕几项科学问题展开，希望可引发读者更深入的思考。

1.6.1 四个理论问题

近年来，物联网设备的数量和计算能力爆炸性增长，产生了前所未有的海量数据。边缘计算模式通过将业务数据下沉到边缘处理，可以减少业务延迟，实现实时高效的数据处理，从而在众多领域得到广泛的应用。具体来说，边缘计算和工业物联网设备结合可以快速应对业务中断情况。边缘计算与 5G 结合可以提升网络带宽并改善延迟。总的来说，边缘计算已拥有大量应用，而且呈现出巨大的发展潜力。针对边缘计算的广泛应用，边缘计算理论近年来也取得实质性的进展。这里初步探讨边缘计算理论研究面临的理论问题，主要包括以下分布式计算理论。

(1) 边缘可计算性理论。边缘可计算性理论需要依据不同计算任务的特征采取不同的计算模式，同时考虑多模式协同计算的可行性。网络中的计算任务众多，这些计算任务并不是都适合放在边缘上进行处理。例如，针对质量敏感的任务，将计算任务放在边缘处理虽然可以在一定程度上减少业务时延、提升用户体验，但是并不能保证任务处理的精确性。因此，对于具有不同特征的计算任务，也应当部署不同的计算模式，从而满足多样化的业务需求。

（2）边缘模糊计算理论。边缘模糊计算理论需要考虑模糊计算的尺度、粒度、模糊目标，以及约束条件等方面的问题。例如，不同计算任务对任务处理的精确性要求不同，一部分计算任务需要进行具体计算，另一部分只需进行模糊计算。此外，对于多约束和多层级的复杂边缘环境，还需考虑计算模糊的程度。

（3）边缘计算复杂性理论。边缘计算复杂性理论需要保证在复杂场景下计算任务和整体工程的可控性。边缘计算环境复杂、异构动态，对于一些高消耗、多约束的计算任务，目前的边缘计算理论并不能指导对其进行完全可控的处理。因此，业界需要构建边缘计算复杂性理论，实现复杂异构动态场景下的工程可控。

（4）边缘计算高效性理论。边缘计算高效性理论需要以高效的方式进一步优化，提升任务处理的性能。具体地，边缘计算系统可通过高效数据缓存、协同数据传输，以及弹性训练推理等方式满足大规模任务处理的需求。

此外，边缘计算社区还面临以下问题：一是边缘计算的高效性理论可以对计算任务处理性能进行优化提升，但是边缘计算高效性理论之后的理论瓶颈是什么？二是近年来整合多方资源的算力网络概念日渐火热，相应地，本书考虑的算力网络是否是边缘计算的进一步发展，能否被视为边缘计算的 2.0 时代？

1.6.2　三层约束关系

在技术应用实践中，性能通常存在理论优化上限，而明确的性能边界则可以为之后的技术发展指明正确的方向，绕开由研究方向进入误区导致的技术瓶颈。例如，在分布式系统的研究发展过程中出现 CAP 约束定理：一致性(consistency)，即所有数据备份在同一时刻保持相同的取值；可用性(availability)，即在集群部分节点故障后集群整体仍能响应客户端请求；分区容错性(partition tolerance)，即在部分网络分区故障时仍能持续提供服务。

此外，CAP 约束定理还进一步指出 C、A、P 三者最多只能满足其中两个，这明确了分布式系统性能优化的边界，为后续的分布式系统研究提供了强有力的理论支撑。因此，业界有必要进一步探讨是否存在面向边缘计算的约束理论，从而在边缘计算技术的科研发展、产业应用等方面提供理论依托。如图 1-5 所示，本书进一步思考边缘计算在基础设施、平台架构，以及应用服务等三个方面的约束关系。

（1）在基础设施方面，需要整合海量异构设备来提供资源依托，考虑其中是否具备可伸缩性、异构性和协同性之间的约束关系？其中各类属性的定义如下。可伸缩性(scalability)，具备弹性结构，仅需较小改动即可实现设备增删。异构性(heterogeneity)，各类设备设施在计算性能、硬件结构、应用场景等方面存在差异。协同性(cooperativity)，各层级设备在存储、通信、计算等方面进行全方位、多粒度的协作运行。

(2) 在平台架构方面,需要提供设备到服务之间的承接能力,考虑是否具备高可用性、灵活性和兼容性之间的约束关系? 其中各类属性的定义如下。高可用性(high-availability),尽可能避免因计划性维护,以及突发性崩溃导致的服务暂停。灵活性(flexibility),向平台中任意设备提交请求均可获得响应。兼容性(compatibility),对下层设备,以及上层服务具备较强的兼容能力。

(3) 在应用服务方面,需要进行服务资源划分,以及运维能力强化,考虑其中是否具备自适应性、隔离性和敏捷性之间的约束关系? 其中各类属性的定义如下。自适应性(adaptivity),能够总结已有经验,根据动态环境进行自主调整。隔离性(isolation),每个服务都是相对独立的个体,能够进行独立维护、独立部署与独立测试。敏捷性(agility),服务具备高效率、低时延的运维能力。

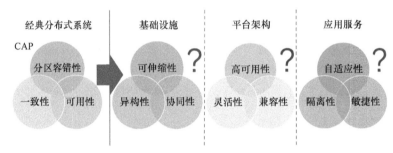

图 1-5　面向边缘计算的三方约束

1.6.3　两项关键技术

如图 1-6 所示,边缘计算目前需要解决的核心关键技术问题主要有如下两项。

(1) 解耦,即面向边缘原生的解耦技术。首先,需要研究面向微服务的边缘虚拟化融合技术,通过兼容于边、云的存储、计算与网络虚拟化实现面向微服务的边缘协同自治编排,在边缘硬件高效虚拟化的基础上夯实边缘计算平台的“地基”。其次,类似于通用个人计算机的软硬件解耦、云与数据中心的解耦,边缘计算的关键是要突破动态、自适应与多粒度的边缘虚拟化融合技术,在边缘软件系统上实现面向高内聚的边缘一体化技术。最后,在边缘硬件上进一步实现面向低耦合的边缘解耦技术,促进边缘原生技术体系的建设。

(2) 一统,即打造面向信息技术-通信技术-运营技术(information technology-communication technology-operational technology,IT-CT-OT)等一体化的边缘计算技术栈。在软硬件解耦一统后,继续强调异构场景下边缘技术栈的一统,并研究通用软硬件技术,从而打破行业壁垒,充分解耦并实现 IT-CT-OT 的边缘融合,建立边缘信任链条,保证边缘基础设施安全可信的启动运行操作,增强边缘侧抵抗安全威胁的能力。随着以飞腾、龙芯、阿里巴巴、申威、海光、华为等为代表性企业的自主研发能力不断提高,相关产业将在边缘侧 IT-CT-OT 一体化的驱动下迅速蓬勃发展。

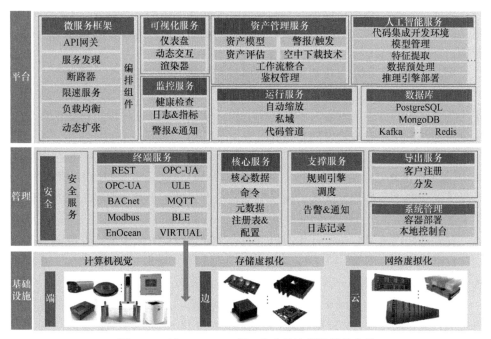

图 1-6　面向 IT-CT-OT 等一体化的边缘计算技术栈

1.6.4　一个共生生态

近年来，边缘计算已经在众多的智能应用上呈现出强大的发展潜力。总的来说，如图 1-7 所示，边缘计算将从政、产、学、研、用等五个方面共建一体化共生生态。

图 1-7　边缘计算的共生生态架构

在国家政策上，2020 年 4 月 20 日，国家发改委首次明确"新基建"涵盖的三大方面，包括信息基础设施、融合基础设施、创新基础设施。"新基建"的七大领域,包含新一代信息技术演化生成的基础设施,如 5G、物联网、工业物联网等。边缘计算将在这些新技术的基础建设上发挥巨大作用,从政策规划、行业标准与科研布局等方面支持国家建设,承担新基建的"排头兵"任务,即 5G+人工智能。

同时,信创产业作为新基建的重要组成和发展依托,将成为产业创新、拉动经济发展、释放动能的重要抓手之一。随着以飞腾、龙芯、兆芯、申威、海光、华为等为代表的自主研发能力不断提高,国产软硬件产品已经成为行业信息化应用创新和新型基础设施建设的新选择。

边缘计算实为数字智能世界的桥梁和脉络,更是智慧社会的大脑神经-脊髓神经-周围神经网络。作为跨学科的新领域,边缘计算可进一步促进技术创新,同时推动不同学科之间的相互渗透,以学科交融的方式进一步共建边缘计算一体化共生生态。

此外,国内外企业纷纷开始布局,联合发起边缘计算相关的产业联盟、基金会和标准化组织。例如,LF Edge 基金会、边缘计算产业联盟、OpenStack 基金会等,这些研究组织将进一步促进边缘计算相关研发方案的落地。

边缘计算的蓬勃发展正在逐步引领其他领域的变革。边缘计算+自动驾驶有机地结合了智慧与能力,有望确保智能可控的人机交互与协同。边缘计算+智能制造简化了制造流程,同时使制造流程更加智能自主,进一步提升制造系统的响应能力。此外,边缘计算+区块链可以为垂直行业提供可信、透明、安全的信用平台,实现行业间的高效交互。总的来说,"边缘计算+"催生了新的商业模式,使其二次获能,加速了边缘计算向多领域的渗透。

1.7　本　章　小　结

本章首先介绍边缘计算的产生。边缘计算基于地理位置的数据处理和服务提供模式可以为应用提供更低延迟、更高效率的解决方案。随后,结合计算设备的发展历史介绍计算模式的演化过程。同时,本章还对边缘计算的现状进行分析,探讨了行业内云-边-端层面的服务运营商在各领域的解决方案。此外,本章从生物进化学、人体解剖学、社会学三个角度分析从单体到多体协同的演变趋势,说明从云计算到边缘计算变革的内在逻辑。本章讨论了边缘计算与人工智能技术融合引发的能耗、时延、隐私等挑战,以及边缘智能的五项关键技术。最后,本章从四个理论问题、三层约束关系、两项关键技术和一个共生生态几个方面介绍边缘计算的理论科学问题。通过本章对边缘计算的介绍,读者可以更加全面地了解这一新兴领域的背景和发展方向。

参 考 文 献

[1] Cisco. Fog computing and the internet of things: Extend the cloud to where the things are. https:// www.cisco.com/c/dam/en_us/solutions/trends/iot/docs/computing-overview.pdf[2021-06-20].

[2] Cisco. Cisco global cloud index: Forecast and methodology, 2016-2021. https://www.cisco. com/c/dam/global/en_ca/assets/tomorrow-starts-here/files/global_index_whitepages.pdf[2021-06-20].

[3] Barbera M V, Kosta S, Mei A, et al. To offload or not to offload? The bandwidth and energy costs of mobile cloud computing// IEEE International Conference on Computer Communications, Turin, 2013: 1285-1293.

[4] Hu W L, Gao Y, Ha K, et al. Quantifying the impact of edge computing on mobile applications// ACM SIGOPS Asia-Pacific Workshop on Systems, Hong Kong, 2016: 1-8.

[5] Huawei, IBM, Intel, et al. Mobile-edge computing-introductory technical white paper. https://virtualiza- tion.network/whitepapers/mobile-edge-computing-introductory-technical-white-paper[2021-06-20].

[6] Shi W, Cao J, Zhang Q, et al. Edge computing: Vision and challenges. IEEE Internet of Things Journal, 2016, 3(5): 637-646.

[7] Mudassar B A, Ko J H, Mukhopadhyay S. Edge-cloud collaborative processing for intelligent in- ternet of things: A case study on smart surveillance// ACM/ESDA/IEEE Design Automation Con- ference, San Francisco, CA, 2018: 1-6.

[8] Yousefpour A, Fung C, Nguyen T, et al. All one needs to know about fog computing and related edge computing paradigms: A complete survey. Journal of Systems Architecture, 2019, 98: 289-330.

[9] 周燕. 5G MEC 的本质是 "联接+计算". 电信科学, 2019, 35(S2): 8-14.

[10] 李林哲, 周佩雷, 程鹏, 等. 边缘计算的架构、挑战与应用. 大数据, 2019, 5(2): 3-16.

[11] Redmon J, Divvala S, Girshick R, et al. You only look once: Unified, real-time object detection// IEEE/CVF Conference on Computer Vision and Pattern Recognition, Las Vegas, NV, 2016: 1-12.

[12] Schmidhuber J. Deep learning in neural networks: An overview. Neural networks, 2015, 61: 85-117.

[13] Khelifi H, Luo S, Nour B, et al. Bringing deep learning at the edge of information-centric internet of things. IEEE Communications Letters, 2018, 23(1): 52-55.

[14] Kang Y, Hauswald J, Gao C, et al. Neurosurgeon: Collaborative intelligence between the cloud and mobile edge. ACM SIGARCH Computer Architecture News, 2017, 45(1): 615-629.

[15] Democratizing AI. For every person and every organization. https:// news.microsoft.com/features/ democratizing-ai/[2021-06-20] .

[16] Yang Y. Multi-tier computing networks for intelligent IoT. Nature Electronics, 2019, 2(1): 4-5.

[17] Li C, Xue Y, Wang J, et al. Edge-oriented computing paradigms: A survey on architecture design and system management. ACM Computing Surveys, 2018, 51(2): 1-34.

[18] Wang S, Zhang X, Zhang Y, et al. A survey on mobile edge networks: Convergence of computing, caching and communications. IEEE Access, 2017, 5: 6757-6779.

[19] Tran T X, Hajisami A, Pandey P, et al. Collaborative mobile edge computing in 5G networks: New paradigms, scenarios, and challenges. IEEE Communications Magazine, 2017, 55(4): 54-61.

[20] Park J, Samarakoon S, Bennis M, et al. Wireless network intelligence at the edge. Proceedings of

the IEEE, 2019, 107(11): 2204-2239.

[21] Zhou Z, Chen X, Li E, et al. Edge intelligence: Paving the last mile of artificial intelligence with edge computing. Proceedings of the IEEE, 2019, 107(8): 1738-1762.

[22] Chen J, Ran X. Deep learning with edge computing: A review. Proceedings of the IEEE, 2019, 107(8): 1655-1674.

[23] Lim W Y B, Luong N C, Hoang D T, et al. Federated learning in mobile edge networks: A comprehensive survey. IEEE Communications Surveys and Tutorials, 2020, 22(3): 2031-2063.

第 2 章 人工智能基本原理

近年来，人工智能的发展在深度神经网络(deep neural network，DNN)的基础上取得了很大成就与进步。神经网络这一概念最早是由研究人类脑科学的学者和专家提出，生物神经网络揭示了作为高等智能生物的人类，在其进行相应活动、思考的过程中，人脑中的神经元细胞及神经递质的相关活动。早期的计算机领域科学家正是基于生物学上的这一发现，提出仿生的人工神经网络(artificial neural network，ANN)。

人工智能是一个十分广泛的研究领域，其中包含许多具有研究价值的方法。然而，由于边缘计算在操作结构和计算资源方面的特点，深度学习已经成为人工智能在边缘计算中最紧密相关且最具代表性的方法。此外，由于边缘计算中资源的局限性，目前还缺乏针对资源密集型深度学习的目标解决方案。因此，本书将重点放在对计算资源要求较高的深度学习上。

近年来，就计算机视觉、自然语言处理和人工智能而言，深度学习已在众多解决方案中脱颖而出，并展现出卓越的性能[1]。目前，业界需要在云中部署大量的图形处理器(graphics processing unit，GPU)、张量处理器(tensor processing unit，TPU)、现场可编程门阵列(field programmable gate array，FPGA)来处理深度学习服务请求。经过前叙介绍，本书对当前云计算模式的发展瓶颈进行了深入的剖析。相信读者能够了解到，当前基于云计算的深度学习应用的响应时间是无法满足大多数智能应用需求的。因此，有必要考虑将深度学习的任务转移到边缘计算框架中。边缘计算架构涵盖大量的分布式边缘设备，因此可以更好地服务于深度学习。当然，与云数据中心相比，边缘设备通常具有有限的计算与续航能力。因此，深度学习和边缘计算的结合并不简单，相关从业者需要对深度学习模型和边缘计算功能进行全面的了解，以便设计和部署。本章全面介绍深度学习及其相关技术术语，为讨论深度学习与边缘计算的集成做铺垫。

2.1 人工智能发展历史和趋势

人工智能的出现符合人类现有的认知能力，以及高等智能的存在和进化规律。从生物进化学的角度来看，复杂生命体的诞生经历着从单细胞生命体到不同功能单细胞的简单独立线性组合，再到神经细胞和神经网络的形成。生命智慧进化的表面现象是从简单到复杂、从单点到网络化，但是支撑其不断进化的关键性因素是生命细胞之间稳定的连接和统一的信息交流语言。稳定的连接是生命细胞之间的沟通桥梁，而统一的信息交流语言则是生命细胞之间相互影响、互推进化的催化剂。

众多的组织细胞和神经细胞组成人体器官、神经系统，进而形成一个完整的人类个体。不同的器官和神经组织决定着不同的简单功能，如听(耳朵)、说(嘴巴)、思考(大脑)。这些器官与神经组织之间相互协作的结果是出现高等智能的特有功能。例如，耳朵听到对方说的话，经过大脑的思考，用嘴巴表达自己想说的话，最终形成人类完整的语言系统。人体神经系统将信息感知和数据分析功能分散在不同的子系统中，实现分层、异构的感知、认知和决策功能。

数以亿计的人类智能个体生活在地球上，形成现有的人类社会。纵观人类社会的历史，也是不断在相互协作中进化。在现有的人类社会体系中，有许多组织体系各司其职，如世界卫生组织、世界贸易组织等，当发生重大问题时，对应的世界组织会直接对接问题、处理问题，进而维护良好的公共秩序及社会的发展与进化。

如图 2-1 所示，在当前的人工智能应用场景中，例如智慧家庭-智慧社区-智慧城市-智慧地球，其特征是从单体智能到群体统筹。根据上述人类智能进化规律和社会进化规律，以及计算机领域的实际发展情况，机器智能的演进也将严格遵循

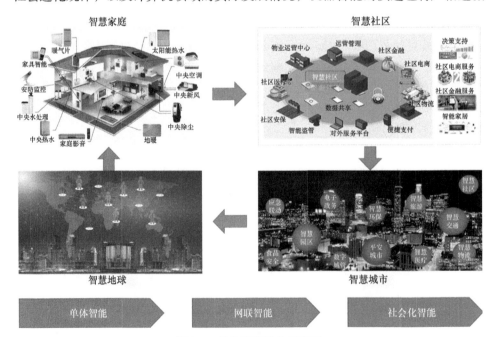

图 2-1　单体智能进化示意图

由单体智能到网联智能，再到社会化智能的规律。

现如今，人工智能的发展已经是计算机领域最为重要的研究方向之一，而当前人工智能的应用形式在当前主流的云计算框架下被限制在了云端和本地，很难形成分布式的、相互连接的智能化应用，因此无法顺应网络化的智能进化规律。融合 5G 技术的边缘计算，凭借海量的分布式边缘节点、超低通信延迟、超高传输速率、强大边云协同能力等特点，可与人工智能融合形成边缘智能，成为人工智能、网络架构等发展的下一个重点方向。

2.2　人工智能和深度学习

人工智能概念于 1956 年在达特茅斯会议上首次被提出。该领域的早期开拓者认为，具有类似于人类拥有的智能行为的机器会在不久的将来出现。从狭义上讲，人工智能是一项可以帮助计算机很好地演示某些人类功能的技术，如基于深度学习的图像识别或语音识别等应用程序。机器学习是实现人工智能的一种方式。人们可以训练机器学习算法，使机器具有学习和推理的能力。例如，想要确定一张图片中是否有猫，首先要将大量带标签的图片输入到机器中，然后机器学习算法根据这些图片数据训练模型参数，获得可以准确识别的模型，确定图片中是否有猫。

深度学习和强化学习(reinforcement learning，RL)是机器学习的两种类型。深度学习适用于处理大量数据，它受人脑的结构和功能的启发，即以仿生的形式，利用各层相连的神经元来提取数据特征，从而完成学习；强化学习更适合赋予机器更强的自我决策能力。

如图 2-2 所示，人工智能、机器学习、深度学习之间的关系可以简述如下。一是，人工智能是一个相对广泛的研究领域，致力于研究类似于人类智能的解决方案，它需要将机器学习嵌入或集成到专家系统、推荐系统等之中，配合实现自动化智能。二是，机器学习是人工智能的重要实用方法，包括深度学习、强化学习、表示学习、度量学习、集成学习等一系列方法，可以使机器在与环境交互的过程中具有学习能力。三是，深度学习作为机器学习的子集，可以使用神经网络来模仿人脑的连通性，以便对数据集进行分类并发现它们之间的相关性。边缘计算和深度学习的融合可以使人工智能技术加速进入人类生活。Li 等[2]通过在物联网应用场景中集成边缘计算技术来部署深度学习应用，在优化网络性能的同时还能保护用户数据隐私。尽管在人工智能的宏观层面上，唯一有代表性的技术可能不是深度学习。但是，边缘上最有代表性的人工智能技术却是深度学习，这是因为边缘侧已经可以支持对计算能力要求较低的机器学习模型。此外，具有强算力需求的深度学习技术还需要一套针对性的解决方案。本书重点介绍对计算能力有较高要求的深度学习技术。

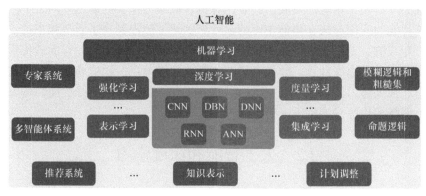

图 2-2　人工智能、机器学习和深度学习关系图

2.3　深度学习中的神经网络

深度学习模型由多种深度神经网络所组成[3]。最基本的神经网络架构由输入层、隐藏层和输出层所组成。所谓的深度神经网络指的是在输入层和输出层之间有大量的隐藏层，也就是说深度学习模型是由许多层神经网络组成的。接下来，本书从基本结构和功能方面介绍各种深度神经网络的基本原理。

2.3.1　全连接神经网络

如图 2-3 所示，全连接神经网络(fully connected neural network，FCNN)的每一层输出，即多层感知器(multilayer perceptron，MLP)的输出，都会前馈到下一层。在连续的全连接神经网络层之间，无论是输入神经元还是隐藏神经元，它们的输出都会直接传递到下一层，并由下一层神经元中的激活函数激活[4]。全连接神经网络可用于特征提取和函数逼近，但是在解决具有高维复杂数据的问题时，庞大的参数数量使全连接神经网络很难取得理想的性能和收敛性。

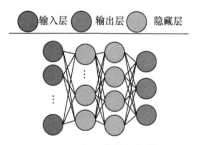

图 2-3　全连接神经网络

2.3.2　自动编码器

如图 2-4 所示，自动编码器(auto-encoder，AE)实际上是两个神经网络的堆栈，它们以无监督的学习方式将输入复制到输出。第一个神经网络学习输入数据(编码)的代表性特征；第二个神经网络将这些代表性特征当作输入，并在其输出神经元处恢复原始输入的近似值，用于把从输入到输出的过程收敛于恒等函数，作为最终输出(解码)。

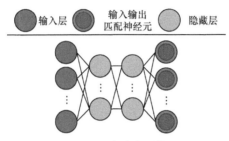

图 2-4　自动编码器

虽然恒等函数看上去不大有学习的意义，但是如果对自编码器神经网络加入某些限制，例如限定隐藏层神经元的数量，那么整个过程就可以描述成先降维，再重构，并且要保证编码器降维后的数据能够保存原始数据较为完整的信息，以使解码器重构，进而形成十分有趣的网络结构。由于自编码器能够通过学习输入数据的低维有效特征恢复输入数据，因此通常用于高维数据的分类和存储[5]。

2.3.3　卷积神经网络

如图 2-5 所示，卷积神经网络(convolutional neural network，CNN)通过使用池化和卷积两项操作获取相邻数据片段之间的相关性，然后生成输入数据的连续更高级别的抽象。相较于全连接神经网络，卷积神经网络的核心部分就是卷积层和池化层，并基于此使降低网络复杂度的同时具有更高的非线性形变稳定性。具体来说，卷积层在本质上就是提取图像特征。在实际中，这类似于计算机图像处理中常用的数字滤波器。通过与卷积层的卷积运算，原始图像可以增强原始信息中的某些特征，降低噪声。卷积神经网络还可以利用权值共享大幅减少需要求解的参数。此外，池化层能压缩卷积层运算所得的特征图，一方面可使特征图变小，简化网络计算复杂度；另一方面可进行特征的提取压缩，提取特征图的主要特征。

有了上面两步操作，卷积神经网络能够在提取特征的同时减小模型复杂度，同时降低过拟合的风险[6]。这些特点就使卷积神经网络在图像处理方面拥有显著优势，而且它在处理类似于图像的数据结构时也十分有效，如音频等。

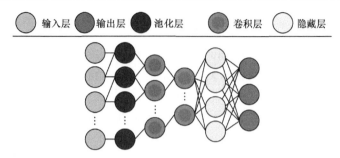

图 2-5　卷积神经网络

2.3.4　生成对抗网络

生成对抗网络(generative adversarial network，GAN)起源于博弈论。如图 2-6 所示，生成对抗网络由生成器和判别器组成。生成器的目标是通过在反馈输入神经元中引入反馈尽可能多地了解真实数据分布，而判别器的任务是正确地认定输入数据来自真实数据，还是生成器。这两个参与者需要不断地优化它们在对抗过程中生成和判别的能力，直至达到纳什均衡[7]。

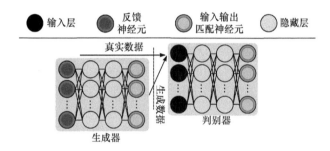

图 2-6　生成对抗网络

假设最开始有随机变量 Z 与真实数据 T，生成对抗网络的基本过程和原理可以简单描述为，首先将随机数据 Z 输入生成器，生成器训练的输出 $G(Z)$ 要尽可能服从真实数据 T 的分布；然后将 $G(Z)$ 与 T 同时输入判别器进行正常的判别，对于来自真样本 T 的数据，标注为 1，将假样本数据 $G(Z)$ 标注为 0。生成器的目标是使其本身生成的假数据 $G(Z)$ 和真数据 T 在判别器中的表现一致，从而达到以假乱真的目的。这两个相互对抗且迭代优化的过程可以使生成器和判别器的性能不断提升。

2.3.5　递归神经网络

递归神经网络(recurrent neural network，RNN)可以用于处理顺序数据。如图 2-7 所示，递归神经网络中的每个神经元不仅从上层接收信息，而且从其自身的先前通道接收信息[8]。通常来说，递归神经网络是预测未来信息或恢复顺序数据缺失部分的首要选择。但是,递归神经网络所存在的一个严重问题是梯度爆炸。

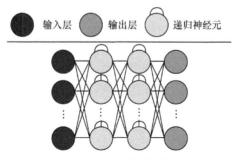

图 2-7　递归神经网络

长短时记忆(long short-term memory,LSTM)神经网络的设计旨在解决递归神经网络的这一问题。如图 2-8 所示,长短时记忆神经网络通过添加门结构和定义明确的存储单元来改进递归神经网络,通过控制(禁止或允许)信息流克服梯度爆炸的问题[9]。

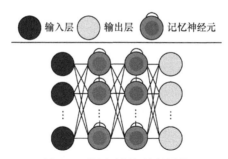

图 2-8　长短时记忆神经网络

较为典型的长短时记忆神经网络是由输入门、遗忘门、输出门组成。输入门用来选择候选内容的更新。遗忘门决定哪些信息需要遗弃。输出门控制记忆单元中的哪一部分将会在该时刻被输出。正是由于这些特性,长短时记忆神经网络被广泛地运用在语音识别、机器翻译等自然语言处理相关领域。

2.3.6　迁移学习

前面介绍的五种深度神经网络模型及其衍生模式,都已在现实生活中得到效用验证和广泛应用,并一次次地将人工智能技术推向"时代焦点"。但是,这些深度学习模型的背后都对机器的算力提出巨大的需求。与此同时,包括语音识别、图像处理、自动驾驶等在内的一些实例应用还需要大量标注数据,撇开后期的模型训练步骤不谈,仅标注数据就已经是一项花费巨大的任务。所以,能否将已经训练好的深度学习模型加以改进来解决一些共性问题?例如,目前已经拥有了一个能够识别图像中自行车的网络模型，能否在该模型的基础上训练出一个能够识别摩托车的网络模型，而非从头开始，以此减少开发成本。

如图 2-9 所示，迁移学习(transfer learning，TL)可以将知识从源域转移到目标域，以便在目标域中获得更好的学习性能[10]。通过使用迁移学习，可将耗费大量计算资源学到的现有知识转移到新型场景中，从而加快训练过程，降低模型开发成本。但是，迁移学习仍存在一些问题，例如它通常适用于一些小而稳定的数据集，对于动态变化且规模较大的数据集，迁移学习难以得到更广泛的应用。

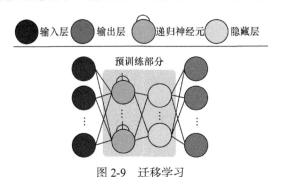

图 2-9　迁移学习

在最近的研究工作中，出现一种新型的迁移学习方法，即知识蒸馏(knowledge distillation，KD)[11]。如图 2-10 所示，知识蒸馏可以从训练有素的模型(教师网络)中提取隐式知识。该模型的推理具有出色的性能，但是关于它的模型训练会带来较高开销。对此，知识蒸馏可以通过设计目标深度学习模型的结构和目标函数，将原来模型(教师网络)的知识转移到较小的深度学习模型(学生网络)。这样能够显著提高目标深度学习模型的性能，并尽可能地减少(修剪或量化)模型的计算复杂度。

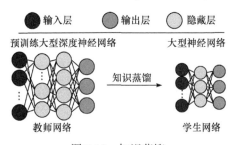

图 2-10　知识蒸馏

2.4　深度强化学习

如图 2-11 所示，强化学习的目标是使环境中的智能体能够在当前状态下采取最优或近优行动最大化长期收益。强化学习智能体在环境中的动作与状态之间的相互作用过程被建模为马尔可夫决策过程(Markov decision process，MDP)。深度强化学习(deep reinforcement learning，DRL)是深度学习和强化学习的结合。相较于深度学习，它更侧重强化学习的决策能力。深度学习的作用是利用深度神经网络的强大表示能力来拟合值函数，或者使用直接策略解决离散状态动作空间或连续状态动作空间的梯度爆炸问题。凭借这些特性，深度强化学习在机器人技术、金融、推荐系统、无线通信等领域成为一种强有力的解决方案[12,13]。

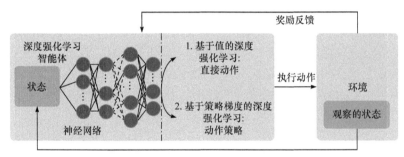

图 2-11　深度强化学习

2.4.1　强化学习

建模强化学习任务的马尔可夫决策过程可以由四元组 $E = (S, A, P, R)$ 形式化描述，其中 E 为智能体所处的环境；S 为所有环境状态的集合，$s \in S$ 为智能体所处的状态；A 为智能体所有可做动作的集合，$a \in A$ 为当前作用于智能体的动作；P 为状态转移分布函数，即在某一时间，智能体执行动作 a 之后，可根据 P 计算出当前状态转换到下一状态的概率；R 为奖励函数，表示智能体在转换状态之后所能够获得的奖励。强化学习通过追求来自奖励函数 R 的奖励值反馈调整决策过程。因此，在智能体主体与环境之间不断的交互过程中，形成一个序列决策过程。马尔可夫决策过程是该过程的表述，可以提供方便实用的建模手段。

2.4.2　基于值函数的深度强化学习

作为基于值的深度强化学习的代表，深度 Q 学习(deep Q-learning，DQL)算法使用深度神经网络拟合动作值，成功地将高维输入数据映射到动作[14]。为了确保训练的稳定收敛，深度 Q 学习采用经验重播方法打破过渡信息之间的相关性，并通过建立单独的目标网络来抑制不稳定。深度 Q 网络(deep Q network，DQN)是第一个将深度学习模型与强化学习相结合以成功学习控制策略的方法，但是深度 Q 学习仍然有很多不足。为了解决这些问题，深度 Q 网络派生了许多改进的版本。深度双 Q 学习(double deep Q-learning，Double-DQL)算法可以解决深度 Q 学习通常高估动作值的问题[15]。基于竞争架构的深度 Q 学习(dueling deep Q-learning，Dueling-DQL)[16]可以了解哪些状态是(或不是)有价值的，而不必了解每种行为在每种状态下的效果。

2.4.3　基于策略梯度的深度强化学习

策略梯度是另一种常见的策略优化方法，如深度确定性策略梯度(deep deterministic policy gradient，DDPG)[17]、异步优势演员-评论家算法(asynchronous advantage actor-critic，A3C)[18]、近端策略优化(proximal policy optimization，PPO)[19]等。此类方法通过连续计算策略期望奖励相对于它们的梯度来更新策略参数，最后收敛到最优策略[20]。因此，在解决深度强化学习问题时，可以使用深度神经网络对策略进行参数化，然后通过策略梯度法对其进行优化。此外，基于策略梯度的深度强化学习方法广泛采用演员-评论家(actor-critic，AC)框架，其中策略深度神经网络用于更新策略，与演员(actor)相对应；值深度神经网络用于近似状态-动作对的值函数，并提供与评论家(critic)对应的梯度信息。

2.5　边缘智能的挑战和难点

前面对人工智能相关的技术进行了详细的介绍，但是要让这些技术真正地在边缘侧普及还面临着诸多的挑战。人工智能应用的主要任务是模型训练和模型推理，其中模型训练需要根据大量数据来拟合模型参数，而模型推理则是根据训练好的模型对新数据的未知结果进行预测。这个过程要消耗大量的计算和存储资源，而边缘侧的资源分布具有不同于云数据中心的特点。当前边缘智能发展面临如下诸多挑战[21,22]。

(1) 计算、存储、能耗与网络等资源受限。边缘侧的资源包括终端数据源到云服务器之间的所有计算、存储与网络资源，具有高度分布式的特点，并且硬件性能和网络条件远远差于云数据中心。因此，许多高性能的先进人工智能模型难以在边缘设备上部署。目前，业界只能根据边缘设备的特点设计自适应、资源需求小的人工智能模型。相关技术包括边云协同、模型分割、模型提前退出机制与模型裁剪等。

(2) 人工智能在边缘部署困难。一方面，人工智能模型难以在边缘侧实现并行化部署。人工智能模型的组成部分复杂、依赖性强，并且许多人工智能模型在设计时并未考虑并行化的情况，这就使许多不能并行化的人工智能模型难以在分布式设备中发挥边缘计算的优势；另一方面，先进的人工智能模型通常具有相当高的计算复杂度，并且解决方案大多基于迭代学习的方法。这就使模型的在线部署面临极大的挑战。

(3) 在边缘建立模型困难。若在边缘使用人工智能方法，数学模型和公式优化问题需要被严格限制。一方面，人工智能技术、随机梯度下降(stochastic gradient

descent，SGD)和小批量梯度下降等方法的优化基础，在原搜索空间受到限制的情况下可能无法取得良好效果。另一方面，特别是对于马尔可夫决策过程来说，状态集和动作集都不可能是无限大的，所以需要进行离散化操作来避免维度诅咒。因此，如何构建合适的系统模型也是一项挑战。

(4) 最优性和效率的权衡。尽管人工智能技术确实可以提供较优的解决方案，但是当涉及资源受限的边缘时，性能最优性和资源效率比之间的权衡关系就不可忽视。因此，如何通过嵌入人工智能技术来提高边缘计算系统在不同应用场景下的性能最优性和资源效率比是一项严峻挑战。边缘智能相关技术需要根据用户需求的动态变化和网络资源结构的特点，在性能最优性和资源效率比之间进行权衡，最大化边缘智能优势。

(5) 边缘数据问题。边缘数据问题主要涉及边缘数据稀缺、边缘设备上的数据一致性等方面。对于大多数机器学习算法而言，特别是有监督机器学习，模型的高性能依赖足够高质量的训练样例。然而，在边缘设备上收集到的数据通常稀疏且标记不全，难以为机器学习算法提供充足的数据支撑。同时，基于边缘智能的应用通常从分布在边缘网络的大量传感器中采集数据。但是，不同的传感环境和传感设备也会导致收集数据的不一致，这就掣肘了模型的分布式训练。

(6) 安全和隐私问题。为了实现边缘智能，异构的边缘设备和边缘服务器需要协同工作以提供计算能力。在这个过程中，本地缓存的数据和计算任务(训练或推理任务)可能被发送到公共设备上进一步处理。这些数据可能包含用户的私人信息，从而带来隐私泄露和恶意用户攻击的风险。如果数据没有被加密，恶意用户很容易从数据中获取私人信息。

2.6　分布式深度学习训练

目前，集中训练深度学习模型会消耗大量时间和计算资源，阻碍算法性能的进一步提高。但是，分布式训练可以通过充分利用并行服务器来加速模型训练。目前，如图 2-12 所示，业界有两种常见的分布式训练执行方法，即数据并行模式和模型并行模式[23-26]。

模型并行模式首先将大型深度学习模型拆分为多个部分，然后提供数据样本并行地训练这些分段模型。这种方式不但可以提高训练速度，而且十分适用于处理模型所需内存大于设备内存的情况。但是，训练大型深度学习模型通常需要大量的计算资源，甚至需要数千块 GPU 训练大规模深度学习模型。通过这种方式，可以有效提高模型的训练效率[28]。巧合的是，大量的终端设备、边缘节点和云数

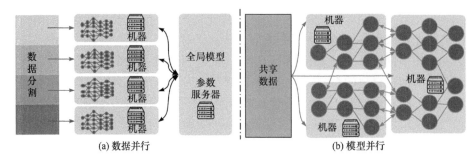

(a) 数据并行　　　　　　　　　　　　(b) 模型并行

图 2-12　数据并行和模型并行的分布式训练方法

据中心在实际中是地理位置分布的，并且在设想中是通过边缘网络相互连接的。一旦深度学习训练"跳出"云的孤立范畴，这些分布式设备就为模型训练任务贡献强大的力量。

2.6.1　数据并行

如果工作节点没有公共内存，但是训练数据的规模又很大，就需要对数据集进行划分，分配到每个工作节点上。经典的数据样本划分方法有两种，一种是基于随机采样的方法。随机采样可以保证每台机器上的本地训练数据与原始训练数据是独立同分布(independent and identically distributed，IID)的，但是如果训练数据种类数目十分繁多，那么可能总会有训练样本未被选中。另一种是，基于置乱切分的方法，即将训练数据随机置乱，按照工作节点个数顺序划分为相应的小份，随后将划分好的数据分配到工作节点上。

2.6.2　模型并行

深度神经网络参数之间的依赖关系较为紧密。但是，神经网络的内在层次性却为模型并行带来一定的便利。对于较大的神经网络模型来说，这意味着在输入层到输出层的方向上排列着大量的网络层。一个自然并且易于实现的方法就是，让每个工作节点承担模型中的一层或几层的计算任务。面对拥有不同算力的机器，调度方应尽可能为其分配相匹配的任务量。此外，从业者还可以使用分布式 GPU 支持模型并行模式的训练[27]。

2.7　边缘深度学习框架

深度学习模型的开发和部署在底层依赖各种深度学习库的支持。但是，不同的深度学习库又适用于不同的应用场景。为了在边缘侧部署深度学习应用，业界就需要高效且轻量级的深度学习库。表 2-1 列出了可能支持未来边缘智能的潜在深度学习框架，并展示了它们之前的主要功能对比。需要注意的是，边缘设备不可用的库，如 Theano[29]不包括在内。

表 2-1　边缘智能的潜在深度学习框架

框架	拥有者	支持边缘	安卓	iOS	Arm-linux	FPGA	DSP	GPU	移动GPU	支持训练
CNTK[30]	微软	×	×	×	×	×	×	√	×	√
Chainer[31]	Preferred Networks	×	×	×	×	×	×	√	×	√
TensorFlow[32]	谷歌	√	×	×	√	×	×	√	×	√
DL4J[33]	Skymind	√	√	×	√	×	×	√	×	√
TensorFlow Lite[34]	谷歌	√	√	×	√	×	×	√	√	×
MXNet[35]	Apache Incubator	√	√	√	√	×	×	√	×	√
(Py)Torch[36]	Facebook	√	√	×	√	×	×	√	×	√
CoreML[37]	苹果	√	×	√	×	×	×	√	√	×
SNPE[38]	高通	√	√	×	√	×	√	√	×	×
NCNN[39]	腾讯	√	√	×	√	×	×	×	√	×
MNN[40]	阿里巴巴	√	√	√	√	×	×	√	√	×
Paddle-Mobile[41]	百度	√	√	×	√	×	×	√	√	×
MACE[42]	小米	√	√	√	√	×	×	√	√	×
FANN[43]	ETH Zrich	√	×	×	×	×	×	×	×	√

随着深度学习在产学研界的热度不断上升，各种深度学习库也不断涌现。这为深度学习的应用和研究提供了便捷的途径。下面对五种类型的主流深度学习库进行简要介绍。

(1) TensorFlow[32]。TensorFlow 相对而言是一个高级的深度学习框架，可以方便地用于设计神经网络结构，而无须为了高效执行的目标去编写 C++或 CUDA(compute unified device architecture，计算统一设备架构)代码。与其他框架相比，TensorFlow 的另一个重要功能是其灵活的可移植性，只需进行少量修改，就可将相同的代码轻松部署到具有任意数量的 CPU 或 GPU 的计算机、服务器或移动设备上。此外，TensorFlow 现在已初步用于动态计算图。

(2) Caffe[44]。Caffe 的核心概念是图层，可面向深度学习模型实现数据输入和计算执行等功能。Caffe 被广泛用于计算机视觉领域中的快速特征嵌入卷积计算任务，如人脸识别、图像分类、目标跟踪等。

(3) Theano[29]。Theano 的初衷是设计用于处理大规模神经网络计算的数学表达式编译器。Theano 将各种用户定义的计算编译为有效的低级代码。但是，部署 Theano 模型并不方便，而且不支持移动设备，因此在生产环境中未被广泛应用。

(4) Keras[45]是一个高级的神经网络库。Keras 由纯 Python 编写，并基于 TensorFlow 和 Theano 的底层功能进行高级功能封装。Keras 将深度学习模型理解为一个独立的序列或者图，方便用户以最少的代码将可配置的模块组合在一起，形成一个完整的深度学习模型。相较 Caffe 而言，Keras 没有单独的模型配置文件，而是完全由 Python 语言配置而成，对用户调试友好。

(5) (Py)Torch[36]和 Chainer。(Py)Torch、Chainer 支持动态计算图，即为每行代码构造一个图作为完整计算图的一部分。即使计算图没有被完全构建，它们也可以执行小的计算图(作为独立的组件)。此功能对从事时间序列数据分析和自然语言处理的研究人员和工程师具有吸引力。需要注意的是，Caffe[44]已合并到(Py)Torch 中。

2.8 本 章 小 结

本章首先从生物神经学的角度介绍高等智能的进化规律，并结合当前人工智能相关应用的发展现状，总结人工智能或也遵循单体智能-网联智能-社会化智能的发展规律。同时，本章指出，随着边缘计算的出现，人工智能会朝着边缘计算+人工智能(即边缘智能)的方向发展。随后，本章概括人工智能和机器学习、深度学习之间的关系，并简要介绍相关基础知识。最后，本章介绍深度学习中的一些技术手段，以及将人工智能应用在边缘侧的挑战与困难。

将人工智能与应用 5G 的边缘计算进行深度融合，不但符合我国目前大力推进的"新基建"布局，而且顺应智能产生和进化的规律。本书在后面将介绍人工智能与边缘计算相融合的具体技术问题，以及对应的解决方案。

参 考 文 献

[1] Lecun Y, Bengio Y, Hinton G. Deep learning. Nature, 2015, 521(7553): 436-444.

[2] Li H, Ota K, Dong M. Learning IoT in edge: Deep learning for the internet of things with edge computing. IEEE Network, 2018, 32(1): 96-101.

[3] Haykin S S. Neural Networks and Learning Machines. 3rd ed. New York: Pearson, 2009.

[4] Collobert R, Bengio S. Links between perceptrons, MLPs and SVMs// International Conference on Machine Learning, Banff, 2004: 1-23.

[5] Manning C, Schutze H. Foundations of Statistical Natural Language Processing. Cambridge: MIT Press, 1999.

[6] Zeiler M D, Fergus R. Visualizing and understanding convolutional networks// European Conference on Computer Vision, Zurich, 2014: 818-833.

[7] Goodfellow I, Pougetabadie J, Mirza M, et al. Generative adversarial nets// Advances in Neural Information Processing Systems, Montreal, 2014: 2672-2680.

[8] Schmidhuber J. Deep learning in neural networks: An overview. Neural Networks, 2015, 61: 85117.

[9] Hochreiter S, Schmidhuber J. Long short-term memory. Neural Computation, 1997, 9(8): 1735-1780.

[10] Pan S J, Yang Q. A survey on transfer learning. IEEE Transactions on Knowledge and Data Engineering, 2009, 22(10): 1345-1359.

[11] Hinton G, Vinyals O, Dean J. Distilling the knowledge in a neural network. Computer Science, 2015, 14(7): 38-39.

[12] Mousavi S S, Schukat M, Howley E. Deep reinforcement learning: An overview// SAI Intelligent Systems Conference, London, 2016: 426-440.

[13] Park J, Samarakoon S, Bennis M, et al. Wireless network intelligence at the edge. Proceedings of the IEEE, 2019, 107(11): 2204-2239.

[14] Mnih V, Kavukcuoglu K, Silver D, et al. Human level control through deep reinforcement learning. Nature, 2015, 518(7540): 529-533.

[15] Van Hasselt H, Guez A, Silver D. Deep reinforcement learning with double q learning// AAAI Conference on Artificial Intelligence, Phoenix, 2016: 2094-2100.

[16] Wang Z, Schaul T, Hessel M, et al. Dueling network architectures for deep reinforcement learning// International Conference on Machine Learning, New York, 2016: 1995-2003.

[17] Lillicrap T P, Hunt J J, Pritzel A, et al. Continuous control with deep reinforcement learning. https://arxiv.org/abs/1509.02971[2019-07-05].

[18] Mnih V, Badia A P, Mirza M, et al. Asynchronous methods for deep reinforcement learning// International Conference on Machine Learning, New York, 2016: 1928-1937.

[19] Schulman J, Wolski F, Dhariwal P, et al. Proximal policy optimization algorithms. https://arxiv.org/abs/1707.06347[2017-08-28].

[20] Sutton R S, McAllester D A, Singh S P, et al. Policy gradient methods for reinforcement learning with function approximation// Advances in Neural Information Processing Systems, Denver, 2000: 1057-1063.

[21] Deng S, Zhao H, Fang W, et al. Edge intelligence: The confluence of edge computing and artificial intelligence. IEEE Internet of Things Journal, 2020, 7(8): 74577469.

[22] Xu D, Li T, Li Y, et al. Edge intelligence: Architectures, challenges, and applications. https://arxiv.org/abs/2003.12172[2020-03-26].

[23] Dean J, Corrado G, Monga R, et al. Large scale distributed deep networks// Advances in Neural Information Processing Systems, Lake Tahoe, 2012: 1223-1231.

[24] Zou Y, Jin X, Li Y, et al. Mariana: Tencent deep learning platform and its applications. Proceedings of the VLDB Endowment, 2014, 7(13): 1772-1777.

[25] Chen X, Eversole A, Li G, et al. Pipelined backpropagation for context dependent deep neural networks// Annual Conference of the International Speech Communication Association, Portland, 2012: 26-29.

[26] Seide F, Fu H, Droppo J, et al. 1bit stochastic gradient descent and its application to data-parallel distributed training of speech DNNs// Annual Conference of the International Speech Communication Association, Singapore, 2014: 1058-1062.

[27] Coates A, Huval B, Wang T, et al. Deep learning with COTS HPC systems// International Conference on Machine Learning, Atlanta, 2013: 1337-1345.

[28] Moritz P, Nishihara R, Stoica I, et al. Sparknet: Training deep networks in spark. https://arxiv.org/abs/1511.06051[2015-03-01].

[29] Github. Theano is a Python library that allows you to define, optimize, and evaluate mathematical expressions involving multidimensional arrays efficiently. https://github.com/Theano/Theano[2021-06-20].

[30] Microsoft. Microsoft cognitive toolkit (CNTK), An open source deep learning toolkit. https://github.com/microsoft/CNTK[2021-06-20].

[31] Tokui S, Oono K, Hido S, et al. Chainer: A next generation open source framework for deep learning// Workshop on Machine Learning Systems in the Twenty Ninth Annual Conference on Advances in Neural Information Processing Systems, Montreal, 2015: 1-6.

[32] Abadi M, Barham P, Chen J, et al. TensorFlow: A system for largescale machine learning// USENIX Symposium on Operating Systems Design and Implementation, Savannah, 2016: 265-283.

[33] GitHub. Deeplearning4j: Opensource distributed deep learning for the JVM. https:// deeplearning4j.org [2021-06-20].

[34] Deploy machine learning models on mobile and IoT devices. https://www.tensorflow.org/lite [2021-06-20].

[35] Chen T, Li M, Li Y, et al. MXnet: A flexible and efficient machine learning library for heterogeneous distributed systems. https://arxiv.org/abs/1512.01274[2015-12-03].

[36] Paszke A, Gross S, Massa F, et al. PyTorch: An imperative style, high-performance deep learning library// Advances in Neural Information Processing Systems, Vancouver, 2019: 8026-8037.

[37] Apple. Core ML: Integrate machine learning models into your app. https:// developer.apple.com/documentation/coreml?language=objc[2021-06-20].

[38] Qualcomm. Qualcomm Neural Processing SDK for AI. https:// developer.qualcomm.com/software/ qualcomm-neural-processing-sdk[2021-06-20].

[39] Github. NCNN is a high-performance neural network inference framework optimized for the mobile platform. https://github.com/Tencent/ncnn[2021-06-20].

[40] Github. MNN is a lightweight deep neural network inference engine. https:// github.com/alibaba/MNN[2021-06-20].

[41] Github. Multiplatform embedded deep learning framework.https:// github.com/Paddle/paddlemobile[2021-06-20].

[42] Github. MACE is a deep learning inference framework optimized for mobile heterogeneous computing platforms.https://github.com/XiaoMi/mace[2021-06-20].

[43] Wang X, Magno M, Cavigelli L, et al. FANN-on-MCU: An opensource toolkit for energy-efficient neural network inference at the edge of the internet of things. IEEE Internet of Things Journal, 2020, 7(5): 4403-4417.

[44] Jia Y, Shelhamer E, Donahue J, et al. Caffe: Convolutional architecture for fast feature embedding// ACM International Conference on Multimedia, Orlando, 2014: 675-678.

[45] Geron A. Hands on Machine Learning with Scikit Learn, Keras, and TensorFlow: Concepts, Tools, and Techniques to Build Intelligent Systems. New York: O'Reilly Media, 2019.

第 3 章　边缘计算基本原理

相比传统的云计算范式，边缘计算可带来更少的数据传输量和更低的服务响应时间，有效减轻云服务器的计算压力，已成为目前突破云计算发展瓶颈的重要解决方案。在促进一些现有技术更新和应用的同时，边缘计算也催生了大量新技术，例如自动驾驶技术的发展和 5G 技术的普及。但是，这并不意味着边缘计算会取代云计算的地位。这是因为，云计算可以依靠其更充裕的算力和存储资源执行一些边缘计算无法完成的复杂任务。准确地来说，边缘计算模式将成为云计算范式的重要补充。云计算和边缘计算的结合将满足更多样的应用场景需求，给用户带来更佳的服务体验。本书不局限于具体的边缘计算类别或者案例场景，对各种类别的边缘计算持包容态度。

3.1　边缘计算分类

在边缘计算的发展过程中，涌现出许多与网络边缘有关的新技术。这些技术一般具有相似的原理，但侧重点有所不同，如微云(cloudlet)[1]、微型数据中心(micro data center，MDC)[2]、雾计算(fog computing，FC)[3,4]、移动边缘计算[5](即现在的多接入边缘计算[6])。但是，边缘计算社区尚未就边缘计算的标准定义、体系结构和协议达成共识[7]。对于这套新兴技术，业界通常使用统一术语"边缘计算"来表示。本节介绍和区分不同的边缘计算概念。微云、雾计算和移动(多接入)边缘计算的特征对比如表 3-1 所示。

表 3-1　微云、雾计算和移动(多接入)边缘计算的特征对比

特征	微云	雾计算	移动(多接入)边缘计算
上下文感知	低	中	高
节点间通信	局部支持	支持	局部支持
可访问性	单跳	单跳或多跳	单跳
访问机制	WiFi	蓝牙、WiFi、移动网络	移动网络
节点位置	本地/户外安装	在终端设备和云之间变化	无线网络控制器/宏基站
节点设备	数据中心在一个盒子里	路由器、交换机、接入点和网关	在基站中运行的边缘服务器

3.1.1 微云和微型数据中心

微云在 2009 年由卡内基·梅隆大学提出，是边缘计算的最早样例。微云结合了移动计算和云计算的网络体系结构，属于三层计算架构(即终端设备、微云、云)的中间层。微云的主要贡献包括，定义系统并创建支持低延迟边缘云计算的算法；在开源代码中根据真实需求实现相关的管理功能，将其作为 OpenStack 云管理软件[1]的扩展。微云由一组资源丰富的多核计算机组成。这些计算机具有高速的网络连接，能够与区域内的终端快速地建立起通信连接。通过运行微云设备上的虚拟机(virtual machine，VM)，它可以通过无线局域网(wireless local area network，WLAN)为终端设备提供丰富的实时资源。同时，出于安全的考虑，微云通常被封装在一个防篡改的盒子中，以确保其在未受监控的区域的安全性。因此，微云也被称为盒子中的数据中心。

微型数据中心的概念最早由微软研究院提出。微软研究院将其视为超大规模云数据中心的延伸。与微云类似，微型数据中心[2]也被设计用来补充云计算。整体思想是将运行客户应用程序所需的计算、存储、网络设备打包为一个独立的安全计算环境，并放置在一个机箱中。这种方法适合部署在续航能力或计算能力有限的终端设备且有较低延迟需求的应用程序。同时，微型数据中心在容量和延迟方面具有一定的灵活性和扩展性，可以根据网络带宽和用户需求变更其规模。

3.1.2 雾计算

雾计算[3]是思科在 2012 年提出的一种概念，是云计算从网络核心到网络边缘的扩展。雾计算的主要推动者 OpenFog 联盟[8]将雾计算定义为，一种系统级的水平架构，将计算、存储、网络、控制和决策等资源和服务部署到从云到雾的任何位置，旨在迎合物联网、人工智能、虚拟现实(virtual reality，VR)、5G 等业务场景的需求。

雾计算的一大亮点是，它设想了一个具有数十亿个设备和大规模云数据中心的、完全分布式的多层云计算体系结构[3,4]，而那些在终端设备和云数据中心之间的中介计算单元称为雾计算节点(fog computing node，FCN)。雾计算节点本质上是异构的，包括但不限于路由器、机顶盒、交换机、物联网网关等。雾计算节点这种异构的特点是使其能够支持不同协议层的设备，甚至支持非 IP 接入技术在雾计算节点和终端设备之间的通信。同时，通过雾抽象层隐藏节点的异构性，雾计算能够在终端设备和云之间提供数据管理和通信服务等功能。尽管云和雾计算范式共享一组相似的服务，如计算、存储、网络，但是雾的部署却需要根据特定的地理区域进行设计。此外，雾计算还被设计用于承载具有实时响应需求的应用程序，如交互式场景、物联网应用程序。与微云和微型数据中心不同，雾计算更专注于物联网领域，并且不能离开云计算而独立运行，只是作为云计算的重要扩展技术而存在。

3.1.3　移动(多接入)边缘计算

2014 年，欧洲电信标准组织(European Telecommunications Standards Institute，ETSI)的移动边缘计算规范工作组对移动边缘计算(mobile edge computing，MEC)进行了标准化定义。随着实际需求的不断变化，欧洲电信标准组织在 2016 年又将MEC 的概念从移动边缘计算扩展到了多接入边缘计算(multi-access edge computing，MEC)。这意味着，边缘计算从电信蜂窝网络进一步扩展到了更为广义的无线接入网络。移动边缘计算将计算功能和服务环境置于蜂窝网络的边缘[5]，旨在提供更低的延迟、上下文和位置感知服务，以及更高的带宽。这种在蜂窝基站上部署边缘服务器的方式使用户可以灵活、快速地部署新的应用程序和服务。欧洲电信标准组织通过容纳更多的无线通信技术，如 WiFi[6]，进一步扩展了 MEC 的概念范围。在多接入边缘计算中，应用程序开发人员和内容提供者利用网络边缘的 IT 服务环境和计算功能，可实现超低延迟、高带宽和相关应用程序实时访问等特性。这一概念的扩展兼容许多非移动网络的需求，更符合实际场景的需求，以及边缘计算的发展趋势。

3.1.4　边缘计算术语

无论是在学界还是产业界，当下边缘设备的定义和划分是模棱两可的(边缘节点与终端设备间的边界尚不明晰)。因此，如图 3-1 所示，本书进一步将公共边缘设备分为终端设备和边缘节点。终端设备(终端侧)用于指代移动边缘设备(包括智能手机、智能车辆等)和各种物联网设备。边缘节点(边缘侧)包括微云、路边单元(road-side unit，RSU)、雾节点、边缘服务器、MEC 服务器等，即部署在网络边缘的服务器。此外，本书不区分云-边-端和端边云的概念，而是根据不同的场景特征而选择匹配的名词进行描述。

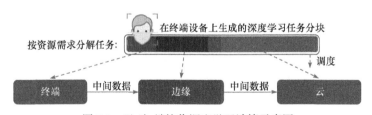

图 3-1　云-边-端协作深度学习计算示意图

3.1.5　云-边-端协同计算

尽管云计算的初衷是处理诸如深度学习训练这类计算密集型任务，但是其并不能满足"日益激进"的从数据生成、传输到处理的整个过程的服务延迟要求。此外，终端或边缘节点上的本地处理效果也会受到其计算能力、功耗和成本瓶颈的限制。因此，面向深度学习的协作式云-边-端协同计算[9](图 3-1)成为技术发展的重要趋势(图 3-2)。在这种新颖的计算范例中，由终端设备生成的具有较低计算强度的计算任务可以直接在终端设备上执行或卸载到边缘侧，从而避免将数据发送到云造成延迟。针对计算密集型任务，它可将其合理地分割，并分别发送到端、边和云来执行，从而在确保结果可靠性的同时减少任务执行延迟[9-11]。这种协同计算范式带来的优势不但能够成功完成任务，而且还能实现设备能耗、工作负载、数据传输与执行延迟间的最优平衡。

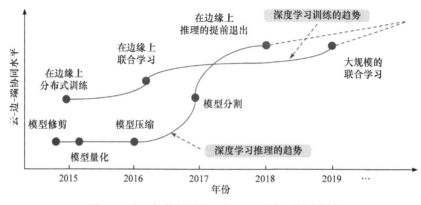

图 3-2   人工智能的训练和推理日益趋于协同计算

只有将边缘计算良好的实时数据采集和响应等能力与云计算的高性能计算等能力结合起来，才能更适应未来的发展需求。边缘计算的基本理念是，利用靠近数据源的算力资源执行任务。这种计算模式可以弥补传统云计算模式在海量数据存在前提下所面临的不足，如任务数据的传输带宽不够、关键隐私数据泄露等。边缘计算基础设施更靠近终端设备，所以传输更安全、计算响应也更及时。同时，边缘计算拥有比云计算模式更多的、可部署在各地的计算节点，也能承载更多的流量，使传输速度更快，从而减小任务数据的传输延迟，缓解骨干网络压力，有望满足穿戴设备、医疗、工业设备在云计算模式下的及时响应和隐私保护需要。但是，这并不意味着边缘计算模式可以取代云计算模式。对于一些具有较强算力需求的深度学习、大数据挖掘等应用而言，我们依然需要依靠高性能的云服务器。

在工业互联网场景中，边缘节点只能处理局部数据，无法形成全局认知，因此在实际应用中仍然需要借助云计算平台来实现信息的融合，边云协同正逐渐成为支撑工业互联网发展的重要支柱。只有工业互联网的边缘计算与云计算成功协同工作，在边缘计算环境中配置的智能设备才能处理关键任务数据，并实现实时响应。工业边缘计算节点具备一定的计算能力，能够自主决策并解决问题，及时检测异常情况，更好地实现预测性监控，在提升工厂运行效率的同时也能预防设备故障问题。基于这种新增功能，数据处理会变得分散，网络流量将大幅减少，而云则可在之后收集这些数据，进行次轮评估、处理和深入分析。

边缘计算的出现与近年来硬件能力的提高密不可分。毋庸置疑，硬件计算能力的进一步提升将促进边缘智能的应用和发展。根据人工智能和边缘计算的发展历史可推知，边缘智能的发展将既有软件级别的提高，也有硬件设备计算能力的提升。因此，如果要掌握边缘智能的发展方向，也应该了解边缘节点硬件的现状。如表 3-2 所示，本节讨论面向边缘智能的潜在智能硬件解决方案，即根据终端设备和边缘节点的需求而定制的人工智能芯片和产品。此外，如表 3-3 所示，本节还总结与边缘智能赋能密切相关的边缘计算框架。

表 3-2　边缘智能硬件和系统

	拥有者	产品	特点
商用边缘节点	微软	Data Box Edge[12]	在数据预处理和数据传输方面具有竞争力
	英特尔	Movidius Neural Compute Stick[13]	即插即用，可在任何平台上进行原型制作
	英伟达	Jetson[14]	易于使用，运行功率低至 5W
	华为	Atlas 系列[15]	一种全场景的人工智能基础架构解决方案，可以桥接"端、边和云"
边缘智能硬件	高通	骁龙 8 系列[16]	对主要深度学习框架有较好的适应能力
	海思	麒麟 600/900 系列[17]	用于深度学习计算的独立 NPU(neural processing unit，神经处理单元)
	海思	Ascend 系列[18]	全面覆盖从最终的低能耗场景到高计算能力场景
	联发科	Helio P60[19]	同时使用 GPU 和 NPU 来加速神经网络计算
	英伟达	图灵 GPU[20]	强大的功能和兼容性，但功耗开销很高
	谷歌	TPU[21]	在性能和功耗方面稳定
	英特尔	Xeon D-2100[22]	针对功耗和空间受限的边缘云解决方案进行了优化
	三星	Exynos 9820[23]	可加速人工智能任务的移动 NPU
边缘计算框架	华为	KubeEdge[24]	原生支持边云协同
	百度	OpenEdge[25]	屏蔽计算框架、简化程序开发
	微软	Azure IoT Edge[26]	通过零接触预配置进行远程边缘管理
	Linux 基金会	EdgeX[27]	物联网边缘跨工业和企业解决方案
	Linux 基金会	Akraino Edge Stack[28]	集成的分布式边缘云平台

续表

	拥有者	产品	特点
边缘 计算 框架	英伟达	NVIDIA EGX[29]	在边缘侧实现实时感知、认知和处理
	亚马逊	AWS IoT Greengrass[30]	容忍边缘设备的间歇性连接
	谷歌	Google Cloud IoT[31]	与 TensorFlow Lite 和 Edge TPU 等谷歌人工智能产品良好兼容

表 3-3　边缘计算框架

边缘计算 框架	托管或 拥有者	设计目标	目标 用户	可扩 展性	系统特点	应用场景
EdgeX Foundry	Linux 基金会	物联网器件的 互操作性	无 限制	支持	为用户提供通用应用程序接口来操控接入的设备，便于大规模地监测和控制物联网设备	工业物联网、智能交通、智能工厂
Apache Edgent	Apache 软件 基金会	对来自边缘设备的数据进行高效的分析处理	无 限制	不 支持	提供数据处理的应用程序接口切合物联网应用中数据处理的实际需求	物联网、分析日志与文本等类型数据
CORD	开放网络基金会 ONF	重构现有网络边缘基础设施，建立可灵活提供计算和网络服务的数据中心	网络运营商	支持	无需用户提供计算资源和搭建计算平台，不受地理位置影响	移动设备应用、VR、AR
Akraino Edge Stack	Linux 基金会	发展一套开源软件栈，用于优化边缘基础设施的网络构建和管理方式	网络运营商	不 支持	基于使用案例提供边缘云服务	边缘视频处理、智慧城市、智能交通
StarlingX	OpenStack 基金会	对低延迟和高性能应用进行优化	网络运营商	支持	可兼容不同的开源组件	工业物联网、电信、视频业务等延迟要求较高的业务
KubeEdge	CNCF 基金会 /华为	将容器化应用程序编排功能扩展到边缘设备	无 限制	支持	完全开放、可扩展、可移植、基于 Kubernetes	各种边云协同场景，如智慧园区、自动驾驶、工业互联网、互动直播等
K3S	Rancher	在多种架构的边缘节点上运行小型的 Kubernetes 集群	无 限制	不 支持	轻量级，资源需求少	智能汽车、智能电表、自动取款机

续表

边缘计算 框架	托管或 拥有者	设计目标	目标 用户	可扩 展性	系统特点	应用场景
Baetyl	Linux 基金会	将云计算能力 扩展到用户 现场	无 限制	支持	屏蔽计算框架，简化 应用生产，按需部署 服务，支持多种平台	各种边云协同场 景，如自动驾驶、 智能工厂
AWS IoT Greengrass	亚马逊	将云功能扩展 到终端设备	无 限制	不 支持	有 AWS(Amazon web services)云服务和 相关技术支持	车联网、 工业物联网
Azure IoT Edge	微软	将云功能扩展 到边缘设备， 获得低时延和 实时反馈	企业	不 支持	有强大 Azure 云服务 的支持，尤其是人工 智能和数据分析 服务	智能工厂、 智能灌溉系统
Link IoT Edge	阿里巴巴	将云功能扩展 到边缘设备	物联网 开发者	支持	有阿里云服务和 相关技术支持	未来酒店、 边缘网关

3.1.6 边缘人工智能计算设备

新兴的边缘人工智能硬件可以根据其技术架构分为三类。

(1) 基于图形处理单元的硬件。与具有强大通用特性的 CPU 不同，GPU 最初被定位为处理大量并发计算任务的芯片。因此，GPU 拥有许多算术逻辑单元和较小的高速缓存，并且高速缓存的目的不是保存以后需要访问的数据，而是改善线程服务。由于其出色的计算能力，GPU 的硬件体系结构成为当今人工智能硬件领域的主要依赖。GPU 一般以具备良好兼容性和性能为目标，但是通常会带来更多的功耗开销，如基于图灵架构[20]的 GPU。

(2) 基于现场可编程门阵列的硬件[32,33]。从业者在 FPGA 中使用了逻辑单元阵列(logic cell array，LCA)的概念。该概念包括可配置逻辑块、输入输出块(input-output block，IOB)和互连等 3 个部分。FPGA 是一种可用于设计专用集成电路(application-specific integrated circuit，ASIC)的可编程设备，拥有开发成本低、设计周期短、能耗低、可重复使用，以及易于学习和使用等优点，但同时也有兼容性较差和拓展性不足的缺点。由于具有节能的优势，FPGA 在边缘智能方面有良好的发展趋势。

(3) 基于专用集成电路的硬件。ASIC 最明显的特征是它是为特定需求而开发的，所以在特定场景下它具有其他硬件无法比拟的优势。在边缘智能服务的构建过程中，基于 ASIC 的硬件体系结构有望帮助边缘智能获得更好的结果。此外，由于 ASIC 的相关硬件都是为特定场景(例如 Google 的 TPU[21]和海思的 Ascend 系列[18])而定制设计的，因此在性能和功耗方面会更加稳定。

随着边缘设备广泛的部署，智能手机的芯片得到飞速发展，部分高端解决方案也已经能原生加速人工智能计算。例如，高通首先在骁龙芯片中应用了人工智能硬件加速[16]，并发布骁龙神经处理引擎(snapdragon neural processing engine，SNPE)软件开发工具包(software development kit，SDK)[34]。该工具支持几乎所有主要的深度学习框架。与高通相比，海思的 600 系列和 900 系列芯片[17]不依赖GPU。与之相反，它们集成了一个额外的 NPU 实现向量和矩阵的快速计算，从而大幅提高深度学习的效率。不同于海思和高通，联发科的 Helio P60 不仅使用了GPU，而且还引入人工智能处理单元(AI processing unit，APU)进一步加速神经网络计算[19]。关于不同芯片解决方案间的神经网络计算性能比较结果，读者可以在Andrey 等[35]的详细对比实验中找到。

3.1.7　商用边缘节点

边缘节点应当具有计算和缓存功能，并在终端设备附近提供高质量的网络连接和计算服务。与大多数终端设备相比，边缘节点具有更强大的计算能力，同时，相比云，边缘节点还能更快地响应终端设备发出的请求。因此，通过部署边缘节点来承担计算任务，可以在保证任务执行结果准确性的同时加速任务处理。边缘节点还被设想拥有内容缓存功能，可以通过缓存热门内容来缩短响应时间。此外，大多数边缘节点都有能力承担初步的深度学习推理任务，然后将剩余任务迁移(传输)到云中进行更进一步的处理。

为了帮助读者进一步了解边缘计算设备，下面介绍一些相关示例，包括 Data Box Edge[12]、Jetson[14]和 Atlas 系列[15]。Data Box Edge 是微软发布的支持人工智能计算的边缘计算设备，可以充当存储网关，并在用户站点和 Azure 存储之间创建连接，使用户可以使用本地网络轻松地将数据移入和移出 Azure 存储。同时，Data Box Edge 通过 IoT Edge 提供了一个技术平台，使用户能够将 Azure 服务和应用程序直接部署到边缘。Jetson 系列是英伟达公司为新一代自主机器设计的嵌入式系统，是一个人工智能平台，主要用于自动机、高清传感器和视频分析。Jetson系列目前有 4 种产品类型，包括 Jetson Nano、Jetson TX2、Xavier NX、AGX Xavier。这些产品具有不同的定位，可以满足从人脸识别到自动驾驶等行业不同层次的应用需求。Atlas 系列是华为推出的新一代智能云硬件平台，其主要特点是资源池化、异构计算和秒级部署。Atlas 系列包括面向端侧的加速模块、面向数据中心侧的加速卡、面向边缘侧的智能小站，以及定位于企业领域的一站式人工智能平台。可见，华为 Atlas 系列在丰富产品形态的同时逐渐形成完整的人工智能解决方案。

3.1.8　边缘计算框架

边缘计算系统的解决方案日新月异。对于具有复杂配置和密集资源需求的深度学习服务来说，可支持先进而卓越的微服务架构的边缘计算系统是未来发展方向。在边缘计算环境中，终端设备侧将产生海量异构数据。这些数据将由各种设备根据不同的应用需求进行处理。因此，如何设计边缘计算框架来保障任务执行的可行性、应用程序的可靠性，以及资源利用的高效性是一个难题。同时，由于不同的应用场景中存在不同的需求，不同场景中的边缘计算框架也应该有所侧重或不同。为了更深入地了解边缘计算的发展，本节主要根据以下指标比较这些边缘计算框架，并对它们的特点进行总结。

(1) 设计目标。边缘计算框架的设计目标可以反映其适用的问题场景，并影响平台的系统结构和功能设计。

(2) 目标用户。边缘计算框架的目标用户是在框架设计之初的需求方，而设计者只有根据目标用户的需求才能确立设计目标。部分框架的目标用户是网络运营商，而部分框架在设计之初就未面向特定目标用户，任何用户都可以在边缘节点上自行部署框架。

(3) 可扩展性。为了满足用户未来变化的需求，边缘计算框架需要具备一定的可扩展性。具有良好扩展性的边缘计算框架更能受到用户和业界的青睐。

(4) 系统特点。边缘计算框架的系统特点是其设计目标的体现，使用方可以根据系统特点，在特定的场景中部署框架。

(5) 应用场景。应用场景是边缘计算框架产生价值的落脚点，有实际价值的应用场景可以极大地挖掘框架的潜力。

3.2 边缘虚拟化

虚拟化技术是云计算迅速发展的重要推手之一，但是当边缘计算和人工智能成为未来计算模式发展的主流方向时，虚拟化技术还能有所作为吗？

利用虚拟化技术将边缘计算和人工智能结合起来的需求主要体现在以下几个方面。一是，边缘计算的资源有限。边缘计算无法像云一样为人工智能服务提供大量的资源，虚拟化技术应在有限的资源约束下最大限度地利用资源。二是，人工智能服务严重依赖复杂的软件库，并且这些软件库的版本和依赖关系通常错综复杂。因此，适合边缘智能服务的虚拟化技术应该能够隔离不同的服务。具体来说，单个服务的升级、关闭、崩溃和高资源消耗不应影响其他服务。三是，服务响应速度对于边缘智能至关重要。边缘智能不仅需要边缘设备的计算能力，还需要边缘计算基础设施可以提供及时的服务响应。

如图 3-3 所示，在边缘网络与计算虚拟化基础架构中，边缘计算和人工智能服务提供商可依托运营商，通过对计算、网络、通信资源进行编排集成，以网络切片的形式提供高性能的边缘智能服务。具体而言，无论是以容器还是虚拟机作为服务宿主，硬件虚拟化、网络虚拟化，以及相关管理技术在边缘侧集成是必需的。下面讨论潜在的边缘虚拟化技术。

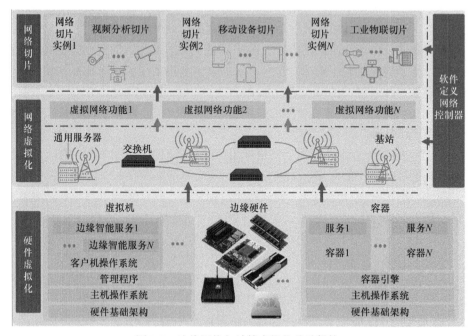

图 3-3　边缘网络与计算虚拟化基础架构

3.2.1　硬件虚拟化

当前，有两种主要的虚拟化方式，即虚拟机和容器。通常来说，虚拟机可以更好地隔离任务，而容器则使重复任务的部署更容易[36]。通过在操作系统级别进行虚拟机虚拟化，虚拟机管理程序可将一台物理服务器拆分为多个虚拟机，并可轻松管理和利用这些虚拟机独立执行任务。此外，通过创建包含多个独立虚拟计算设备的可扩展系统，虚拟机管理程序可以更有效地分配和使用空闲计算资源。例如，基于虚拟机技术的微云可以为终端用户提供更方便的边缘计算服务，并且用户可以使用虚拟机技术在附近的边缘服务器上快速实例化自定义计算服务，然后使用该服务快速响应资源密集型的本地任务。

与虚拟机相比，容器虚拟化是更为灵活的，用于打包、交付和协调软件基础架构服务和应用程序的工具。用于边缘计算的容器虚拟化技术应能在满足高性能和存储要求的情况下，有效地减少工作负载执行时间，并且可以通过扩展功能的形式(或者直接集成的方式)提供更丰富的服务[37]。容器由单个文件组成，该文件包括具有所有依赖项的应用程序和运行环境，这使它能够进行有效的服务切换来应对用户的移动性[38]。由于容器中应用程序的执行不像虚拟机技术那样严重依赖其他虚拟化层，因此可显著减少处理器的功耗和执行应用程序所需的内存量。

3.2.2 网络虚拟化

传统网络功能与特定硬件的结合不够灵活，使用户无法按需管理边缘侧网络。为了将网络设备功能整合到符合行业标准的服务器、交换机和存储中，网络功能虚拟化(network function virtualization，NFV)将网络功能和服务与专用网络硬件解耦，使虚拟网络功能(virtual network function，VNF)在软件中运行。此外，边缘智能服务通常需要高带宽、低延迟和动态网络配置，而软件定义网络(software-defined network，SDN)可以通过以下三项关键创新[39]实现服务快速部署、网络可编程和多用户支持等功能：一是控制平面和数据平面的解耦；二是集中式和可编程控制平面；三是标准化的应用程序编程接口。

网络功能虚拟化凭借上述优势能支持高度定制的网络策略，尤其契合边缘智能服务的高带宽和强动态特性，有望实现网络虚拟化和边缘计算的优势互补与互利共赢。一方面，网络功能虚拟化和软件定义网络可以增强边缘计算基础架构的互操作性。例如，在网络功能虚拟化和软件定义网络的支持下，边缘节点可以有效地编排并与云数据中心"集成"[40]。另一方面，网络功能虚拟化和边缘智能服务都可被托管在轻量级网络功能虚拟化框架(部署在边缘)上[41]，从而最大限度地复用网络功能虚拟化的基础架构及其管理功能[42]。

3.2.3 网络切片

网络切片是虚拟网络体系结构的一种形式。它是网络的高级抽象，允许在公共共享物理基础结构之上创建多个网络实例，其中每个物理实例均根据特定服务进行了优化。随着服务质量(quality of service，QoS)需求日益多样化，由 NFV/SDN实现的网络切片也逐渐开始兼容边缘侧的分布式计算范式。为满足这些要求，可在边缘侧网络中将网络切片与联合优化的资源进行协调控制[43]。图 3-3 描述了基于边缘虚拟化的网络切片的示例。为了在网络切片中实现服务定制，从业者可将虚拟化技术和软件定义网络结合起来，从而支持边缘节点上灵活的资源分配、服务提供、服务控制。基于网络切片可为边缘智能服务提供定制和优化的资源分配，这不仅能够减少网络访问引起的延迟，还能支持对这些服务的密集访问[44]。

3.3 本 章 小 结

本章首先从边缘计算类别、边缘硬件、边缘虚拟化等三个方面介绍边缘计算基本原理，主要涉及边缘计算的相关软硬件技术和计算架构。同时，介绍微云、微型数据中心、雾计算和移动(多接入)边缘计算等四种主流的边缘计算技术，总结并对比了它们的特点。然后，介绍一些边缘计算术语，并解释云-边-端协同计算范式。在边缘计算硬件方面，本章总结边缘智能相关的硬件和框架，以及潜在可用的深度学习框架。其中，边缘智能硬件的技术架构主要分为 GPU、FPGA 和 ASIC 等三种。本章根据五项指标总结主流的边缘计算框架，分析各个框架的特点与定位。在边缘虚拟化方面，本章主要是从硬件虚拟化、网络虚拟化和网络切片等三个部分探讨潜在的边缘虚拟化技术。当前，边缘计算的发展已经从移动边缘计算逐渐过渡到多接入边缘计算。可以预见，在未来 5G 和人工智能的发展浪潮中，业界将通过智能技术进一步提升边缘计算相关的算法和硬件性能，实现软硬件协同的智能边缘。

　　边缘计算在未来的发展过程中，仍将面临诸多挑战。边缘数据中心需要持续稳定的电力供给，而充足的电力供给并非在任何地方都能稳定地获得。这就限制了边缘计算更广泛的普及，也使低功耗边缘计算系统的设计研发成为未来的一个发展方向。边缘计算系统在部署过程中面临着可用空间和物理环境的压力，实际部署位置需要有充足的物理空间来放置系统服务器。同时，维护人员还需要提供适宜的物理环境才能保证服务器处于最优的工作状态，这对系统后期维护提出较高的要求。边缘计算的安全性也是未来需要考虑的重要因素。由于节点分散的特点，边缘计算不能像云计算那样提供集中的防护手段，业界需要设计新的方案来解决分布式计算环境中的安全问题。解决这些挑战不仅需要相关从业者研发出新的技术，并设计出更加完善的边缘计算系统和架构，还需要工程人员在实际部署中组织形成一套标准的边缘计算系统应用规范。总之，学术界和工业界只有通力合作才能共同使边缘计算有长远的发展。

参 考 文 献

[1] Satyanarayanan M, Bahl P, Cáceres R, et al. The case for VM-based cloudlets in mobile computing. IEEE Pervasive Computing, 2009, 8(4): 14-23.

[2] Aazam M, Huh E N. Fog computing micro datacenter based dynamic resource estimation and pricing model for IoT// International Conference on Advanced Information Networking and Applications, Gwangju, 2015: 687-694.

[3] Bonomi F, Milito R, Zhu J, et al. Fog computing and its role in the internet of things// Proceedings of the First Edition of the MCC Workshop on Mobile Cloud Computing, Helsinki, 2012: 13-16.

[4] Bonomi F, Milito R, Natarajan P, et al. Fog computing: A platform for internet of things and analytics// Big Data and Internet of Things: A Roadmap for Smart Environments, Berlin, 2014: 169-186.

[5] Mobile-edge computing-introductory technical white paper. https:// portal.etsi.org/Portals/0/TB pages/MEC/Docs/Mobile-edge-Computing-Introductory-Technical-White-Paper-V1%2018-09-14.pdf [2021-06-20].

[6] Nurit S, Dario S, Alex R, et al. Multi-access edge computing. http://www.etsi.org/technologies-clusters/technologies/multi-access-edge-computing[2021-06-20].

[7] Bilal K, Khalid O, Erbad A, et al. Potentials, trends, and prospects in edge technologies: Fog, cloudlet, mobile edge, and micro data centers. Computer Networks, 2018, 130(2018): 94-120.

[8] OpenFog. OpenFog reference architecture for fog computing. http://site.ieee.org/denver-com/files/2017/06/OpenFog-Reference-Architecture-2-09-17-FINAL-1.pdf [2021-06-20].

[9] Kang Y, Hauswald J, Gao C, et al. Neurosurgeon: Collaborative intelligence between the cloud and mobile edge. ACM SIGARCH Computer Architecture News, 2017, 45(1): 615-629.

[10] Li G, Liu L, Wang X, et al. Auto-tuning neural network quantization framework for collaborative inference between the cloud and edge// International Conference on Artificial Neural Networks, Rhodes, 2018: 402-411.

[11] Huang Y, Zhu Y, Fan X, et al. Task scheduling with optimized transmission time in collaborative cloud-edge learning// International Conference on Computer Communication and Networks, Hangzhou, 2018: 1-9.

[12] Microsoft. What is azure data box edge? https://docs.microsoft.com/zh-cn/azure/databox-online/data-box-edge-overview[2021-06-20].

[13] Intel. Intel movidius neural compute stick. https:// software.intel.com/en-us/movidius-ncs[2021-06-20].

[14] Nvidia. Latest Jetson products.https:// developer.nvidia.com/buy-jetson[2021-06-20].

[15] Huawei. An all-scenario AI infrastructure solution that bridges' device, edge, and cloud' and delivers unrivaled compute power to lead you towards an AI-fueled future.https://e.huawei.com/en/solutions/business-needs/data-center/atlas[2021-06-20].

[16] Qualcomm.Snapdragon 8 series mobile platforms. https://www.qualcomm.com/products/snapdragon-8-series-mobile-platforms[2021-06-20].

[17] Huawei Technologies. Kirin. https://www.hisilicon.com/en/products/Kirin[2021-06-20].

[18] Huawei Technologies.The world's first full-stack all-scenario AI chip. https://www.hisilicon.com/en/products/Ascend/Ascend-910[2021-06-20].

[19] MediaTek. MediaTek Helio P60. https:// www.mediatek.com/products/smartphones/mediatek-helio-p60[2021-06-20].

[20] Nvidia.NVIDIA Turing GPU Architecture.https://www.nvidia.com/en-us/geforce/turing/ [2021-06-20].

[21] Jouppi N P, Young C, Patil N, et al. In-datacenter performance analysis of a tensor processing unit// Annual International Symposium on Computer Architecture, Toronto, 2017: 1-12.

[22] Intel. Intel Xeon processor D-2100 product brief: Advanced intelligence for high-density edge solutions. https:// www.intel.cn/content/www/cn/zh/products/docs/processors/xeon/d-2100-brief.html [2021-06-20].

[23] Samsung. Mobile processor: Exynos 9820. https:// www.samsung.com/semiconductor/minisite/exynos/products/mobileprocessor/exynos-9-series-9820/[2021-06-20].

[24] Xiong Y, Sun Y, Xing L, et al. Extend cloud to edge with KubeEdge// IEEE/ACM Symposium on Edge Computing, Bellevue, 2018: 373-377.

[25] Github.OpenEdge extend cloud computing, data and service seamlessly to edge devices. https://github.com/baetyl/baetyl[2021-06-20].

[26] Github. Azure IoT Edge, extend cloud intelligence and analytics to edge devices. https:// github.com/Azure/iotedge[2021-06-20].

[27] EdgeX Foundry. EdgeX, the open platform for the IoT edge. https:// www.edgexfoundry.org/[2021-06-20].

[28] Lfedge. Akraino edge stack. https:// www.lfedge.org/projects/akraino/[2021-06-20].

[29] Nvidia. NVIDIA EGX edge computing platform: Real-time AI at the edge. https://www.nvidia. com/en-us/data-center/products/egx-edge-computing/[2021-06-20].

[30] Amazon. AWS IoT Greengrass: Bring local compute, messaging, data caching, sync, and ML inference capabilities to edge devices. https://aws.amazon.com/greengrass/[2021-06-20].

[31] Google. Google Cloud IoT: Unlock business insights from your global device network with an intelligent IoT platform. https:// cloud.google.com/solutions/iot/[2021-06-20].

[32] Nurvitadhi E, Venkatesh G, Sim J, et al. Can FPGAs beat GPUs in accelerating next generation deep neural networks// ACM/SIGDA International Symposium on Field-Programmable Gate Arrays, New York, 2017: 5-14.

[33] Jiang S, He D, Yang C, et al. Accelerating mobile applications at the network edge with software-programmable FPGAs// IEEE Conference on Computer Communications, Honolulu, 2018: 5-14.

[34] Qualcomm. Qualcomm neural processing SDK for AI. https:// developer.qualcomm.com/software/qualcomm-neural-processing-sdk[2021-06-20].

[35] Andrey, Timofte R, Chou W, et al. AI benchmark: Running deep neural networks on android smartphones// European Conference on Computer Vision Workshops, Munich, 2018: 288-314.

[36] Tao Z, Xia Q, Hao Z, et al. A survey of virtual machine management in edge computing. Proceedings of the IEEE, 2019, 107(8): 1482-1499.

[37] Morabito R. Virtualization on internet of things edge devices with container technologies: A performance evaluation. IEEE Access, 2017, 5: 8835-8850.

[38] Ma L, Yi S, Carter N, et al. Efficient live migration of edge services leveraging container layered storage. IEEE Transactions on Mobile Computing, 2019, 18(9): 2020-2033.

[39] Wang A, Zha Z, Guo Y, et al. Software-defined networking enhanced edge computing: A network-centric survey. Proceedings of the IEEE, 2019, 107(8): 1500-1519.

[40] Lin Y D, Wang C C, Huang C Y, et al. Hierarchical CORD for NFV datacenters: Resource allocation with cost-latency tradeoff. IEEE Network, 2018, 32(5): 124-130.

[41] Li L, Ota K, Dong M. DeepNFV: A lightweight framework for intelligent edge network functions virtualization. IEEE Network, 2019, 33(1): 136-141.

[42] ETSI. Mobile edge computing: A key technology towards 5G. https://www.etsi.org/images /files/ETSIWhitePapers/etsi_wp11_mec_a_key_technology_towards_5g.pdf[2021-06-20].

[43] Chien H T, Lin Y D, Lai C L, et al. End-to-end slicing as a service with computing and communication resource allocation for multi-tenant 5G systems. IEEE Wireless Communications, 2019, 26(5): 104-112.

[44] Taleb T, Samdanis K, Mada B, et al. On multi-access edge computing: A survey of the emerging 5G network edge cloud architecture and orchestration. IEEE Communications Surveys & Tutorials, 2017, 19(3): 1657-1681.

第 4 章　边缘智能应用

从整体上看，由于人工智能模型大多复杂度较高，资源受限的设备通常难以独立计算模型推理结果，因此人工智能服务通常被部署在云中来处理任务请求。但是，在实时视频分析、智能制造等应用场景下，传统的端-云架构无法满足此类人工智能服务对于实时性的需求。因此，在边缘侧部署人工智能服务被认为是拓宽人工智能应用场景的一种有效方法。本章节主要介绍部署边缘智能应用的相关技术与方案，并在同一应用场景下将其与缺少边缘计算体系结构的架构进行对比，以阐释边缘智能的优势。

4.1　实时视频分析

实时视频分析在各个领域至关重要，如自动驾驶、虚拟现实和增强现实(augmented reality，AR)、智能监控等。总的来说，在这些领域部署深度学习相关服务需要大量的计算和存储资源。遗憾的是，在云中执行这些任务通常会带来高带宽消耗、额外延迟和可靠性缺失等问题。随着边缘计算的发展，业界可通过将视频分析移至靠近数据源的位置(即终端设备或边缘节点)来解决上述问题。如图 4-1 所示，本节将相关工作总结为一种混合的三层结构，即终端、边缘、云。

图 4-1　面向实时视频分析的云-边-端架构

4.1.1　基于机器学习的视频分析预处理

视频分析有许多不同的应用种类,如人脸识别、物品识别和轨迹追踪等。同时,定制化的机器学习模型对于特定的视频分析任务也能表现出较优的效果。因此,在视频分析和计算机视觉领域,越来越多的机器学习算法开始成为首选解决方案。主流方法包括主成分分析、人工神经网络、贝叶斯分类与自适应增强学习等。这些方法都能在某一特定范围内表现出较为不错的性能。但是,传统的机器学习方法对于被识别物品的特征(如物品的形状、颜色的分布与物体的相对位置等)依赖性非常高。如果使用单一的机器学习模型分析未被降噪和特征提取处理过的视频,最终的处理结果往往会不尽如人意。因此,通常情况下,从业者会将多个机器学习模型组合起来使用,从而实现更好的视频处理能力。

以脸部识别算法为例,脸部识别算法一般包含面部检测、性别与年龄分类、面部追踪,以及特征匹配等步骤。对于不同的步骤,算法开发者需要选择不同的机器学习模型进行适配。为了解决面部检测问题,算法开发者可以使用 Viola 等设计的 AdaBoost 分类器[1]对检测到的画面片段进行预处理,以对齐其亮度特性,并将其转换为均匀的比例。当找到并处理好检测到的图像片段后,就可以基于已有 RBF 内核的非线性支持向量机(support vector machine,SVM)设计分类器。

4.1.2　基于云边深度学习的视频分析

在终端侧,视频捕获设备(如智能手机和监控摄像头等)主要负责视频捕获、媒体数据压缩[2]、图像预处理和图像分割[3]等工作。通过协调这些终端设备,并与一个领域受限的深度模型一起使用,从业者可以训练一个领域感知适应模型提高物品识别的准确率[4]。此外,为了将深度学习的计算任务适当地卸载到边缘侧,终端设备应全面考虑视频压缩率和一些其他关键性因素,如网络条件、数据使用状况、电池消耗、处理延迟、帧率,以及分析准确性等指标之间的权衡,从而确定最优的任务卸载策略[2]。此外,如果在终端设备侧独立执行各种深度学习任务,则可以启用并行分析支持多智能体深度学习的高效解决方案。通过使用模型剪枝和恢复,NestDNN[5]将深度学习模型转换为一组子模型,其中资源需求较少的子模型与资源需求较高的子模型共享模型参数,并将其本身嵌套在需要更多资源的子模型中,而不占用额外的内存空间。以这种方式,多容量模型提供可变的资源精度与紧凑的内存空间之间的权衡余地,从而确保终端设备侧高效的多智能体深度学习。

在边缘侧,如果部署非常密集的分布式边缘节点,并使之相互协作,则可为系统整体提供更好的服务。例如,LAVEA[6]将边缘节点连接到相同的接入点或基站和终端设备,从而确保服务可以像在互联网上访问一样无处不在。此外,在边缘侧对深度学习模型进行压缩，不仅能提高整体性能，还可减少卷积神经网络层中的非必要滤波器，从而在保证分析性能的同时，大幅压减边缘侧的资源开销[7]。此外，为了优化性能和效率，Liu 等[8]提出一个边缘服务框架 EdgeEye。EdgeEye可实现基于深度学习的实时视频分析功能。为了充分利用边缘侧的算力资源，VideoEdge[9]可实现"云-边-端"多层级计算架构。通过对分析任务的负载进行均衡，VideoEdge 可保障模型整体拥有较高的分析精度。

在云侧，云服务器负责边缘侧所有深度学习子模型的集成，以及边缘节点上分布式深度学习模型参数的更新[2]。边缘节点上的分布式模型训练性能可能因其局部知识的限制造成训练效果有所不同，因此云需要整合训练程度不同的深度学习模型来统筹全局知识。当边缘无法有把握地提供服务时(例如，以低置信度检测对象)，云可以利用其强大的计算能力和全局知识接管任务的进一步处理，并协助边缘节点更新深度学习模型。

4.2　自动化车联网

可以预见，如果将交通系统中的所有车辆互联起来，则可以极大地提高交通安全性和交通效率，在减少交通事故的同时缓解交通拥堵[10]。目前，业界已设想了很多信息技术(如网络技术、缓存技术、边缘计算等)相关的解决方案。尽管它们的研究通常是分开进行的，但是在客观上都促进了车联网的发展。

一方面，边缘计算可为车辆提供低时延、高速通信和快速响应服务，使自动驾驶成为可能；另一方面，深度学习技术在各种智能车辆应用中也非常重要。此外，这些技术还有望能优化复杂的车联网系统。例如，He 等提出一个集成深度学习技术的框架[10]。该集成框架可实现网络、缓存和计算资源的动态编排，满足不同车载应用的需求。由于该集成框架涉及多维度的资源控制，因此可采用基于深度强化学习的方法来求解相关优化问题，从而提高系统的整体性能。同样，在车辆边缘计算中，深度强化学习也可被用来获得最(近)优的任务卸载策略[11]。此外，还可以利用车辆到车辆(vehicle-to-vehicle，V2V)技术进一步连接车辆。在这种场景中，车辆无论是作为边缘节点，还是作为终端设备[12]，均由基于深度强化学习的控制策略来管理。自动化车联网的云-边-端协同架构如图 4-2 所示。其中，DSRC(dedicated short range communication)指专用短程通信。

4.2.1　基于机器学习的传感信息处理

一辆支持自动驾驶的汽车会被配备各种传感器，这些传感器产生的大量数据需要及时处理。从这些原始数据中提取信息并做出决策的方法之一是将这些数据输入机器学习系统。部署在自动驾驶汽车上的机器学习算法将从原始数据中

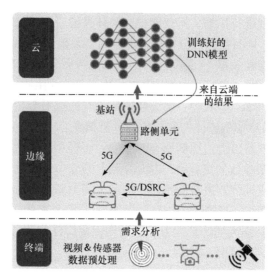

图 4-2　面向自动化车联网的云-边-端架构图

提取特征，以确定实时路况，并在此基础上做出合理决策。例如，Murshed 等利用雷达识别人体位置，可以获得较高准确率[13]。

4.2.2　基于深度学习的自动化车联网

为满足安全驾驶需求，人们在驾驶汽车时不仅会考虑道路上行人的因素，还会考虑道路是否畅通、红绿灯状态、前后车辆行驶轨迹等情况。对于如此繁重的信息感知与处理任务来说，仅依靠机器学习系统是不够的。Liu 等[14]设计的自主驾驶的算法子系统由感知、预测和决策模块组成，其中该自动驾驶系统可通过感知获得环境数据，然后使用深度学习算法对数据进行处理，最终做出决策，成功协调人、车与路，支撑全方位的自动驾驶。

在终端侧，对于车联网而言，终端侧的数据采集设备主要包括传感器，以及摄像头，其中传感器可以收集诸如车辆的行驶速度、加速度、方向与车距等车辆的物理属性，而摄像头主要是采集车辆四周例如车道、停止线等的图像信息。终端设备一般不承担计算任务，它们主要负责对所有数据进行采集和整理，以满足边、云侧的计算需要。例如，若要对车辆的行驶状态进行确定，通常需要联合多个维度的数据来共同判定，而这些工作都可以在终端侧直接完成。不同于 4.1 节的视频分析任务，车联网更关注时延对系统整体效能的影响，因此期望更多的计算任务能够在边缘侧完成，这就要求终端设备更贴近边缘侧设备的设计需要。

在边缘侧，对于车联网而言，更低的时延意味着更高的安全性，而安全也是车联网系统最看重的一个指标。相较于云，边缘设备因为与终端设备有更短的物理距离，在传输时延上有更大的优势。这也表明，车联网系统需要将更多的计算任务卸载到边缘侧中完成，甚至，在一些特殊情况发生时，若边缘与云的通信被切断，边缘设备仍需要在短时间内维持整个车联网系统的正常运转。这些因素都要求车联网系统必须能够较大限度地利用边缘侧设备的计算资源和存储资源，同时也要预留一定的备用资源防止在与云的通信被阻断时，边缘侧无法承担云为整个系统提供的最小计算需求。

在云侧，由于物理距离的存在会带来不可避免的传输时延，云会更关注系统中较为宏观的计算任务，如车流量管控、交通信号灯控制等，而不是将重点放在某一具体车辆的计算任务上。这样的任务分配模式不但可以确保车辆能够及时处理突发状况，在通信被迫中断的情况下，也能保障车辆不会因为计算数据的缺失而引发系统崩溃，从而导致交通事故发生。

4.3　智　能　制　造

智能制造时代最重要的两个原则是自动化和数据分析。前者是主要目标，后者是最有用的工具之一[15]。为了遵循这些原则，智能制造应该首先解决响应延迟、风险控制和隐私保护问题，而深度学习和边缘计算是解决此类问题的良好方法[16]。在智能工厂中，边缘计算有利于将云的计算资源、网络带宽、存储容量等扩展到物联网边缘侧，实现生产制造过程中的资源调度和数据处理[17]。此外，对于制造行业来说，不同产品对设备的数字化和智能化水平的需求不同，对边缘计算的需求也有较大的差别。因此，生产环境往往存在以下问题，一是数据多源异构，缺少统一的格式；二是现场网络协议众多，互联互通困难；三是工业生产过程中关键数据的安全保护措施不够。

边缘计算可以通过以下方式解决这些场景面临的问题，一是终端设备通过预处理统一异构数据的格式；二是基于 OPC UA over TSN 构建统一的工业现场网络，实现数据的互联互通[18]；三是开发适配于制造场景的边缘计算安全机制与方案。针对自主制造检验，DeepIns[15]使用深度学习和边缘计算保证性能和处理延迟。DeepIns 的主要思想是将用于检测的深度学习模型进行分割，并将其分别部署在端、边和云，以提高整体的检测效率。

尽管如此，随着物联网边缘设备的指数级增长，如何远程管理不断迭代的深度学习模型，以及如何持续评估这些模型的必要性成为关注焦点。Soto 等[19]开发了一个框架来应对这些挑战，以支持智能制造过程中产生的复杂学习事件，从而进一步推动边缘侧物联网终端设备上实时应用的开发。此外，物联网终端设备[20]的功耗、能效、内存占用等的限制也是需要考虑的现实因素。因此，开发者可以通过对缓存、异构物联网设备的通信和计算卸载有效的集成优化[21]来打破资源瓶颈。面向边缘计算的智能制造体系结构如图 4-3 所示。

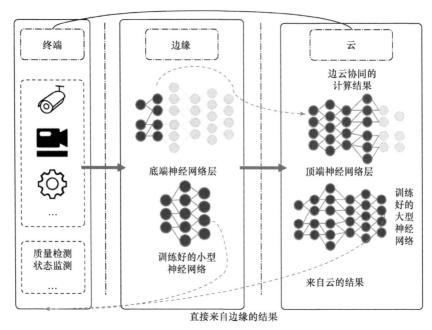

图 4-3 面向智能制造的云-边-端架构图

4.3.1 基于机器学习的知识库更新

机器学习是人工智能的一项重要技术，在智能制造领域也同样具有的重要价值。众所周知，机器学习是指计算机通过基于数据的算法去理解和学习物理系统内部的能力。因此，在制造系统方面，机器学习算法的实施使制造机器或设备能够自动学习它们的工作条件与基础，并在整个制造过程中创建和升级知识库。目前已有的一些基于机器学习方法的解决方案，包括数据挖掘、统计模式识别算法和人工神经网络，已经在智能制造中产生了重要的价值[22]。

4.3.2 深度学习驱动的新一代智能制造

以深度学习为代表的新一代人工智能技术与先进制造技术的深度融合，促进了新一代智能制造的形成。融合了深度学习技术和理念的新一代智能制造将重塑整个产品周期的所有流程，包括设计、制造、服务，以及这些流程的整合。它将推动新产品、新技术、新模式与新业态的出现，深刻影响和改变人类的生产方式、生产结构、思维方式和生活方式，最终将极大地提高社会生产力[23]。在未来智能制造的发展中，深度学习将给制造业带来革命性变革，成为行业未来发展的重要动力之一。例如，在工厂、工地等施工场合的安全监测管理中，自研的边缘人工智能大脑可以通过人脸、物体识别，迅速检测出未戴安全帽的出入人员，同时实时上传监测数据，消除安全隐患；在各类仓库环境中，货物乱堆乱放等情况会干扰正常工作流程、拥堵安全疏散通道，存在安全隐患，而自研边缘智能计算大脑的物体异动监测功能可以有效监测、预警仓储工作环境，向上层系统告警，从而提升工作安全系数。

在终端侧，由于智能制造环境不仅需要保证生产线当中的所有流水线上的产品不会出现问题或者瑕疵，也需要实时监测生产线中的每一个生产设备的运行状态，因此在这样的场景中，终端设备上有两个不同的系统模块。一个模块由摄像头、传感器等检测设备组成，用于对每一个产品进行质量检测。另一个模块为生产线中的各种生产设备及其自带状态监测设备。它们按照统一的频率有序地上传设备的日志信息。

在边缘侧，由于智能制造场景的特殊性，工业界更倾向于关注整个系统对于危险的控制能力与系统的实时反应能力。这就要求边缘设备能够尽可能早地预测和发现整个系统的异常情况。与发现风险相比，工业界更希望系统能在异常状态发生前感知并处置潜在风险。这表明，边缘侧需要依赖深度学习的相关方法，实现对生产设备在未来一段时间内的状态趋势预测。预测结果越准确且有效周期越长，整个系统的危险控制能力就越高，这也是目前边缘侧最需要解决的问题。

在云侧，由于云具有丰富的算力资源和较高的传输时延等特点，业界更倾向于在云端实现模型的训练和设备的集中监管。云不断接收边缘侧提供的新数据，进而迭代训练出新的匹配模型，并将模型参数发送至边缘侧用于之后的模型预测。这样既能保证整个系统受益于云端强大的算力资源所带来的预测准确性，也能确保边缘低时延处理带来的预测实时性，从而更加全面地满足智能制造的技术需求。

4.4　智慧家居、社区与城市

物联网的普及给人们的家庭生活带来越来越多的智能应用，如智能照明控制系统、智能电视、智能空调等。与此同时，智慧家居需要在房屋角落、楼层和墙壁处部署必要的无线物联网传感器和控制器。为了保护隐私敏感的家庭数据，智慧家居系统的数据处理必须依靠边缘计算。同时，相比采用云计算模式，在边缘侧部署的解决方案也能获得更低的延迟和更高的准确性[24,25]。此外，结合边缘计算的解决方案可使这些智能服务变得更加多样化和强大。例如，它可为智能机器人赋予动态视觉服务的能力[26]和高效音乐认知的能力[27]。

此外，将智慧家居扩大到社区或城市，公共安全、公共健康、公共设施/公共交通等领域，人们都可以从中受益。智慧城市应用边缘计算的初衷，更多是出于成本和效率的考虑。由于城市中数据源地理分布的自然特性，城市需要基于边缘计算的数字基础设施提供位置感知和延迟敏感的监测和控制。例如，Tang 等[28]提出的分层、分布式边缘计算架构可以支持未来智慧城市中海量基础设施组件和服务的集成。该架构不仅可以支持终端设备上的延迟敏感型应用，还可以在边缘节点上高效地执行延迟容忍型任务，而负责深度分析的大规模深度学习模型则被托管在云上。此外，深度学习还可用于协调和调度基础设施，以实现城市区域(例如，在校园内[29])或整个城市之内的算力基础设施的高效负载均衡和资源利用[30]。面向智慧家居、社区与城市的云-边-端协同架构如图 4-4 所示。

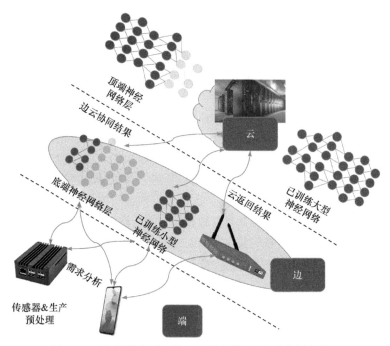

图 4-4　面向智慧家居、社区与城市的云-边-端协同架构图

4.4.1　基于机器学习的实时数据分析

在智慧家居、社区与城市的快速发展背景下，大量的数据正以前所未有的速度产生。然而，由于还未建立从数据可用性中受益的机制和标准，人们在从数据中提取潜在有用的信息和知识之前就已经浪费了许多生成的数据。因此，新一代机器学习方法可用来满足智慧家居和城市的高度动态性要求。这些方法应当能适应动态数据，以便执行分析并从实时数据中进一步学习。例如，可以采用几种浅层的机器学习方法，包括无监督和半监督方法(最邻近节点算法、支持向量机等)，从而在资源受限的物联网终端设备上部署[31]。

4.4.2　基于深度学习的场景智能管控

基于深度学习的解决方案通常用于需要从原始数据中提取高层抽象概念的场景中。在智慧家居和城市建设过程中，出现很多需要提取数据深度特征的应用场景。例如，可以将以深度学习为主的大规模机器学习、数据挖掘框架、语义学习和本体相结合,从智慧城市架构的云计算层面生成数据中提取高级洞察力和模式。此外,GPU 的最新进展,以及高效神经网络参数初始化算法(如自动编码器)的发展,有助于实现高效的深度学习模型,并改善家居、社区与城市的智慧化程度[31]。

在终端侧,当应用场景是智慧家居时,场景中的终端设备主要是摄像头和传感器之类的数据采集设备。例如,某厂商推出的智慧大屏互联冰箱,其内置摄像头可基于深度学习图像识别技术自动识别 120 多种食材,为用户建立食材库并智能推荐菜谱。又如,某厂商推出的搭载了语音传感器的智能语音空调,通过深度学习语音识别技术,可实现 6m 内的语音交互、全语义识别操控。与车联网不同,智慧家居场景中的终端设备种类比车联网场景下的设备种类要多。这就使终端设备最终需要向边缘侧提供的数据结构有更高的要求。为了在控制多种类的智能设备的同时,将向边缘侧提供的数据结构统一,各厂商不约而同地引入智慧家居控制中心,主要包括应用程序(application,APP)控制、智能设备控制、智能机器人控制三种方式,如米家 APP、智能音箱、海尔 Ubot 智能机器人等产品。与此同时,由于终端设备上传的数据维度有很大的差异,因此需要考虑不同的深度学习模型进行相关匹配。此外,如果将应用场景拓展到智慧城市,则终端侧所包含的设备种类和数量都会成倍增长,这更加考验边缘侧对于计算任务的承担力。

在边缘侧,业界更加关注家居、社区、城市系统的数据隐私和安全。这意味着,大部分计算任务都需要在边缘侧完成,从而最大限度地减少网络中的传输数据量。因此,系统希望边缘只将异常结果或更新结果上传到云,让云只负责少量数据的处理任务。为了满足应用场景中用户各种不同的需要,边缘将使用各种中间设备实现智慧家居、社区、城市物联网设备的联动。例如,当家中的温度或烟雾传感器检测到异常时,边缘网关会启动摄像头确定家里是否有火情,网关会将紧急情况上报给房主和管理中心,避免灾难的发生。在智慧城市场景中,人员密集场所,如车站、集会场所等一旦发生紧急事件,人群在紧张氛围下通常难以被有序疏散,进而导致踩踏事故。此时,若边缘侧本地的智能监测系统能针对指定场合进行实时监测,通过人形识别、人形跟踪、感兴趣区(region-of-interest,RoI)编码等算法精准识别人群聚集数,当达到阈值立即告警,就能帮助管理人员作出判断、疏散人群,从而避免重大事故的发生。

在云侧,用户个人隐私数据应尽量避免上云,这意味着边缘侧需要承担整个深度学习模型所需的大部分算力资源。为了保证边缘侧算力资源的高效利用,将深度学习模型前期的训练任务交给云来完成是一个不错的选择。此外,当应用场景不断扩大的时候,随着终端设备的不断增多,云还需要考虑所有设备的协同问题,同时也需要监听所有子场景中边缘侧上传的数据信息。例如,在智慧交通场景中,部署在各个商场、公共停车场的边缘本地化智能监测模块能够实时监测车位占用与车辆停放状态,并统计车流,上传至云端管理系统。这种由云进行统筹分析决策的方式，可为车主、城市管理人员提供动态、实时的停放和管理建议，进而提升社区、商场等公共区域的停车位使用率，缓解城市交通压力。

4.5　本章小结

本章以实时视频分析、自动化车联网、智能制造和智慧家居、社区与城市为例介绍边缘智能应用的相关技术与方案。其中应用的技术方案主要分为基于机器学习和基于深度学习两大类别，本章分别探讨了两类方案的研究现状，并在同一应用场景下对两类方案进行比较。

参 考 文 献

[1] Viola M J. Rapid object detection using a boosted cascade of simple features// IEEE/CVF Conference on Computer Vision and Pattern Recognition, Kauai, 2001: 511-518.

[2] Ren J, Guo Y, Zhang D, et al. Distributed and efficient object detection in edge computing: Challenges and solutions. IEEE Network, 2018, 32(6): 137-143.

[3] Liu C, Cao Y, Luo Y, et al. A new deep learning-based food recognition system for dietary assessment on an edge computing service infrastructure. IEEE Transactions on Services Computing, 2017, 11(2): 249-261.

[4] Li D, Salonidis T, Desai N V, et al. DeepCham: Collaborative edge-mediated adaptive deep learning for mobile object recognition// IEEE/ACM Symposium on Edge Computing, Washington D. C., 2016: 64-76.

[5] Fang B, Zeng X, Zhang M. NestDNN: Resource-aware multi-tenant on-device deep learning for continuous mobile vision// Annual International Conference on Mobile Computing and Networking, New York, 2018: 115-127.

[6] Yi S, Hao Z, Zhang Q, et al. LAVEA: Latency-aware video analytics on edge computing platform// IEEE/ACM Symposium on Edge Computing, Atlanta, 2017: 2573-2574.

[7] Nikouei S Y, Chen Y, Song S, et al. Smart surveillance as an edge network service: From harr-cascade, SVM to a lightweight CNN// IEEE International Conference on Collaboration and Internet Computing, Philadelphia, 2018: 256-265.

[8] Liu P, Qi B, Banerjee S. EdgeEye-An edge service framework for real-time intelligent video analytics// International Workshop on Edge Systems, Analytics and Networking, Munich, 2018: 1-6.

[9] Hung C C, Ananthanarayanan G, Bodik P, et al. VideoEdge: Processing camera streams using hierarchical clusters// IEEE/ACM Symposium on Edge Computing, Seattle, 2018: 115-131.

[10] He Y, Zhao N, Yin H. Integrated networking, caching, and computing for connected vehicles: A deep reinforcement learning approach. IEEE Transactions on Vehicular Technology, 2017, 67(1): 44-55.

[11] Qi Q, Ma Z. Vehicular edge computing via deep reinforcement learning. https://arxiv.org/abs/1901.04290[2020-02-11].

[12] Hu R Q. Mobility aware edge caching and computing in vehicle networks: A deep reinforcement learning. IEEE Transactions on Vehicular Technology, 2018, 67(11): 10190-10203.

[13] Murshed M S, Murphy C, Hou D, et al. Machine learning at the network edge: A Survey. ACM Computing Surveys, 2021, 54(8): 1-37.

[14] Liu S, Liu L. Edge computing for autonomous driving: Opportunities and challenges. Proceedings of the IEEE, 2019, 107(8): 1697-1716.

[15] Li L, Ota K, Dong M. Deep learning for smart industry: Efficient manufacture inspection system with fog computing. IEEE Transactions on Industrial Informatics, 2018, 14(10): 4665-4673.

[16] Foukalas F, Tziouvaras A. Edge AI for industrial IoT applications. IEEE Industrial Electronics Magazine, 2021, 15(2): 28-36.

[17] Hu L, Miao Y, Wu G, et al. IRobot-Factory: An intelligent robot factory based on cognitive manufacturing and edge computing. Future Generation Computer Systems, 2019, 90: 569-577.

[18] Zhou Z, Shou G. An Efficient Configuration Scheme of OPC UA TSN in Industrial Internet// 2019 Chinese Automation Congress, Hangzhou, 2019: 1548-1551.

[19] Soto J A C, Jentsch M. CEML: Mixing and moving complex event processing and machine learning to the edge of the network for IoT applications// International Conference on the Internet of Things, New York, 2016: 103-110.

[20] Plastiras G, Terzi M, Kyrkou C, et al. Edge intelligence: Challenges and opportunities of near-sensor machine learning applications// International Conference on Application-specific Systems, Architectures and Processors, Milan, 2018: 1-7.

[21] Hao Y, Miao Y, Hu L, et al. Smart-Edge-CoCaCo: AI-enabled smart edge with joint computation, caching, and communication in heterogeneous IoT. IEEE Network, 2019, 33(2): 58-64.

[22] Chen Y. Integrated and intelligent manufacturing: Perspectives and enablers. Engineering, 2017, 3(5): 11-20.

[23] Zhou J, Li P, Zhou Y, et al. Toward new-generation intelligent manufacturing. Engineering, 2018, 4(1): 11-20.

[24] Liu S, Si P, Xu M, et al. Edge big data-enabled low-cost indoor localization based on bayesian analysis of RSS// IEEE Wireless Communications and Networking Conference, San Francisco, 2017: 1-6.

[25] Dhakal A, Ramakrishnan K K. Machine learning at the network edge for automated home intrusion monitoring// IEEE International Conference on Network Protocols, Toronto, 2017: 1-6.

[26] Tian N, Tanwani A K, Chen J, et al. A fog robotic system for dynamic visual servoing// International Conference on Robotics and Automation, Montreal, 2019: 1982-1988.

[27] Lu L, Xu L, Xu B, et al. Fog computing approach for music cognition system based on machine learning algorithm. IEEE Transactions on Computational Social Systems, 2018, 5(4): 1142-1151.

[28] Tang B, Chen Z, Hefferman G, et al. Incorporating intelligence in fog computing for big data analysis in smart cities. IEEE Transactions on Industrial Informatics, 2017, 13(5): 2140-2150.

[29] Chang Y, Lai Y. Campus edge computing network based on IoT street lighting nodes. IEEE Systems Journal, 2020, 14(1): 164-171.

[30] Pai T P, Shashikala K L. Smart city services - challenges and approach // International Conference on Machine Learning, Big Data, Cloud and Parallel Computing, Faridabad, 2019: 553-558.

[31] Mohammadi M, Al-Fuqaha A. Enabling cognitive smart cities using big data and machine learning: Approaches and challenges. IEEE Communications Magazine, 2018, 56(2): 94-101.

第 5 章　边缘人工智能推理

为了进一步提高决策精度，业界开始增加神经网络的深度，这使训练过程需要更大规模的数据集，并给深度神经网络训练带来更为巨大的计算成本。众所周知，人工智能的出色表现得益于高水平硬件的支持。但是，在资源有限的情况下，大规模的人工智能模型很难在边缘侧进行部署。因此，大规模的人工智能模型一般被部署在云上，而终端设备只是将输入数据发送到云上，然后等待模型推理结果。不过，只在云端推理的这种方式限制了人工智能服务的部署。这种做法难以保证实时服务的时延要求，如实时检测这类应用有严格的时延要求。此外，对于重要数据源，业界还应该考虑数据安全和隐私保护问题。为了解决这些问题，人工智能服务往往需要借助边缘计算。总之，业界不仅应该进一步定制化人工智能模型来适应具有资源约束的边缘，同时还需要谨慎对待推理精度和执行延迟之间的权衡。

5.1　边缘人工智能模型优化

人工智能任务通常是计算密集型的，需要消耗大量的算力资源，但是边缘设备侧一般没有足够的资源来支持复杂人工智能模型的训练。因此，业界需要优化人工智能模型，并量化其权重参数来减少资源成本。事实上，模型冗余在深度神经网络中经常出现[1,2]，而减少这些冗余能够有效优化模型。但是，最为重要的挑战还是要保证优化后的模型精度不会带来明显的损失。换句话说，优化方法应该转换或重新设计人工智能模型，使它们适合在边缘设备上部署，并尽可能减少模型性能的损失。本节讨论不同场景下的模型优化方法，一是面向资源相对充足的边缘节点的一般优化方法；二是面向资源较为紧张的终端设备的细粒度优化方法。

5.1.1　模型优化的一般方法

以几乎恒定的计算开销来增加人工智能模型的深度和广度是优化的一个方向，如卷积神经网络的 GoogleNet[3]和深层残差网络[4]。这两个案例表明，增加人工智能模型的深度和广度是一种直接有效的优化方法。不过，这种方法的缺点也很明显，即增加人工智能模型的深度和广度虽然可以提高性能，但是会使人工智能模型更大、更深、更复杂。因此，这种优化方法将导致人工智能模型的训练更加困难，而且还会消耗更多的硬件资源，导致额外训练延迟。为了解决这个问题，业界做了很多努力，Cheng 等[5]将现有的优化方法分为四类。

(1) 参数剪枝与共享。庞大数量的参数是制约人工智能模型训练效率的重要因素。因此，为了实现更高效、快速的人工智能模型训练，一些研究者对人工智能模型进行了参数剪枝和共享优化。通过在训练过程中动态估计神经网络中不同连接对精度的影响结果，Chen 等[6]逐步修剪了冗余连接，从而确保模型的高效率。Han 等[7]通过只保留重要连接来尽可能减少模型计算量。Alwani 等[8]通过缓存相邻层之间的中间数据，来减少数据在各层间的传递。另外，二值化这类量化方法也是一个重要研究分支。2015 年，BinaryConnect 被首次提出[9]，它利用二进制权值实现了 32 倍的内存节省。然后，研究者开发了二值化神经网络(binarized neural network，BNN)。在 XNORNet[10]中，不仅过滤器被近似为二进制值，卷积层的输入和运算也是二进制的。这些近似可以实现 58 倍的加速，并在一些数据集(如CIFAR-10)上实现类似的准确性。为了使 BNN 在小型嵌入式设备中具有良好的性能，McDanel 等[11]提出嵌入式二值化神经网络(embedded binarized neural networks，eBNN)，通过减少临时使用的内存并在推理中重新排序，能够在只有几十 K 比特内存的嵌入式系统上实现耗时几十毫秒的高效推理，从而满足工业生产的基本要求。

(2) 低秩因子分解。真实数据通常包含大量冗余信息，这不利于人工智能模型的训练。低秩因子分解是一种通过去除冗余信息来优化人工智能模型的方法，通常包括基于奇异值分解(singular value decomposition，SVD)、Tucker 分解和分块项分解。此外，基于奇异值分解的低秩近似也是一种常用的方法[12]。

(3) 传输/压缩卷积滤波器。为了实现人工智能模型的优化，可以通过设计一种特殊结构的卷积滤波器来保存参数。但是，这种方法只适用于卷积层。Iandola 等[12]设计了参数比 AlexNet 少 50 倍且模型大小小于 0.5MB 的 SqueezeNet，并通过三种策略在 ImageNet 上达到与 AlexNet 相同的精度水平。这三种策略分别是，通过使用 1×1 的过滤器来减少参数；弃用 3×3 过滤器来减少输入通道的数量；在网络后期进行缩减像素采样来使精度最大化。此外，深度可分卷积也是构建轻量级深度神经网络的一种方法，可用于 MobileNets[13]和智能监控[14]。

(4) 知识蒸馏。知识蒸馏的概念由 Hinton 等[15]首次提出，它是将知识从复杂的人工智能模型转移到紧凑人工智能模型的一种方法。此外，Xu 等[16]进一步提出自蒸馏机制，可以通过避免对辅助模型的依赖来降低内存和时间成本。一般来说，复杂的人工智能模型是强大的，而紧凑的人工智能模型却更灵活。知识蒸馏可以利用一个复杂的人工智能模型来训练一个紧凑的人工智能模型，使其拥有可与复杂的人工智能模型比拟的性能。

5.1.2　边缘定制的模型优化

在不同的边缘设备上执行人工智能计算任务有许多限制和需求。除了有限的计算和内存占用，还需要考虑网络带宽和功耗等其他因素。可见，人工智能模型需要根据某一特定边缘设备的软硬件特点进行合理的定制和优化后,才能部署到该设备上。本节将分类讨论在边缘设备上进行人工智能模型优化的工作,具体如下。

(1) 模型输入方面。每个应用程序场景都有特定的优化空间。在对象检测方面,Zhang 等[17]设计的 FFS-VA(a fast filtering system for large-scale video analytics,面向大规模视频分析的快速滤波系统)使用两个前置的流专用滤波器和一个小的全功能目标检测模型来滤除大量非目标对象的帧。为了低成本调整在线输入视频流的配置(如框架分辨率和采样率),Jiang 等[18]利用时间和空间相关性的视频输入,允许跨多个视频平摊成本,大幅节省最优模型配置的搜索成本。此外,如图 5-1 所示,缩小分类器的搜索空间[19]和动态感兴趣区编码[20]对视频帧中的目标对象进行聚焦,可以进一步降低带宽消耗和数据传输延迟。虽然这种方法可以在不改变人工智能模型结构的情况下显著压缩模型输入的大小,从而减少计算开销,但是这种方法需要对相关的应用场景有深入的了解,才能挖掘出潜在的优化空间。

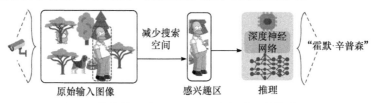

图 5-1　优化模型输入(缩小人工智能模型的搜索空间)

(2) 模型结构方面。模型优化不关注具体应用,而是聚焦在相关的深度神经网络结构。例如,定向群卷积和信道洗牌[21]、并行卷积和池化计算[22],以及深度可分卷积[14]都可以在保持精度的同时大幅减少计算成本。NoScope[23]利用两种模型而不是标准模型(如 YOLO[24])。其一是专用模型,它放弃了标准模型的通用性,以换取更快的推理;其二是差异检测器,它可以识别输入数据之间的时间差异。在基于成本对模型体系结构和每个模型的阈值进行有效优化后,NoScope 可以通过级联这些模型来最大化人工智能服务的吞吐量。如图 5-2 所示,参数剪枝也可以自适应地应用于模型结构优化[25-27]。此外,如果解决了算法、软件和硬件之间的相互限制,这些优化方法可以变得更加有效。具体来说,这是因为一般的硬件还不能适应由模型优化引入的不规则计算模式。因此,针对模型优化工作进行定制化硬件架构设计[25]也是路径之一。

(3) 模型选择方面。在各种人工智能模型中,从边缘侧可用的人工智能模型中选择最优模型需要权衡精度和推理时间。Taylor 等使用 k-近邻算法(k-nearest neighbor, kNN)自动构造一个按顺序排列的人工智能模型预测器[28]。然后,模型选择可以由该预测器,以及一组自动调整的模型输入特性来确定。此外,结合不同的压缩技术(如模型剪枝),可以导出性能和资源需求之间具有不同权衡的多个已压缩的人工智能模型。AdaDeep[29]探索了性能和资源约束间的理想平衡,并可基于深度强化学习自动选择各种压缩技术(如模型剪枝)，能根据当前可用的资源形成压缩模型，从而充分利用它们的优势。

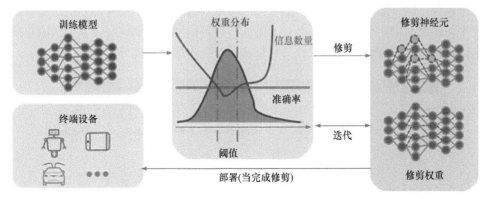

图 5-2　模型结构优化中的自适应参数剪枝

5.2　人工智能模型分割

　　人工智能技术在生活中的广泛应用极大地方便了人们的生活。不过，大多数人工智能应用程序只在云服务器中运行，边缘设备仅起到收集和上传数据的作用。这给云带来沉重的负担。不仅如此，尤其是对于视频处理应用来说，这种数据处理方式还会占用大量的网络带宽资源。随着技术的进步，边缘设备已有了更好的硬件配置，能够承担一部分的计算任务处理工作。目前常用的深度学习模型通常由多层神经网络构成，而对于不同的神经网络层，计算资源需求和输出数据量的大小存在显著差异。因此，业界开始思考是否可以通过深度学习模型分割，将部分或全部计算任务下沉到边缘侧，希望可以通过这种方式将大量的计算任务分解为不同的小部分，让不同层级的设备协同解决问题。

　　在云和边缘设备上评估一些常用人工智能模型的延迟和功耗时，Kang 等[30]发现将数据上传到云会带来很大的数据传输开销，并指出这是当前人工智能服务发展的瓶颈之一。因此，Kang 等认为对人工智能模型进行划分，并以分布式的形式进行协同计算，可以获得更好的端到端时延性能和能效。此外，将部分深度学习任务从云推送到边缘侧，还可以提高云的吞吐量。工程师可以将人工智能模型分割成多个分区，然后对应分配给三种不同类型的设备，即终端设备[31]的异构本地处理器(如 GPU、CPU)、分布式边缘节点[32,33]、协作的云-边-端架构[30,34-36]。

　　对人工智能模型进行水平分割，即沿端、边和云等三个层级进行分割是最常用的分割方法。数据分析的过程通常有两部分[35,36]，一部分在边缘处理，另一部分在云端处理。由于减少的是上传过程中的中间数据量而非输入数据量[35]，这种方式不仅可减少边与云之间的网络流量传输，也可避免数据传输中的隐私泄露安全风险。这种方式的挑战主要在于如何智能地选择合适的分割点。如图 5-3 所示，确定划分点的一般过程有三个步骤[30,34]：一是测量和建模不同神经网络层的资源成本和层之间中间数据量的大小；二是通过特定的层配置和网络带宽来预测总成本；三是根据时延、能量需求等，从候选分割点中选择最优分割点。

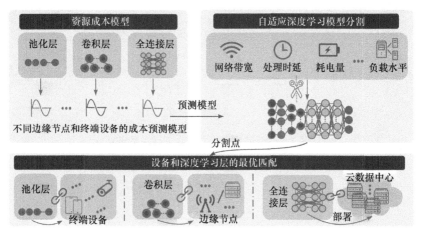

图 5-3　边缘智能模型分割

另一种模型分割方式是纵向分割，主要用于卷积神经网络。与横向分割不同，纵向分割以网格的方式将神经网络层以纵向的方式分割成单元，从而将卷积神经网络层划分为独立可分配的计算任务。基于这种思路，Zhao 等[33]设计了一种称为融合块分割的新方法 DeepThings，以网格方式来纵向划分融合层。实验结果表明，DeepThings 可以在不降低精度的情况下，将内存占用至少降低到之前的 32%，并可在边缘集群上实现动态的工作负载分配。相似的，Zhang 等[32]为本地分布式移动计算设计了一个框架。他们提出一个通用的神经网络层分割工具，并测试了一些常见的神经网络。实验结果表明，该工具能将任务处理总延迟减少约一半。在DeepX[31]中，Lane 等设计了深层架构分解(deep architecture decomposition，DAD)方案。基于该方案，Lane 等首先将拥有大量单元的深层模型分解为不同类型的单元块，然后对这些单元块进行分配，以便人工智能模型在本地和远程处理器上高效执行。

5.3　人工智能推理早退

尽管模型压缩和模型分割能降低人工智能模型在边缘侧部署的难度，但是这些解决方案或多或少地存在一些不足。模型压缩可能对模型精度造成无法挽回的损失，而模型分割可能花费大量资源在子模型间的通信上。因此，如何实现快速且有效的推理是一个亟待解决的问题。为了在模型精度和处理延迟之间找到最优平衡点，开发者可以为每个人工智能服务维护多个具有不同性能和资源成本的人工智能模型，然后智能地选择最优模型，实现所期望的自适应推理[37]。尽管有以上方案，但是开发者仍可以通过早退推理(early exit of inference，EEoI)方法进一步提高人工智能服务的性能。

2016 年，为了提前从深度神经网络的一个分支中退出来实现快速推理，Cheng 等[38]提出 BranchyNet。Cheng 等发现大多数测试样本能够在神经网络的前几层就获得足够的特征。因此，他们设置了一些条件分支，即当达到某些条件时，它们可以从一个分支在早期阶段就退出推理，而不是遍历整个网络层。不难预见，这种方法可以大幅减少推理的计算量。在一定精度要求的限制下，BranchyNet 可以用最短的时间选择模型分支。此外，BranchyNet 通过对所有退出点进行联合优化来实现正则化，以防止过拟合，并提高推理精度、减轻梯度消失现象。一年后，Jiang 等[39]将 BranchyNet 部署到分布式计算层次结构上的分布式深度神经网络(distributed deep neural network，DDNN)。它们利用网络的浅层部分，通过模型推理早退实现本地化推理，最终实现边缘侧的快速响应和云端的高精度推理。此外，Li 等[40]提出在 Edgent 中使用 BranchyNet 来调整深度神经网络的大小，从而加速推理。实验结果表明，当放宽对延迟的需求时，最优退出点会更加靠后，且精度会有所提高。Edgent 通过自适应模型分割，实现按需自适应的深度神经网络协同推理。进一步地，Wang 等[41]改进了多出口神经网络的训练性能，提出通过梯度投影来消除不同退出分支间的互相干扰。

众所周知，模型网络层数越深，深度神经网络越能提取潜在特征。然而，深度神经网络中附加网络层的性能提升，是以增加前馈推理时的延迟和能量消耗为代价的。随着深度神经网络变得越来越大、越来越深，它们在边缘侧设备上运行的时延和功耗成本对于深度学习服务来说变得越来越难以接受。所以，对于部分样本来说，基于早退推理的、有附加侧枝的分类器将拥有高可信度的提前退出分支；对于那些推理难度较大的样本来说，有早退推理能力的模型将使用更深，甚至完整的深度神经网络层生成更优的预测结果。

如图 5-4 所示，利用早退推理，开发者可以在边缘设备上使用模型的浅层部分实现快速的本地化推理。通过使用这种方法，边缘设备上的浅层网络模型可以快速地进行初始特征提取。如果可信度足够高，甚至可以直接给出推理结果；否则，就将交由部署在云端部署的大型模型来执行进一步的处理。相比直接将深度学习任务迁移到云端的方式，该方法有更少的通信成本，并且比剪枝或量化后的深度神经网络具有更高的推理精度[39,42]。此外，由于只有即时产生的特征(而非所有原始数据)会被发送到云，因此早退推理还能提供更好的隐私保护。然而，早退推理不应视为一种独立的模型优化和模型分割方法。基于端、边和云的分布式深度学习的方法应该考虑多个层级设备间的协作，例如开发一个用于自适应深度神经网络分割与早退推理的协作和按需协同推理框架[40]。

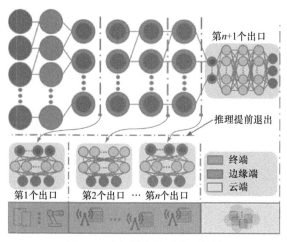

第n+1个出口

推理提前退出

第1个出口　第2个出口　…　第n个出口

终端
边缘端
云端

图 5-4　边缘深度学习推理早退

5.4　人工智能计算缓存

人工智能计算一般较为复杂，而它所需要的密集计算能力是对设备资源的一大考验。但是，人工智能计算又具有很强的逻辑性，这使不同的深度学习过程具有一定的关联性。因此，如何利用这种关联性成为一个优化人工智能模型的新思路。例如，设备可对推理结果进行缓存和复用，以避免冗余的重复计算。这在一些场景中已取得较好的效果。

在边缘节点的服务范围内，来自附近用户的请求可能表现出时空局部性。例如，同一区域内的用户可能请求对相同对象的识别任务，这可能产生深度学习推理任务的重复计算。在这种情况下，基于对应用程序的离线分析和网络条件的在线估计，Cachier[43]应运而生。简而言之，Cachier 是考虑与边缘节点缓存识别结果相关的人工智能模型，能通过动态调整缓存大小来最小化预期的端到端延迟。因此，当缓存中的人工智能模型满足用户请求时，Cachier 可以直接从缓存中获取人工智能模型来使用。通过这种使用模型缓存和复用的方式，Cachier 可以避免重复执行部分冗余计算任务。

此外，不仅可以直接缓存人工智能模型，更细粒度的缓存方案也十分有潜力。例如，在模型内部的计算过程中，还可以缓存一些计算结果来减少计算量。DeepMon[44]和 DeepCache[45]利用卷积神经网络层的内部处理结构，基于第一人称视角视频中连续帧之间的相似性，重用前一帧的中间结果来计算当前帧，即缓存卷积神经网络层中内部处理过的数据，并在之后进行复用，减少视频应用程序的处理延迟。

不过，要继续进行有效的缓存和结果复用，就必须解决可复用结果查找的准确性问题，即缓存框架必须能系统地容忍这些连续结果的变化，并评估其中的关键相似性。DeepCache 使用缓存键查找来解决这个问题。具体来说，DeepCache 将每个视频帧划分为细粒度的区域，并以特定的视频运动启发模式从缓存的帧中搜索类似的区域。针对同一问题，FoggyCache[46]首先将异构的原始输入数据嵌入具有泛型表示的特征向量中。然后，FoggyCache 应用一种索引高维数据的局部敏感哈希(locality sensitive Hashing，LSH)算法的变体-自适应局部敏感哈希(adaptive locality sensitive Hashing，A-LSH)算法，并基于该算法对这些向量进行索引，实现快速、准确的查找。最后，FoggyCache 还基于经典 kNN 算法设计了改进版均质化 kNN 算法。该算法可利用缓存值去除异常值，并确保初始选择的 k 条记录中的主导簇，从而确定 A-LSH 查找记录的复用输出。因此，通过对计算结果的缓存和可复用结果的精确查找，FoggyCache 可以减少人工智能模型的计算量，减轻对硬件资源的需求。此外，复用的思路不仅可用于缓存计算结果，还包括其他的思考方向。

不同于复用推理结果的方式，Mainstream[47]给出了在并行视频处理应用程序中自适应地编排深度神经网络(多个专用人工智能模型的公共部分)的方案。基于通用的主干深度神经网络，Mainstream 采用迁移学习的方式训练不同的定制化模型。这种共享专用模型的计算共享方式可以显著减少每帧的总计算时间。虽然定制化的模型意味着更少的共享主干深度神经网络，但是模型精度也会随着定制化模型的引入而减少(除非定制化模型占总模型的比例非常小)。因此，在 Mainstream 中，这一特性使模型的主要公共部分可以较低的精度损失实现复用。类似地，Wang 等[48]通过在不同的人工智能模型之间实现共享来减少计算量。基于训练样本之间相关性的考虑，Wang 等提出在同一目标区域内的迁移学习算法，即如果目标区域内存在多个相关的人工智能模型，那么训练一个人工智能模型就可以使另一个相关的人工智能模型受益。简而言之，该方法共享了一个训练完备的人工智能模型，可以减少未训练人工智能模型在同一目标区域的计算量。

5.5　本 章 小 结

为了提升人工智能的推理精度，训练数据集的规模，以及神经网络的深度都在不断增长，导致资源受限的边缘设备难以满足日益复杂的人工智能推理的资源需求。因此，业界从不同维度采用多种方法进行优化，以求在降低人工智能推理资源需求的同时，减少对推理精度的影响。首先，对于部分低效模型，可以采用剪枝、知识蒸馏等方式进行优化，从而避免冗余模型结构的资源浪费。同时，对于部分难以进一步优化的人工智能模型，可以采用模型分割的方法借助多个设备的计算协同来满足单个模型的算力需求。此外，还可基于早退机制，采用适当牺牲部分推理精度的方式降低资源需求，通过缓存网络模型与推理结果的方式来避免冗余计算。总之，灵活应用上述方案可实现对不同场景、不同模型的资源需求进行多维度优化的效果，从而在边缘侧为人工智能模型的推理提供性能保障。

参 考 文 献

[1] Denton E, Zaremba W, Bruna J, et al. Exploiting linear structure within convolutional networks for efficient evaluation// Neural Information Processing Systems, Montreal, 2014: 8-11.

[2] Chen W, Wilson J, Tyree S, et al. Compressing neural networks with the hashing trick// International Conference on Machine Learning, Lille, 2015: 2285-2294.

[3] Szegedy C, Liu W, Jia Y, et al. Going deeper with convolutions// IEEE Conference on Computer Vision and Pattern Recognition, Boston, 2015: 1-9.

[4] He K, Zhang X, Ren S, et al. Deep residual learning for image recognition// IEEE Conference on Computer Vision and Pattern Recognition, Cancun, 2016: 770-778.

[5] Cheng Y, Wang D, Zhou P, et al. A survey of model compression and acceleration for deep neural networks. https://arxiv.org/abs/1710.09282[2017-03-12].

[6] Chen Z, Xu T B, Du C, et al. Dynamical channel pruning by conditional accuracy change for deep neural networks. IEEE Transactions on Neural Networks and Learning Systems, 2020: 799-813.

[7] Han S, Pool J, Tran J, et al. Learning both weights and connections for efficient neural networks // Neural Information Processing Systems, Montreal, 2015: 1135-1143.

[8] Alwani M, Chen H, Ferdman M, et al. Fused-layer CNN accelerators// IEEE/ACM International Symposium on Microarchitecture, Taipei, 2016: 1-12.

[9] Courbariaux M, Bengio Y, David J P. Binaryconnect: Training deep neural networks with binary weights during propagations// Neural Information Processing Systems, Montreal, 2015: 3123-3131.

[10] Rastegari M, Ordonez V, Redmon J, et al. Xnor-net: Imagenet classification using binary convolutional neural networks// European Conference on Computer Vision, Amsterdam, 2016: 525-542.

[11] McDanel B, Teerapittayanon S, Kung H T. Embedded binarized neural networks // International Conference on Embedded Wireless Systems and Networks, Uppsala, 2017: 168-173.

[12] Iandola F N, Han S, Moskewicz M W, et al. SqueezeNet: AlexNet-level accuracy with 50x fewer parameters and< 0.5 MB model size. https://arxiv.org/abs/1602.07360[2016-02-24].

[13] Howard A G, Zhu M, Chen B, et al. Mobilenets: Efficient convolutional neural networks for mobile vision applications. https://arxiv.org/abs/1704.04861[2017-07-09].

[14] Nikouei S Y, Chen Y, Song S, et al. Smart surveillance as an edge network service: From harr-cascade, SVM to a lightweight CNN// International Conference on Collaboration and Internet Computing, Philadelphia, 2018: 256-265.

[15] Hinton G, Vinyals O, Dean J. Distilling the knowledge in a neural network. Computer Science,

2015, 14(7): 38-39.

[16] Xu T B, Liu C L. Deep neural network self-distillation exploiting data representation invariance. IEEE Transactions on Neural Networks and Learning Systems, 2020: 257-269.

[17] Zhang C, Cao Q, Jiang H, et al. FFS-VA: A fast filtering system for large-scale video analytics// International Conference on Parallel Processing, Turin, 2018: 1-10.

[18] Jiang J, Ananthanarayanan G, Bodik P, et al. Chameleon: Scalable adaptation of video analytics// ACM Special Interest Group on Data Communication, Budapest, 2018: 253-266.

[19] Nikouei S Y, Chen Y, Song S, et al. Real-time human detection as an edge service enabled by a lightweight CNN// IEEE International Conference on Edge Computing, Shanghai, 2018: 125-129.

[20] Liu L, Li H, Gruteser M. Edge assisted real-time object detection for mobile augmented reality// International Conference on Mobile Computing and Networking, Los Cabos, 2019: 1-16.

[21] Zhang X, Zhou X, Lin M, et al. Shufflenet: An extremely efficient convolutional neural network for mobile devices// IEEE Conference on Computer Vision and Pattern Recognition, Salt Lake City, 2018: 6848-6856.

[22] Du L, Du Y, Li Y, et al. A reconfigurable streaming deep convolutional neural network accelerator for internet of things. IEEE Transactions on Circuits and Systems, 2017, 65(1): 198-208.

[23] Kang D, Emmons J, Abuzaid F, et al. Noscope: Optimizing neural network queries over video at scale//Proceedings of the VLDB Endowment, 2017: 1586-1597.

[24] Redmon J, Divvala S, Girshick R, et al. You only look once: Unified, real-time object detection// IEEE Conference on Computer Vision and Pattern Recognition, Las Vegas, 2016: 779-788.

[25] Han S, Kang J, Mao H, et al. Ese: Efficient speech recognition engine with sparse LSTM on FPGA// ACM/SIGDA International Symposium on Field-Programmable Gate Arrays, Monterey, 2017: 75-84.

[26] Han S, Mao H, Dally W J. Deep compression: Compressing deep neural networks with pruning, trained quantization and huffman coding. https://arxiv.org/abs/1510.00149[2015-10-1].

[27] Bhattacharya S, Lane N D. Sparsification and separation of deep learning layers for constrained resource inference on wearables// ACM Conference on Embedded Network Sensor Systems CD-ROM, Stanford, 2016: 176-189.

[28] Taylor B, Marco V S, Wolff W, et al. Adaptive deep learning model selection on embedded systems. ACM SIGPLAN Notices, 2018, 53(6): 31-43.

[29] Liu S, Lin Y, Zhou Z, et al. On-demand deep model compression for mobile devices: A usage-driven model selection framework// International Conference on Mobile Systems, Applications, and Services, Munich, 2018: 389-400.

[30] Kang Y, Hauswald J, Gao C, et al. Neurosurgeon: Collaborative intelligence between the cloud and mobile edge. ACM SIGARCH Computer Architecture News, 2017, 45(1): 615-629.

[31] Lane N D, Bhattacharya S, Georgiev P, et al. Deepx: A software accelerator for low-power deep learning inference on mobile devices// ACM/IEEE International Conference on Information Processing in Sensor Networks, Vienna, 2016: 1-12.

[32] Zhang J, Chen S, Liu B, et al. A locally distributed mobile computing framework for DNN based Android applications// Asia-Pacific Symposium on Internetware, Beijing, 2018: 1-6.

[33] Zhao Z, Barijough K M, Gerstlauer A. Deepthings: Distributed adaptive deep learning inference on resource-constrained IoT edge clusters. IEEE Transactions on Computer-Aided Design of Integrated Circuits and Systems, 2018, 37(11): 2348-2359.

[34] Zhao Z, Jiang Z, Ling N, et al. ECRT: An edge computing system for real-time image-based object tracking// ACM Conference on Embedded Networked Sensor Systems, Shenzhen, 2018: 394-395.

[35] Li H, Ota K, Dong M. Learning IoT in edge: Deep learning for the Internet of Things with edge computing. IEEE Network, 2018, 32(1): 96-101.

[36] Li G, Liu L, Wang X, et al. Auto-tuning neural network quantization framework for collaborative inference between the cloud and edge// International Conference on Artificial Neural Networks, Rhodes, 2018: 402-411.

[37] Ogden S S, Guo T. MODI: Mobile deep inference made efficient by edge computing// USENIX Workshop on Hot Topics in Edge Computing, Boston, 2018: 7-12.

[38] Cheng Y, Wang D, Zhou P, et al. A survey of model compression and acceleration for deep neural networks. https://arxiv.org/abs/1710.09282[2017-09-03].

[39] Jiang J, Ananthanarayanan G, Bodik P, et al. Chameleon: Scalable adaptation of video analytics// ACM Special Interest Group on Data Communication, Budapest, 2018: 253-266.

[40] Li E, Zhou Z, Chen X. Edge intelligence: On-demand deep learning model co-inference with device-edge synergy// Workshop on Mobile Edge Communications, Budapest, 2018: 31-36.

[41] Wang X, Li Y. Gradient deconfliction-based training for multi-exit architectures// IEEE International Conference on Image Processing, Sousse, 2020: 1866-1870.

[42] Li L, Ota K, Dong M. Deep learning for smart industry: Efficient manufacture inspection system with fog computing. IEEE Transactions on Industrial Informatics, 2018, 14(10): 4665-4673.

[43] Drolia U, Guo K, Tan J, et al. Cachier: Edge-caching for recognition applications// IEEE International Conference on Distributed Computing Systems, Ottawa, 2017: 276-286.

[44] He K, Zhang X, Ren S, et al. Deep residual learning for image recognition// IEEE Conference on Computer Vision and Pattern Recognition, Lima, 2016: 770-778.

[45] Xu M, Zhu M, Liu Y, et al. DeepCache: Principled cache for mobile deep vision// International Conference on Mobile Computing and Networking, New Delhi, 2018: 129-144.

[46] Guo P, Hu B, Li R, et al. FoggyCache: Cross-device approximate computation reuse// International Conference on Mobile Computing and Networking, New Delhi, 2018: 19-34.

[47] Jiang A H, Wong D L K, Canel C, et al. Mainstream: Dynamic stem-sharing for multi-tenant video processing// USENIX Annual Technical Conference, Boston, 2018: 29-42.

[48] Wang L, Liu W, Zhang D, et al. Cell selection with deep reinforcement learning in sparse mobile crowd sensing// IEEE International Conference on Distributed Computing Systems, New York, 2018: 1543-1546.

第 6 章　边缘人工智能训练

目前，在边云协同计算架构中，人工智能模型的训练在应对持续学习或者注重数据隐私的需求时面临一定的挑战，而边缘计算能够利用部署在网络边缘侧的分布式边缘节点处理数据或者执行训练过程，从而缓解网络通信压力和强化数据隐私保护。以上这种将边缘作为训练核心的架构，即主要在边缘侧进行训练的模式称为边缘智能模型训练。在这种模式中，地理位置分散的数据往往需要大量的计算资源来处理，并在一种层次化结构中进行模型训练。特别的，联邦学习(federated learning，FL)作为一种新兴的、有前景的、分布式的学习方法，能够应用到边缘环境中具有不同计算能力与网络条件的设备上。这样不仅可以在处理非独立同分布的训练数据时加强隐私保护，在高效通信、资源优化和安全保护方面也具有良好的可扩展性。联邦学习研究工作概述如表 6-1 所示。

表 6-1　联邦学习研究工作概述

分类	文献	模型	规模	主要思路	关键指标与性能
联邦学习	[1]	FCNN、CNN、LSTM	5×10^5 个客户端	聚合训练更新	减少通信回合数
	[2]	RNN	1.5×10^6 个客户端	联邦学习可扩展性	扩展至 1.5×10^6 个客户端
通信高效化的联邦学习	[3]	ResNet18	28 个客户端	梯度稀疏化	精度提升、减少延迟
	[4]	CNN、LSTM	1×10^3 个客户端	使用较少参数学习更新或对更新进行压缩	减少通信成本
	[5]	CNN	500 个客户端	全局模型的有损压缩、Federated Dropout 机制	优化下行链路、上行链路和本地计算量
	[6]	CNN、RNN	37 个客户端	训练更快的客户端继续训练	收敛加速
	[7]	CNN	3 台树莓派和 2 台笔记本电脑	在本地更新和全局聚合之间寻求最优权衡	提升训练准确性
	[8]	FCNN	50 个客户端	周期性平均、部分设备参与、量化消息传递	总训练损失和时间
	[9]	CNN	500 个客户端	数据增强、多重调度	提升准确度
	[10]	LeNet、CNN、VGG11	10 个树莓派	联邦化训练和修剪模型	降低通信和计算负荷

分类	文献	模型	规模	主要思路	关键指标与性能
资源优化的联邦学习	[11]	AlexNet、Le-Net	多个 Nvidia Jet-son Nano	通过屏蔽特定神经元来部分训练	训练加速 2 倍、模型精度提升 4%
	[12]	—	50 个客户端	优化参数和设备资源	收敛速度、准确性
	[13]	—	20 个客户端及 1 个基站	联合优化无线资源分配和客户端选择	联邦学习损失函数值降低 16%
	[14]	LSTM	23~1101 个客户端	使用 α-公平资源分配来优化训练目标	提升训练精度
安全性增强的联邦学习	[15]	CNN	100 个客户端	设计了移动平均的模型聚合方式	提升在数据中毒情况下的准确性
	[16]	Squeezenet、VGGNet	50 个客户端	缓解基于 sybil 的模型更新中毒	提高在攻击下的训练准确性
	[17]	—	500 个节点	减轻通信噪声的影响	提升预测精度
	[18]	—	2×10^{10}~2×10^{14} 个客户端	保护模型梯度隐私	扩增通信规模
	[19]	—	10 个客户端	利用区块链验证更新	加快训练收敛

6.1　边缘分布式训练

当前，在云数据中心进行人工智能模型训练的模式是一种先将待训练数据在网络边缘处进行预处理，再上传到云执行训练的解决方案。然而，这种训练模式并不适合所有类型的人工智能服务，特别是考虑持续学习、分布式部署和隐私敏感数据时会暴露更多弊端。

在正式讨论边缘分布式训练之前，首先介绍三个与边缘智能相关的名词。

(1) 持续学习[20]：作为当前和未来人工智能领域的重要概念，持续学习强调对环境信息和行动策略等相关知识的持续更新。这在深度强化学习中得到了很好体现。

(2) 分散的地理位置：由于大量数据在分散的地理位置上产生，并需要去进行分析以达成某个统一的学习目标，因此由谁来执行人工智能训练的计算过程，以及如何减少训练设备之间的通信成本成为边缘侧执行人工智能训练的两个主要关注点。

(3) 隐私敏感的数据：当前人工智能训练或多或少地存在隐私数据泄露的隐患，尤其是当通过一个大规模且不安全的网络将所有训练数据都传输到云上处理时，上述问题就变得更加严重。

例如，在结合物体检测和目标跟踪的监控应用中，如果终端设备直接将大量且实时的视频数据发送到云端进行在线训练，必然产生高昂的网络通信成本，并且可能造成视频内容的信息泄露。为了解决以上问题，可以追溯到 Kamath 等[21] 的边缘分布式训练工作。具体来讲，Kamath 等针对边缘计算环境提出一种分布式的随机梯度下降方法，解决大规模的线性回归问题。不过，该方法是为了地震成像应用专门设计的。此外，由于训练复杂模型的通信成本非常高，这使 Kamath 等的工作无法直接推广到人工智能训练的领域中。

如图 6-1 所示，Valerio 等[22]提出两种针对边缘计算环境的分布式学习方案。其中的一种解决方案是每个终端设备基于本地数据来训练一个本地模型，然后将这些模型信息上传到边缘节点；另一种方案是边缘节点先接收来自终端设备的数据，再训练自己的本地模型，随后交换模型更新以构建全局模型。尽管边缘分布式训练可以避免将大量原始数据传输到云端，但同时也造成额外的通信成本。此外，在实际应用中，边缘设备可能出现高通信延迟、低传输速率和不稳定连接等情况，这些都会阻碍模型更新的通信过程。考虑在边缘分布式训练中，基于深度学习的研究工作数量很多且较为流行，因此本章以深度学习为例介绍相关研究工作的设计思想与具体细节。需要说明的是，这些优化方法与改进技术对于其他人工智能领域也具有一定的参考价值。

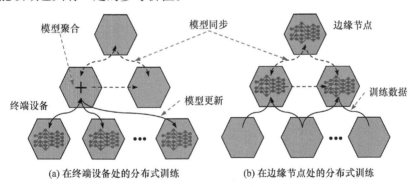

(a) 在终端设备处的分布式训练　　　　(b) 在边缘节点处的分布式训练

图 6-1　边缘环境中的分布式训练

考虑参数交换过程中大多数的参数梯度都是冗余的，因此可以对更新后的梯度进行压缩传输。这样能够在保持训练精度的同时降低通信成本(如 Lin 等[23]提出的深度梯度压缩算法)。首先，深度梯度压缩算法规定了只交换最重要的梯度，即只传输大于给定阈值的梯度。为了避免信息丢失，其余的梯度将在本地累积，直到超过给定的阈值。需要注意的是，无论是立即传输的梯度，还是为以后交换而积累的梯度，都会被编码和压缩，从而节省通信成本。其次，考虑梯度的稀疏更新可能损害深度学习训练的收敛性，因此可以采用动量修正和局部梯度裁剪来降低潜在的风险。其中，动量修正技术可以使稀疏更新近似于密集更新，将当前梯度应用到本地累积的梯度之前，避免梯度累积引发的梯度爆炸问题。当然，由于部分梯度被延迟更新，收敛速度也会相应地减慢。最后，为了防止过时的动量影响训练性能，深度梯度压缩算法会在训练开始时停止积累梯度动量，并采用较为保守的学习率，以及梯度稀疏化方法，减少极端梯度的影响。

为了压减分布式训练期间同步梯度的通信成本，Tao 等[24]提出可以将以下两种机制结合到一起。一是，利用梯度稀疏性的特点，只传输重要梯度[25]，维护隐藏权值以记录一个梯度坐标参与梯度同步的次数，将隐藏权值较大的梯度坐标视为重要梯度(在下一轮训练中更有可能被选中)。二是，考虑直接忽略残差梯度坐标或不重要的梯度会极大地损害训练的收敛性，因此需要在每一轮训练中将较小的梯度值累积起来。为了避免这些过时的梯度对训练结果的贡献过小，可以采用动量修正，即设置一个折现因子来修正剩余的梯度积累。

此外，当训练一个大尺寸的人工智能模型时，交换相应的模型更新可能消耗更多的资源。Jeong 等[26]提出借助在线版本的知识蒸馏来减少这种通信成本的解决方案。简而言之，在上述框架中，设备交换的是模型输出而不是更新后的模型参数，这将为大规模的本地训练提供更多的可能。除了通信成本，隐私问题也同样应当被关注。例如，Fredrikson 等[27]指出，利用训练分类器的隐私泄露，能够有目的地从训练数据中获取个人信息。Du 等[28]研究了网络边缘侧训练数据集的隐私保护。与文献[22]~[24]不同，Du 等的训练数据首先是在边缘节点进行训练，然后上传到云进行数据分析[28]。因此，在训练数据中加入拉普拉斯噪声[29]能够加强训练数据的隐私保护。此外，本书将在 6.2.3 节详细讨论联邦学习中数据隐私所引发的安全问题。

6.2 联 邦 学 习

在 6.1 节提到边缘分布式训练中，其整体网络架构层级是彼此分离的，即训练被限制在独立的终端设备或者边缘节点上，而不是协同进行。这种方式不需要处理终端和边缘之间的异构计算能力和网络环境，从而使训练过程的编排非常简单。但是，训练应当像推理一样是普遍存在的。联邦学习[1,2]是在云-边-端架构中实现的一种实用的训练机制。基于本地联邦学习的框架下，先进的移动设备可以作为客户端进行协同训练。当然，这些设备可以在边缘计算[15,30]中得到更为广泛地扩展。此时，终端设备、边缘节点，以及云中的服务器都可以等同于联邦学习中的客户端，能够处理不同级别的人工智能训练任务，并因此对全局人工智能模型产生不同的贡献。本节将阐述联邦学习的基本原理。

联邦学习能够让无处不在的边缘计算设备使用现有数据来训练本地人工智能模型,并上传更新后的模型参数,而无须集中式训练那样将数据上传到云。如图 6-2 所示,原始版本的联邦学习中有两个角色,即负责处理本地数据的客户端和负责模型聚合的服务器。在流程上,联邦学习迭代地请求一组随机的客户端集合执行以下步骤:一是从服务器下载全局模型;二是在全局模型用本地数据来训练本地模型;三是上传更新后的本地模型到服务器,进行模型聚合。

根据联邦学习中两个角色间的关系与云-边-端架构中的三个位置层次,可以划分出如下三种在边缘侧进行联邦学习训练的可行方案。

(1) 端边协作。使用一个边缘节点来代替云作为服务器,这样端边之间的交互就可以受益于边缘计算的低延迟和高带宽。

(2) 边云协作。边缘节点从终端设备获取训练数据(或者自行收集数据)并作为客户端参与,云可以视作服务器。这种解决方案可以避免在终端设备上执行训练过程,节省终端设备宝贵的计算资源和续航成本,并限制终端数据的共享范围。

(3) 端边协同训练。根据具体情况,终端设备和边缘节点以客户端身份参与模型训练,而云作为服务器执行聚合操作。这样可以综合以上两种解决方案的优势和特点。

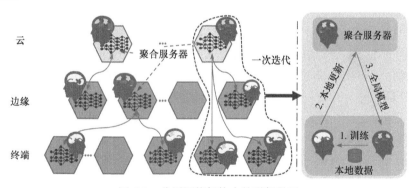

图 6-2　分层网络架构内的联邦学习

将待训练的数据限制在相应的训练设备上能够显著地降低隐私与安全风险,可以避免将训练数据上传到云而引发的隐私泄露问题[27]。此外,McMahan 等[1]提出一种改进联邦学习的方法——联邦平均(federated averaging,FA)。实验结果验证了其对不平衡和非独立同分布数据的鲁棒性,能够减少模型训练所需的通信次数,进而达到加速训练过程的目的。

总之,联邦学习能够有效处理边缘侧分布式训练的四项关键性挑战。

(1) 非独立同分布训练数据。由于每个设备上的训练数据都是其本地收集的,或是从所有数据源中接收的一小部分,因此单个设备上的训练数据不能代表全局数据。

(2) 有限的通信。训练设备可能短暂离线或位于一个较差的通信环境中，因此在资源充足的设备上执行更多的训练计算量，能够减少全局模型训练所需的通信轮数。此外，联邦学习在一轮训练中只选择全部设备中的一部分进行"下载-训练-更新"的过程，能有效应对设备因不可预测原因而离线的情况。

(3) 不平衡的贡献。由于不同训练设备的可分配空闲资源相异，并且本地拥有的训练数据量也各有不同，因此可能产生不平衡的模型训练贡献。不过，这一挑战可以通过联邦平均方法来应对。

(4) 隐私与安全。联邦学习使训练设备通过模型参数更新，而不是通过上传训练数据进行分布式深度学习训练。这会降低信息泄露的风险和突发事件的影响。此外，安全聚合和差分隐私(differential privacy，DP)[29]也可以避免模型更新时的隐私泄露。

6.2.1 通信高效的联邦学习

虽然不需要上传原始的训练数据，联邦学习能大幅降低通信成本，但是其仍然需要将本地更新的模型传输到聚合服务器。假设人工智能模型足够大，上传模型更新(如从边缘设备传输模型权重参数到云服务器)也会消耗难以忽略的通信资源。为了缓解这种情况，可以让联邦学习的客户端定期(而不是一直连续地)与聚合服务器通信，以寻求在共享模型上的一致认知[3]。此外，结构化更新(structured update)和草图更新(sketched update)还能够提高客户端向服务器上传更新时的通信效率。一方面，结构化更新意味以预先指定的结构来限制模型更新，具体形式包括低秩矩阵或者稀疏矩阵；另一方面，在采用草图更新方法时要同时维护完整的模型更新，但在上传模型聚合之前，需要通过子采样、概率量化、结构化随机旋转等组合操作来压缩完整更新[4]。Fedpaq[8]同时包含这些特性，并为强凸损失函数和非凸损失函数提供近乎最优的理论保证，能以经验性的方式展示通信和计算之间的权衡关系。此外，Chen 等[31]进一步量化了无线传输对于联邦学习的影响，并基于联邦学习的预期收敛速度优化通信资源分配，从而减少训练损失。

不同于一些工作只研究如何减少上行链路的成本，Caldas 等[5]同时考虑服务器到设备(下行)和设备到服务器(上行)的通信。其中，对于下行链路来说，Caldas 等将全局模型的权重切分为一个向量，然后应用子采样和量化技术。由于这种模型压缩是有损的，并且与在上行链路多个设备上传模型的这种情况不同，上述损失无法在下行链路通过平均来减轻。Caldas 等提出在子采样前将文献[32]中的表示方法作为基变换来使用，以减少后续压缩操作带来的错误。此外，针对上行链路，每个边缘设备不需要基于全局模型在本地训练模型，而是只训练较小的子模型或者修剪后的模型[10]。由于子模型和修剪后的模型相对于全局模型更为轻量化，因此上传更新所传输的数据量也随之减少。

相比云来说，边缘设备的计算资源是较为稀缺的。为了提高通信效率还需要考虑其他挑战，一是计算资源是异构的，且局限于边缘设备上；二是边缘设备上的训练数据可能是分布不均的[7,33,34]。具体地，Hu 等[6]指出功能更为强大的边缘设备可以周期性地提交数据进而加速训练。对一般案例而言，基于机器学习在数据非独立同分布下的推导收敛界，就能够在理论上优化给定资源预算下的聚合频率[7]。另外，Duan 等[9]提出一个基于中介的多客户端重调度策略，可以成功减少92%的通信流量。一方面，Duan 等利用数据增强来缓解训练数据分布不均匀的缺陷；另一方面，Duan 等为基于中介的重调度机制设计了一个贪婪策略，以便将客户端分配给中介。每个中介先遍历所有未分配客户端的数据分布，再选择适当的参与客户端，并使中介的数据分布最接近统一分布，即最小化中介的数据分布与均匀分布之间的 KL 散度(Kullback-Leible divergence)[35]。当一个中介达到最大分配客户端的限制时，中央聚合服务器将创建一个新的中介，并重复该过程，直到所有客户端都分配了训练任务[36-38]。

为了加速联邦学习的全局聚合，Yang 等[39]设计了空中计算(over-the-air computation)模式。其原理是探索无线多接入信道的叠加特性，并通过多个边缘设备的并发传输来计算所需的函数。在空中计算中，无线信道的干扰不仅可以被克服，还可以被利用，即在传输过程中，将来自边缘设备的并发模拟信号自然地通过信道系数进行加权。以这种方式，服务器只需要将切分后的权重叠加在聚合结果上，而不用再进行其他聚合操作。此外，Chen 等[40]采用多层感知器来评估用户模型，并刻意选择有助于提升联邦学习速度的用户(客户端)，从而减少算法收敛所需的时间。

6.2.2　资源优化的联邦学习

当联邦学习将同一神经网络模型部署到多个异构的边缘设备上时，计算能力较弱的设备会拖延全局模型的聚合。尽管可以对训练模型优化可以加速协同收敛，但这往往会导致优化后的模型结构分化，严重地影响协同收敛。Xu 等首先从时间成本、内存占用和计算工作量等三个方面分析模型训练的计算消耗，并在模型分析的指导下确定每一层需要掩蔽的部分神经元，确保模型训练的计算消耗能够满足给定的资源约束[11]。此外，与生成一个确定的、具有发散结构的优化模型不同，Xu 等的解决方案在每个训练阶段可以动态地遮蔽不同的神经元集合，并在随后的聚合阶段恢复和更新，从而保证模型的不断更新。值得注意的是，尽管通过资源优化可将训练速度提高 2 倍，但是 Xu 等的目的是让多个具有不同计算能力的异构设备同步工作，而这种同步聚合可能无法处理极端情况。

当联邦学习被部署在移动边缘计算场景中，联邦学习每回合耗费的时间将主要取决于客户端的数量及其计算能力。其中，联邦学习的时间不仅包括计算时间，还包括所有客户端的通信时间。一方面，客户端的计算时间取决于客户端的计算能力和本地数据规模；另一方面，通信时间与客户端信道增益、传输功率和本地数据大小相关。因此，为了使联邦学习所需的时间最小化，对联邦学习的资源分配不仅要考虑联邦学习的参数，还要考虑客户端侧的功耗、CPU 等资源的具体分配情况。

不过，最小化客户端的功耗开销和联邦学习的时间是相互冲突的。例如，客户端虽能够通过保持 CPU 的低频率运行来压低功耗，但势必会增加训练时间。因此，为了在功耗开销和训练时间之间达到平衡，Dinh 等[12]首先为每个客户端设计了一个新的联邦学习算法，近似求解本地优化问题以达到本地期望的精度水平。然后，Dinh 等将该优化问题归纳为一个非凸的资源分配问题，具体分析客户端功耗开销和联邦学习时间之间的权衡。最后，借助问题本身的特殊结构，上述优化问题能够被分解为三个子问题(均能相应地推导出封闭形式的解决方案)，进而使用帕累托优化模型[41]控制最优状态的达成。

由于上行带宽是有限的，基站必须优化其资源分配，同时客户端也必须优化其传输功率分配，这样才能降低每个客户端的数据包传输错误率，提高联邦学习性能。为此，Chen 等[13]将联邦学习的资源分配和用户选择归纳为一个联合优化问题。该问题的目标是在满足延迟和功耗限制的前提下，最小化联邦学习的损失函数值。为解决这个问题，Chen 等首先推导出期望收敛率的一个封闭表达式，并建立数据包传输错误率和联邦学习性能之间的显式关系。基于上述关系，该优化问题能够被简化为混合整数非线性规划问题，再通过以下步骤来求解，即首先在给定的用户选择和资源块分配条件下求得最优传输功率，然后将原优化问题转化为二值匹配问题，最后利用匈牙利算法[42]找到最优的用户选择和资源块分配策略。

由于参与联邦学习的设备数量往往很大，从数百到数百万不等。在这样的一个大型通信网络中，简单的最小化平均损失可能不适用于某些设备所需的模型性能。事实上，虽然在原始联邦学习中平均精度很高，但是个别设备上的模型精度要求可能无法得到保证。因此，基于无线网络中面向资源公平分配的效用函数 α-fairness[43]，Li 等定义了一个面向公平的目标 q-FFL 用于联合资源优化[14]。q-FFL 可以最小化由 q 参数化的聚合重加权的损失值，因此具有较高函数损失值的设备会被赋有较高的相对权重，进而在准确性分布上促进方差的减少。最小化 q-FFL 还可自适应地避免公平性约束的手动设置，能够根据所需的公平性目标动态地调整策略，达到减小参与设备间精度分布方差的效果。此外，大规模设备的存在也使全局模型的普适性降低，即不同设备的数据分布存在较大差异，导致全局聚合模型无法做出最优决策，因此 Sattler 等[44]提出集群式联邦学习来对参与设备进行聚类划分，从而获得更加个性化的模型参数来贴合不同设备的差异化数据分布。

6.2.3　安全强化的联邦学习

在分布式训练过程中，参与者的信息交互一直是分布式机器学习中隐私问题的关键。联邦学习可以避免直接上传训练数据产生的隐私泄露隐患，但同时也引入模型更新时的隐私问题[23]。通过向敏感数据添加噪声，差分隐私(differential privacy，DP)通过严格且量化的表达式来控制信息暴露的程度，以确保任何个体的数据是否在整个数据集中对最终结果几乎没有影响。这有助于在联邦学习过程中减少隐私泄露的风险。

考虑聚合服务器能够接收来自所有参与者的模型更新，而聚合服务器位于图 6-3 所示的一个多域、分层、异构的计算环境中，我们很难以可接受的成本在任何位置都提供足够的安全性。这使聚合服务器成为隐私保护的薄弱环节之一。为了解决这个问题，可将本地模式的差分隐私集成到迭代训练过程中。这种做法并不需要信任聚合服务器，具体步骤可归纳如下，即参与者首先使用自身数据来计算模型更新，然后采用差分隐私来处理更新，最后上传处理过的模型更新以用于模型聚合。为了给出分配隐私预算的一般方法，并分析不同训练模式下的隐私成本，McMahan 等[45]提出一种模块化方法将包含差分隐私的训练过程划分为三个部分，一是训练过程的规范；二是隐私机制的选择和配置；三是用于差分隐私保障的审计过程。然而，本地差分隐私在应对高维问题(如在机器学习中的应用)时存在的效用退化仍然具有挑战性。此外，分布式差分隐私也能在不依赖可靠服务

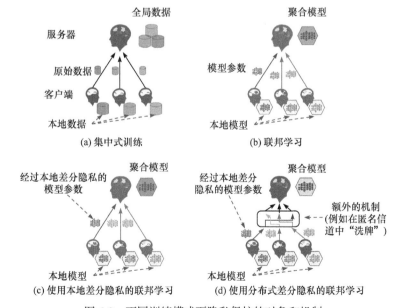

图 6-3　不同训练模式下隐私保护的对象和机制

器的前提下保护参与者的隐私，并且在精度上优于同级别的本地差分隐私[46]。不过，分布式差分隐私在权衡精度与隐私的基础上，还需要额外考虑通信成本的问题，这往往会引入额外的支持技术。

如图 6-4 所示，从另一个角度来看，服务器也不应该无条件地完全信任训练设备，因为攻击者也能对训练数据投毒或者直接篡改模型更新信息。Xie 等[15]研究了稳健的联邦优化问题，定义了一个精简的平均操作。通过过滤中毒设备产生的值，以及正常设备中的自然异常值，该研究工作可以实现鲁棒的聚合操作，保护全局模型免受数据中毒的危害。更为直接的是，攻击者可能损害更新信息的完整性。例如，Bagdasaryan 等[47]提出一种攻击方法，攻击者能够通过毒害模型更新向聚合模型注入后门，并造成比数据投毒攻击更为严重的后果。其中，模型训练的后门是指在不过度影响整体性能的情况下，降低对于目标范围内子任务的性能表现。具体来说，Sun 等[16]对联邦学习中的后门性质进行了进一步的研究，发现：一是植入后门的成功率很大程度上取决于攻击者占总数的比例；二是范数裁剪可以有效地缓解攻击影响，加入高斯噪声可以进一步提高防御性能。为了应对攻击者使用多个身份进行伪装的同时植入后门的威胁，Fung 等[17]提出一种防御方法，即利用非独立同分布训练数据的多样性属性和同一攻击目标导致的相似性属性，判别更新是否存在异常。

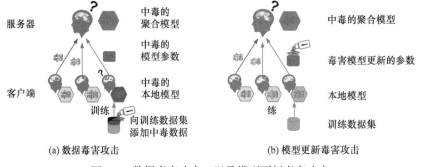

(a) 数据毒害攻击　　　　　　　　　　　　(b) 模型更新毒害攻击

图 6-4　数据毒害攻击，以及模型更新毒害攻击

除了有意识的攻击行为，不可预测的网络条件和实时计算能力给安全带来的不利影响也应该受到关注。无线通信中的噪声会不可避免地阻碍训练设备与聚合服务器之间的信息交换，这可能对训练时延和模型的可靠性产生显著影响。Ang 等[48]提出基于期望模型和最坏情况下模型的并行优化问题，通过正则化损失函数逼近算法和基于采样的逐次凸逼近算法分别对两个模型进行求解。理论分析和仿真结果表明，算法具有可接受的收敛率，在提高模型精度的同时可减少模型训练损失。此外，联邦学习必须对边缘设备的意外掉线保持鲁棒性。否则，一旦设备失去连接，当前回合的联邦学习同步就会失败。为了解决这个问题，业界提出安

全聚合(secure aggregation)协议[18]。只要有不超过三分之一的设备无法及时处理本地训练或上传更新，安全聚合协议就能保障联邦学习的鲁棒性。

相反，联邦学习中聚合服务器的故障也可能导致不准确的全局模型更新，从而扭曲所有的本地模型更新。同时，考虑协同训练获得的收益较小，拥有较多数据样本的客户端可能不太愿意与其他群体一同参与联邦学习。因此，Kim 等[19]提出将区块链和联邦学习结合的解决方案 BlockFL。BlockFL 采取适当的奖励机制来激励边缘设备参与联邦学习，并实现在每个客户端处进行本地化的全局模型更新(而不是在特定服务器上)，以确保在更新模型时单个设备的故障不会影响整体的更新过程。同样是将联邦学习集成到区块链中，Lu 等[49]开发了一种支持两阶段验证的混合区块链架构，并进一步实现异步联邦学习方案，以确保共享数据的可靠性与安全性。

6.3　边缘智能训练实际案例

为了进一步阐述人工智能与边缘计算的关系，本节详细阐述一个实际案例。在边缘计算架构中，资源的分布通常并不均衡。一般来说，计算任务在终端设备处产生，但终端设备的资源却有局限性。相比来说，边缘侧的资源会更加丰富，但将计算任务传输至边缘侧执行又会造成额外的资源消耗和延迟。因此，如何协同端、边资源就成为一个棘手问题。本节基于深度强化学习设计智能体来提升计算卸载的性能，并用联邦学习来训练这些智能体。

6.3.1　多用户边缘计算场景

首先，我们将 L_u 记为多用户边缘计算场景中所有终端设备的集合，其中目标设备为 $i_{cur} \in L_u$。目标设备同时处于多个边缘节点的服务范围之中，它与各个边缘节点的距离会影响其与边缘节点之间的传输速率。同时，我们将所有边缘节点的集合定义为 $B = \{1, 2, \cdots, b\}$，其中每个边缘节点的地理位置、任务处理能力，以及数据传输能力均各不相同，并且每个边缘节点均拥有多条无线信道可供终端设备进行连接。需要考虑的是，当占用某一特定无线信道的终端设备数量过多时，就会使该信道受到干扰，从而拖慢任务数据的无线传输速率。

一般地，我们可采用对时间进行离散切片的思想建模边缘计算场景，即每个时间切片时长为 δ，当前时间片序号被记为 j。在每个时间切片初始时，终端设备会按一定的概率分布生成任务，并获取能量(考虑更为通用的动态续航场景)。进而，可定义 $a_j \in \{0,1\}$ 为任务生成指示器，当 $a_j = 1$ 时，表示有任务生成，反之则代表没有任务生成。然后，生成的任务会被存储至任务队列 L_i^l 中，若任务队列已满无法支持任务入队，则会导致任务丢失并致使任务失败。类似地，终端设备获取的能量也会存至能量队列 L_e^j。

此外，我们按照先入先出(first input first output，FIFO)的原则对任务队列和能量队列进行动态建模，并将 u、v 分别表示为将要处理的任务数据量、所需的 CPU 频率，而资源分配策略在时间片 j 中所要做出的动作决策为 (c^j, e^j)，其中 c^j 为任务卸载决策，e^j 为要分配的能量单元数量(e^j 不能超过能量队列 L_e^j 的容量)。若 $e^j = 0$，任务不会被执行，而是仍然保存在任务队列中；若 $e^j > 0$，则执行当前出队的任务。

6.3.2 系统建模

如图 6-5 所示，在边缘计算场景下，计算任务的执行分为两种，一是在终端设备本地执行，二是将任务传输("卸载")至边缘节点，并由边缘节点执行。当任务在本地执行时，首先计算终端设备为其所分配的 CPU 频率 f_u^j，即

$$f_u^j = \min\left\{ \sqrt{\frac{e^j}{v \cdot \tau}}, f_u^{\max} \right\} \tag{6.1}$$

其中，$f_u^{\max}$ 为终端设备的最大 CPU 频率；τ 为设备的硬件结构所决定的有效开关电容系数。

然后，依据 f_u^j 可以计算出任务执行所需要花费的时间 d^j，即

$$d^j = \frac{v}{f_u^j} \tag{6.2}$$

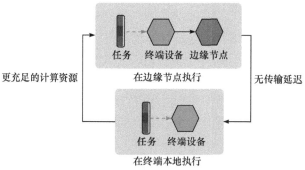

图 6-5　计算任务的执行方式

在本地执行任务时，由于边缘节点资源未被使用，因此占用边缘节点的开销为 $\varphi^j = 0$。当任务需要被传输至边缘节点执行时，任务执行所花费的时间为

$$d^j = d_c + d_{\text{tr}}^j + d_e^j \tag{6.3}$$

其中，d_c 为建立信道连接需要花费的时间；d_{tr}^j 为任务所需数据传输至边缘节点需

要花费的时间；$d_e^j = v / f_e^j$ 为任务在边缘节点的执行时间，f_e^j 为边缘节点所分配的 CPU 频率。

在边缘节点执行计算任务时，占用边缘节点的开销 φ^j 为

$$\varphi^j = (d_c + d_{\text{tr}}^j) \cdot P \tag{6.4}$$

其中，P 为使用边缘节点单位时间的开销。

令 r_u 表示任务数据的传输速率，W 表示所选信道的带宽(由边缘节点的硬件设备决定)，p_{tr}^i 表示用户 i 向边缘节点传输任务数据时的传输功率，I 表示当前信道中干扰信号的功率，g_b^i 表示用户 i 在信道 b 时的信道增益，$p_{\text{tr}}^{\max}$ 表示由硬件设备所决定的设备最大传输功率。我们将所有信道的干扰信号功率记为集合 L_I^j，与目标设备使用相同信道的所有设备集合记为 L_c，则

$$d_{\text{tr}}^j = \frac{u}{r_u} \tag{6.5}$$

$$r_u = W \cdot \log_2(1 + I^{-1} \cdot g_b^i \cdot p_{\text{tr}}^i) \tag{6.6}$$

$$p_{\text{tr}}^i = \min\left\{ \frac{e^j}{g_{\text{tr}}^i}, p_{\text{tr}}^{\max} \right\} \tag{6.7}$$

$$I = \sum_{i \in L_c} g_b^i \cdot p_{\text{tr}}^i - g_b^{i_{\text{cur}}} \cdot p_{\text{tr}}^{i_{\text{cur}}} \tag{6.8}$$

此外，网络状态观测状态记为 $X_i = (L_i^j, L_e^j, L_I^j)$ (且初始参数为 X')，$\Phi(X_i)$ 表示基于环境 X_i 的任务卸载决策函数。同时，我们把模型中的综合收益值 U 作为对资源分配策略性能的评价，其计算方式为

$$U(X_i, \Phi) = w_1 \cdot e^{-d^j} + w_2 \cdot e^{-e^j} + w_3 \cdot e^{-\eta^j} + w_4 \cdot e^{-\varphi^j} \tag{6.9}$$

其中，$w_i\ (i = 1,2,3,4)$ 为目标设备对不同指标的需求偏好权重，取值由目标设备类型，以及所承载的应用服务决定。

任务卸载策略的优化目标是使长期综合收益 U^{long} 实现最大化，即

$$U^{\text{long}} = \max\left(\lim_{T \to +\infty} \frac{1}{T} \sum_{t=1}^{T} U(X_t, \Phi) \mid X_1 = X' \right) \tag{6.10}$$

6.3.3　基于深度强化学习的计算任务卸载策略

通过探索和追求不同决策带来的收益，深度强化学习能够面向不同的环境状态自主选择相应的最优动作。因此，我们可以在边缘计算场景中，实现对终端设备与边缘节点的自适应协同优化。例如，将深度强化学习中的代表性算法深度 Q 学习用来设计、实现边缘计算场景中的任务卸载策略。首先，记录场景中的任务队列长度、能量队列长度，以及各个边缘节点的所有信道状态，并将其作为环境

中的状态观测 s。然后，将状态观测 s 输入至深度 Q 网络的当前值网络中，并依据 ϵ-greedy 策略选出决策动作 $a_{\max}$。其中，决策动作包括对能量分配数量的决策，以及对任务卸载的决策。然后，让终端设备执行卸载决策，获得任务的时延、能耗、任务失败率，以及任务执行开销(占用边缘节点资源的所需开销)四项指标。以这种方式，就能依据终端用户不同的需求偏好计算出综合收益值，并将其作为本次迭代(决策动作)的动作奖励 r。此外，也需要再次记录任务队列长度、当前任务所需 CPU 频率，以及各个边缘节点的所有信道状态，并将其记为卸载决策动作执行后的环境状态观测值 s'，再将 $(s, a_{\max}, r, s')$ 存放在回放记忆单元中。当回放记忆单元中积累的样本数据 D 大于每次需要抽取的样本数量 D_{batch} 时，就在其中随机选取一些样本数据进行学习(训练)并更新模型参数。当上述过程的迭代次数为零时，将当前值网络的参数拷贝给目标值网络。通过一次次迭代的过程不断更新参数，可最终实现值网络参数的收敛，从而训练出能依据环境信息做出较优卸载决策的模型。

6.3.4　分布式合作训练

为了进一步强化数据的隐私保护并减小数据传输规模，我们可以采用分布式协同训练的方法来训练上述基于深度强化学习的任务卸载策略。首先，对终端设备和边缘节点都进行初始化。迭代进行以下过程：一是终端设备 d 从边缘节点下载模型参数 θ_t，并将其赋值给终端设备本地的学习模型参数 θ_t^d，即 $\theta_t^d = \theta_t$；终端设备基于本地样本数据的训练，更新模型参数 $\theta_t^d = \theta_{t+1}^d$。二是，终端设备将训练好的模型参数 θ_{t+1}^d 上传至边缘节点(终端设备执行本地训练的次数为 A_t^d)。三是，边缘节点基于源自终端设备的数据来更新设备的训练次数 $A_t = \sum A_t^d$，对边缘节点学习模型参数 θ_{t+1} 进行聚合更新，即 $\theta_{t+1} \leftarrow \sum (A_t^d / A_t) \cdot \theta_{t+1}^d$。通过上述分布式协同训练过程，就可以实现边端协同卸载场景下的协同卸载决策优化。

6.4　本 章 小 结

在边缘计算场景中，由于训练数据来自地理位置分散的海量终端设备，将这些数据汇聚后再进行集中式训练的方式将占用大量通信资源，并且将给承载集中式训练的设备带来沉重的资源负担。因此，如何在边缘设备上高效分析训练数据的特征成为边缘智能中关于模型训练的难点。联邦学习作为一种分布式学习方法，可以在层次化的网络结构中进行多设备协同训练，从而契合边缘侧人工智能训练需求，促进边缘智能训练向分布式、协作化的方向发展。同时，联邦学习与边缘计算的交叉融合也带来新的优化问题，研究人员从数据的通信传输、算法的收敛速度、设备的资源消耗，以及隐私的安全强化等多个维度展开了研究与探讨。最后，本章从一个边端协同卸载场景的建模案例展开分析，说明联邦学习在边缘智能训练中的应用方式。

参 考 文 献

[1] McMahan B, Moore E, Ramage D, et al. Communication-efficient learning of deep networks from decentralized data// Artificial Intelligence and Statistics, Fort Lauderdale, 2017: 1273-1282.

[2] Bonawitz K, Eichner H, Grieskamp W, et al. Towards federated learning at scale: System design. https://arxiv.org/1902.01046[2019-02-04].

[3] Abad M S H, Ozfatura E, Gunduz D, et al. Hierarchical federated learning across heterogeneous cellular networks// IEEE International Conference on Acoustics, Speech and Signal Processing, Barcelona, 2020: 8866-8870.

[4] Konečný J, McMahan H B, Yu F X, et al. Federated learning: Strategies for improving communication efficiency. https://arxiv.org/1610.05492[2016-10-18].

[5] Caldas S, Konečny J, McMahan H B, et al. Expanding the reach of federated learning by reducing client resource requirements. https://arxiv.org/1812.07210[2018-12-18].

[6] Hu H, Wang D, Wu C. Distributed machine learning through heterogeneous edge systems// AAAI Conference on Artificial Intelligence, New York, 2020, 34(05): 7179-7186.

[7] Wang S, Tuor T, Salonidis T, et al. When edge meets learning: Adaptive control for resource-constrained distributed machine learning// IEEE Conference on Computer Communications, Honolulu, 2018: 63-71.

[8] Reisizadeh A, Mokhtari A, Hassani H, et al. Fedpaq: A communication-efficient federated learning method with periodic averaging and quantization// International Conference on Artificial Intelligence and Statistics, online, 2020: 2021-2031.

[9] Duan M, Liu D, Chen X, et al. Astraea: Self-balancing federated learning for improving classification accuracy of mobile deep learning applications// International Conference on Computer Design, Dalian, 2019: 246-254.

[10] Jiang Y, Wang S, Valls V, et al. Model pruning enables efficient federated learning on edge devices. IEEE Transactions on Neural Networks and Learning Systems, 2022, 12: 10374-10386.

[11] Xu Z, Yang Z, Xiong J, et al. Helios: Heterogeneity-aware federated learning with dynamically balanced collaboration// ACM/IEEE Design Automation Conference, San Francisco, 2021: 997-1002.

[12] Dinh C T, Tran N H, Nguyen M N H, et al. Federated learning over wireless networks: Convergence analysis and resource allocation. IEEE/ACM Transactions on Networking, 2021, 29(1): 398-409.

[13] Chen M, Yang Z, Saad W, et al. A joint learning and communications framework for federated learning over wireless networks. IEEE Transactions on Wireless Communications, 2021, 20(1): 269-283.

[14] Li T, Sanjabi M, Beirami A, et al. Fair resource allocation in federated learning//International Conference on Learning Representations, 2020: 1-27.

[15] Xie C, Koyejo S, Gupta I. Practical distributed learning: Secure machine learning with communication-efficient local updates// European Conference on Machine Learning and Principles and Practice of Knowledge Discovery in Databases, Würzburg, 2019: 1203-1215.

[16] Sun Z, Kairouz P, Suresh A T, et al. Can you really backdoor federated learning. https://arxiv.org/abs/1911.07963[2019-11-18].

[17] Fung C, Yoon C J M, Beschastnikh I. Mitigating sybils in federated learning poisoning. https://arxiv.org/abs/1808.04866[2018-08-14].

[18] Bonawitz K, Ivanov V, Kreuter B, et al. Practical secure aggregation for privacy-preserving machine learning// ACM SIGSAC Conference on Computer and Communications Security, Dallas, 2017: 1175-1191.

[19] Kim H, Park J, Bennis M, et al. On-device federated learning via blockchain and its latency analysis. https://arxiv.org/abs/1808.03949[2018-08-12].

[20] Oreilly. Why continuous learning is key to AI. https:// www.oreilly.com/radar/why-continuous-learning-is-key-to-ai/[2021-06-27].

[21] Kamath G, Agnihotri P, Valero M, et al. Pushing analytics to the edge// IEEE Global Communications Conference, Washington, 2016: 1-6.

[22] Valerio L, Passarella A, Conti M. A communication efficient distributed learning framework for smart environments. Pervasive and Mobile Computing, 2017, 41: 46-68.

[23] Lin Y, Han S, Mao H, et al. Deep gradient compression: Reducing the communication bandwidth for distributed training. https://arxiv.org/abs/1712.01887[2017-12-05].

[24] Tao Z, Li Q. ESGD: Communication efficient distributed deep learning on the edge// USENIX Workshop on Hot Topics in Edge Computing, Boston, 2018: 654-668.

[25] Strom N. Scalable distributed DNN training using commodity GPU cloud computing// Conference of the International Speech Communication Association, Dresden, 2015: 6-10.

[26] Jeong E, Oh S, Kim H, et al. Communication-efficient on-device machine learning: Federated distillation and augmentation under non-iid private data. https://arxiv.org/abs/1811.11479[2018-11-28].

[27] Fredrikson M, Jha S, Ristenpart T. Model inversion attacks that exploit confidence information and basic countermeasures// ACM SIGSAC Conference on Computer and Communications Security, Denver, 2015: 1322-1333.

[28] Du M, Wang K, Xia Z, et al. Differential privacy preserving of training model in wireless big data with edge computing. IEEE Transactions on Big Data, 2018, 6(2): 283-295.

[29] Dwork C, McSherry F, Nissim K, et al. Calibrating noise to sensitivity in private data analysis. Journal of Privacy and Confidentiality, 2016, 7(3): 17-51.

[30] Samarakoon S, Bennis M, Saad W, et al. Distributed federated learning for ultra-reliable low-latency vehicular communications. IEEE Transactions on Communications, 2019, 68(2): 1146-1159.

[31] Chen M, Yang Z, Saad W, et al. A joint learning and communications framework for federated learning over wireless networks. IEEE Transactions on Wireless Communications, 2020, 5:125-137.

[32] Kashin B S. Diameters of some finite-dimensional sets and classes of smooth functions. Izvestiya Rossiiskoi Akademii Nauk, 1977, 41(2): 334-351.

[33] Wang S, Tuor T, Salonidis T, et al. Adaptive federated learning in resource constrained edge computing systems. IEEE Journal on Selected Areas in Communications, 2019, 37(6): 1205-1221.

[34] Tuor T, Wang S, Salonidis T, et al. Demo abstract: Distributed machine learning at resource-limited edge nodes// IEEE Conference on Computer Communications Workshops, Honolulu, 2018: 1-2.

[35] Kullback S, Leibler R A. On information and sufficiency. The Annals of Mathematical Statistics, 1951, 22(1): 79-86.

[36] Nazer B, Gastpar M. Computation over multiple-access channels. IEEE Transactions on Information Theory, 2007, 53(10): 3498-3516.

[37] Chen L, Zhao N, Chen Y, et al. Over-the-air computation for IoT networks: Computing multiple functions with antenna arrays. IEEE Internet of Things Journal, 2018, 5(6): 5296-5306.

[38] Zhu G, Wang Y, Huang K. Broadband analog aggregation for low-latency federated edge learning. IEEE Transactions on Wireless Communications, 2019, 19(1): 491-506.

[39] Yang K, Jiang T, Shi Y, et al. Federated learning via over-the-air computation. IEEE Transactions on Wireless Communications, 2020, 19(3): 2022-2035.

[40] Chen M, Poor H V, Saad W, et al. Convergence time optimization for federated learning over wireless networks. IEEE Transactions on Wireless Communications, 2021, 20(4): 2457-2471.

[41] Stiglitz J E. Self-selection and Pareto efficient taxation. Journal of Public Economics, 1982, 17(2): 213-240.

[42] Kuhn H W. The Hungarian method for the assignment problem. Naval Research Logistics Quarterly, 1955, 2(1-2): 83-97.

[43] Huaizhou S H I, Prasad R V, Onur E, et al. Fairness in wireless networks: Issues, measures and challenges. IEEE Communications Surveys & Tutorials, 2013, 16(1): 5-24.

[44] Sattler F, Müller K R, Samek W. Clustered federated learning: Model-agnostic distributed multi-task optimization under privacy constraints. IEEE Transactions on Neural Networks and Learning Systems, 2021, 32(8): 3710-3722.

[45] McMahan H B, Andrew G, Erlingsson U, et al. A general approach to adding differential privacy to iterative training procedures. https://arxiv.org/abs/1812.06210[2018-12-15].

[46] Cheu A, Smith A, Ullman J, et al. Distributed differential privacy via shuffling// International Conference on the Theory and Applications of Cryptographic Techniques, Darmstadt, 2019: 375-403.

[47] Bagdasaryan E, Veit A, Hua Y, et al. How to backdoor federated learning// International Conference on Artificial Intelligence and Statistics, online, 2020: 2938-2948.

[48] Ang F, Chen L, Zhao N, et al. Robust federated learning with noisy communication. IEEE Transactions on Communications, 2020, 68(6): 3452-3464.

[49] Lu Y, Huang X, Zhang K, et al. Blockchain empowered asynchronous federated learning for secure data sharing in internet of vehicles. IEEE Transactions on Vehicular Technology, 2020, 69(4): 4298-4311.

第 7 章　面向人工智能的边缘计算架构

人工智能的发展，特别是移动人工智能的应用发展，离不开边缘计算的支持。这些支持的要求不仅体现在网络架构层面，还要求边缘计算系统在设计、适应性、硬件优化等各个方面提供相应的支撑。例如，一是需要定制化的边缘硬件，以及相应优化过的软件框架和库来帮助人工智能服务更有效地执行；二是需要设计适配的边缘计算架构，以实现人工智能计算任务的卸载与协同；三是需要利用精心设计的边缘计算框架使人工智能服务在边缘侧更加稳定地运行；四是需要实现评估边缘智能服务与应用性能的公平测试床，进一步完善与评估上述需求的实现。

7.1　智慧边缘硬件

7.1.1　移动 CPU 和 GPU

将人工智能应用迁移到一些轻量级的边缘设备上，如智能手机、可穿戴设备与监控摄像头等，可以使这些应用离数据源头更近，并能实时获取与处理数据，从而更大限度地实现这些人工智能应用的价值。此外，一旦这些低功耗的边缘设备能承载上述人工智能计算任务，便可以节省大量原始数据传输所需的开销。就目前而言，边缘硬件设备仍然面临着一些困境：一是计算资源不足；二是计算内存不足；三是续航能力受限。

为了打破这些硬件上的限制，Du 等[1]研究了 ARM Cortex-M 微处理器，并开发了一个高效的神经网络运行库 CMSIS-NN。该运行库能够优化神经网络模型在 ARM Cortex-M 处理器上的内存占比。因此，人工智能模型就可以在不损失模型精度的情况下移植到物联网设备上，并降低设备的功耗。

然而，对于一些大型的人工智能模型来说，我们依然很难将其移植到低功耗设备上。虽然一些配备有高性能 CPU 的智能设备可以在一定程度上高效地执行一些人工智能应用，但是在没有 GPU 加速，以及一些其他优化的情况下，这些人工智能相关的计算任务对上述设备来说依然是难以负担的。例如，对于一些复杂的人工智能应用(如实时视频处理)，如果使用由 3 层全连接层，以及 13 个卷积层组成的通用 VGG(Visual Geometry Group)网络[2]，并将其部署、运行在三星 Galaxy

S7[3]上。该设备仅处理一张图片就要耗费上百秒。

除此之外，让卷积神经网络运行在移动 GPU 上也存在一些技术瓶颈。为了打破这些瓶颈，业界也做了相应的努力。Huynh 等[3]提出一个针对移动 GPU 的软硬件组合优化框架 DeepMon。该框架利用第一人称视频中连续帧的相似性这一特点，可以极大地减少模型推理所需要的时间。这样的连续帧重复计算问题在卷积神经网络中普遍存在，这也启发了一些关于缓存卷积神经网络计算结果的想法。除此之外，通过矩阵分解可以将高维度的复杂矩阵计算问题(特别是矩阵乘法)转换为可以使用移动 GPU 加速的简单运算。这样的优化方式使智能手机上广泛部署的各类移动 GPU 有机会承载更多的人工智能应用，从而更好地为边缘智能服务与应用赋能。

除了人工智能的推理，人工智能模型的训练问题也是实现边缘智能的一个关键。Chen 等[4]深入讨论了移动 CPU 和 GPU 对于训练人工智能模型的可行性问题，以及如何在移动设备上提升模型训练效率的问题。Venkatesan 等[5]提出 Mentee 网络，规避一些大型模型(如 VGG[2])因体积太大而无法训练的问题。Venkatesan 等的实验结果也指出，人工智能模型的大小对于模型训练具有很大影响，而移动 CPU 和 GPU 的有效融合对于加速训练过程至关重要。

除了学术界的贡献，在工业界，许多制造商还推出许多面向边缘计算的产品。在 CPU 领域，英特尔于 2016 年收购了 Movidius。Movidius 的旗舰产品是 Myriad，该芯片专门用于处理图像和视频流，其定位为视觉处理单元(vision processing unit，VPU)。收购 Movidius 之后，英特尔将 Myriad 2 封装在 USB 拇指驱动器中，并作为神经计算棒(neural compute stick，NCS)出售。神经计算棒的一个优势是可以与 x86 和 ARM 设备一起使用，并可以轻松地将其插入 Intel NUC 或树莓派中承担人工智能推理的相关计算任务。此外，神经计算棒能够从主机设备获取电源，因此无须外部供电。

在 GPU 领域，英伟达公司是无可争议的市场领导者。英伟达已专门为边缘计算市场设计了 Jetson 系列 GPU。就可编程性而言，Jetson GPU 与其他公司的同类产品 100%兼容。与专为台式机和服务器提供的传统 GPU 相比，Jetson GPU 具有更少的内核和更低的功耗。Jetson Nano 是英伟达有史以来最便宜的 GPU 模块，包含一颗具有 128 核的 GPU，并且兼容亚马逊物联网边缘计算平台 Amazon IoT Greengrass 和微软的物联网平台 Azure IoT。

7.1.2　基于 FPGA 的解决方案

尽管基于 GPU 的解决方案已广泛应用于云计算场景中的人工智能训练和推理任务，但是由于边缘节点的计算能力和成本预算的限制，这类解决方案在一些实际场景中的可用性受限。此外，边缘节点应该一次性服务多个人工智能计算请求，这使仅使用轻量级 CPU 和 GPU 的方式难以匹配实际情况。因此，业界探索了基于 FPGA 的边缘硬件解决方案，研究、探索其在边缘智能应用中的可行性。

FPGA 是一种可以按照预期的设计对其进行"现场"编程的集成电路硬件设备。这意味着 FPGA 不仅可以用来制作微处理器、加密设备与显卡，还兼具这三种功能。顾名思义，FPGA 是支持可现场编程的。因此，不同于半导体代工厂制作芯片的方式，我们可以对用作微处理器的 FPGA 进行重新编程，使其兼具显卡的功能。在 FPGA 上运行的设计通常使用诸如 VHDL(very-high-speed integrated circuit hardware description language，超高速集成电路硬件描述语言)和 Verilog 之类的硬件描述语言来创建。与 GPU 显卡相比，FPGA 在硬件方面的灵活性使其在延迟、连接性和能效等方面具有许多优势。

Li 等[1]探索了 FPGA 在运行卷积神经网络方面的可能性，提出一个使用特定设计的 FPGA 实现一个关于在物联网设备上处理图像检测的解决方案。第一，该方案可以减少不必要的数据流动，优化训练过程中的数据访问，从而实现较高的能耗效率。第二，该方案将大规模的计算任务分解为多个并行的小规模计算任务。第三，为了降低硬件设计成本，Li 等将池函数分为两类，即最大池函数和平均池函数。其中，最大池层与卷积层可以并行计算，而卷积层计算引擎也可用于平均池层。通过这种方式，Li 等的解决方案可以加速具有任意大小卷积核的神经网络。这对于具有不同结构的卷积神经网络的处理非常受用。

为了在 FPGA 上部署递归神经网络模型，Han 等[6]在 FPGA 平台上实现了基于递归神经网络模型的语音识别任务解决方案。与基于 Core i7 5930k CPU 和 Pascal Titan X GPU 的解决方案相比，Han 等的解决方案不仅能分别提升 43 倍和 3 倍的识别速度，而且具有更高的能耗效率。具体来说，Han 等首先开发了可感知负载均衡的 LSTM 修剪模型，并实现对模型权重进行动态精确量化的自动化流程。然后，为解决模型压缩带来的不规则计算模式，Han 等设计了一种硬件结构来直接容纳稀疏模型。此外，考虑 LSTM 模型运算的调度复杂性，Han 等还在 FPGA 上开发了一种高效的调度器。

除了上述两个解决方案，Jiang 等[7]也设计了基于 FPGA 的边缘计算架构。该架构可将人工智能计算任务从移动设备"卸载"到边缘 FPGA 平台，而不是在 FPGA 平台上为人工智能模型提供适应性。在实现基于 FPGA 的边缘计算架构时，Jiang 等将无线路由器的卸载管理模块和 FPGA 的计算卸载模块组合在一起。此外，Jiang 等还使用了一些经典的视觉应用测试该架构的性能。实验结果表明，基于 FPGA 的边缘计算架构在功耗和硬件成本方面均比基于 GPU 的解决方案更具优势。

Biookaghazadeh 等[8]也总结 FPGA 的技术优势，一是 FPGA 能够保障对工作负载不敏感的吞吐量；二是 FPGA 可保证高性能、高并发的人工智能计算任务；

三是 FPGA 具有更高的能耗效率。但是，FPGA 也存在一些不足，即大多数程序员都不熟悉如何在 FPGA 上开发高效的人工智能算法。尽管诸如 Xilinx SDSoC 之类的工具可以大幅降低开发难度，但至少到目前，开发者仍然需要做许多其他的额外工作，才能将面向 GPU 编程的先进人工智能模型移植到 FPGA 平台中。如表 7-1 所示，FPGA 架构和 CPU / GPU 架构各有优劣，究竟 FPGA 架构和 CPU / GPU 架构哪个架构更适合边缘计算场景，现在还无法下定论。

表 7-1　边缘硬件解决方案对比

评价指标	优势硬件平台	不同硬件对比分析
计算资源、负载	FPGA	FPGA 可通过定制设计对相关的计算资源分配进行优化
深度学习模型的训练效果	GPU	GPU 硬件的浮点数计算能力强于其他平台
深度学习模型的推理效果	FPGA	FPGA 可以针对一些深度学习模型定制专有的硬件结构
接口弹性	FPGA	在 FPGA 上进行相关接口的开发更加自由灵活
空间占用	CPU / FPGA	FPGA 功耗低，占用空间小
兼容性	CPU / GPU	CPU 和 GPU 架构更加稳定
开发难易程度	CPU / GPU	丰富的开发工具和软件库使在 CPU 和 GPU 进行开发更加容易
能耗效率	FPGA	使用定制的结构可优化能耗
并发支持性	FPGA	FPGA 适用于流式处理
计算效率	FPGA	FPGA 上处理相同任务可以比 GPU 快一个数量级

7.1.3　基于 TPU 的解决方案

近年来，Google 公司推出 Edge TPU，以及一系列相关解决方案。这是一种在边缘侧部署人工智能应用的硬件探索。通过在边缘侧执行已训练模型的推理任务，Edge TPU 扩展了 Cloud TPU 的可用性。根据 Google 的介绍，Edge TPU 是专用于边缘侧，运行人工智能任务的专用芯片。在较小的内存占用空间和较低的功耗开销基础上，Edge TPU 可以保证高性能计算，使边缘侧部署高精度的人工智能服务更加便利。Edge TPU 这类专用解决方案可被用于许多新兴的人工智能应用，如异常检测、计算机视觉、智能机器人与语音识别等。

通过将普通的 TensorFlow 模型转换为与边缘设备兼容的 TensorFlow Lite 模型，边缘智能开发者可以优化其在 Edge TPU 上的执行效率。Google 制作了一个可在网页上运行的命令行工具,它可以将现有的 TensorFlow 模型转换为可在 Edge TPU 上运行的模型。与英伟达和英特尔的边缘平台不同,Edge TPU 不支持在边缘设备上运行除 TensorFlow 之外的模型。Google 正在建立一个自动化管道,该管道可以简化将云节点中的训练模型部署到 Edge TPU 上所涉及的所有工作流程。Cloud AutoML Vision 就是用于自动化训练卷积神经网络的运行环境,同时支持将模型导出为专为 Edge TPU 优化的 TensorFlow Lite 格式。这是目前可用于将云中的模型部署到边缘侧的最为便捷的自动化解决方案之一。

随着人工智能服务日益成为边缘计算应用增长的主要驱动力,硬件加速器和软件平台的组合优化对于实现边缘智能也越发重要。如果既有强大的边缘人工智能芯片,也有经过定制优化过的人工智能边缘平台,现有的人工智能训练和推理方式就会发生巨大变化。相信在不久的将来,随着硬件的不断升级,越来越多的人工智能应用与服务将能够在边缘侧运行,并用其"智慧"改善人们的生活。

7.2　智慧边缘的数据分析

众所周知,数据是人工智能模型训练和推理的重要组成部分。海量、可靠且高质的数据可以帮助人工智能模型更快、更好地训练。同时,快速有效的边缘侧数据处理架构和算法可以帮助人工智能模型实现快速而准确的推理,从而支持更多实时人工智能应用。但是,随着数据量的剧增,尤其是在特定实时边缘应用场景中,仅使用普通方法将数据发送到人工智能模型是与现实情况不匹配。因此,可利用高效的定制化大数据方法来边缘智能平台的能力。

7.2.1　边缘数据处理的需求和挑战

通常来说,需要在边缘侧进行处理的数据具有以下特征。

(1) 数据量大且产生速率快。随着物联网设备数量的增加,使用物联网设备采集的数据来赋能智慧应用已不是难题。但是,现存的问题在于,边缘侧的数据量过多,边缘侧难以及时"消化"这些数据。据估计,世界上总计约有超过 500 亿个设备已连接到网络中,并生成超过 400ZB 的数据,其中 70%的数据需要在边缘侧进行处理。

(2) 无用数据过多。据思科预估,在物联网技术的推动下,2021 年产生了约 847ZB 数据。然而,在这些数据中,真正有用的数据只有 85ZB,仅占总数据量的约 10%。可见,目前的云计算架构难以处理如此海量的数据。

(3) 部分数据的处理时延有严格要求。例如,为可穿戴式摄像机提供的视频服务的延迟需要保证在 25~50ms;在某些工业场景中,如系统监视、控制和执行,都要求系统能够在 10ms[9] 之内进行响应反馈。诸如自动驾驶仪、无人机、智能家居与 AR/VR 等现代智能应用的兴起虽增加了边缘计算服务的多样性，但同时也要求边缘计算体系结构能够满足和支撑数据处理的各种需求。

7.2.2　大数据与边缘数据处理

为了充分利用数据并挖掘有用信息，可以将面向边缘智能的数据处理技术与成熟的大数据技术相结合，即以融合人工智能算法的边缘数据架构形式，缓解大数据处理场景中的时延问题[10]，改善数据收集的过程，并提供数据过滤与实时数据处理的新特性。虽然基于云计算的大数据分析方法现已展现出优越性能，云计算平台能获取到的数据价值也越来越高，但是海量的物联网设备正在不断地产生数量惊人的数据，而这些数据并非都是必需的。例如，在利用监控设备进行人口普查的任务中，如果基于传统云计算模式进行相关数据分析，物联网摄像机必须收集视频数据，并将其发送到云服务器，然后由云服务器提取需要的人脸信息。这些过程将产生巨大的网络通信开销。

不过，在基于边缘计算的解决方案中，连接到摄像机的微型边缘服务器可以自动抽取人口统计信息，并将其发送到云端进行存储和处理。这种只为云端提供有用信息的工作方式可大幅减少所需传输的数据量，并压减通信开销。同样，物联网传感器并不需要每秒发送一次测量结果到云端。通过在本地存储数据并且以在一段时间内取平均值的方式，不仅可以减少数据的噪声，还能过滤原始数据，提供有用且相关的信息。最重要的是，在当今人们关心数据安全性和隐私性的时代，边缘计算可以提供一种负责任且安全的方式来收集数据。在人口信息统计的任务中，与隐私相关的视频或面部数据不会被发送到服务器。可见，边缘计算设备可以从原始数据中过滤出必要的信息进行传输，而其他与隐私相关的数据则不会被传输。这种方式可有效减少用户隐私泄露的风险。

边缘人工智能算法也可以用于实时大数据分析。例如，借助面部识别和人口统计信息，零售商店可以自定义数字显示屏，显示特定用户感兴趣的商品。将原始视频流发送到云端进行处理，然后将云端计算得的相关信息返回的方式尤为耗时。在边缘计算架构下，边缘侧设备可以直接解码人员的人口统计信息，然后在短时间内精准地显示用户所需的商品。不仅如此，边缘侧的智能设备还可以不断监视生产线的状态并采取适当的作业决策，降低生产线的损耗成本，在出故障时还能及时发送警报并切换备份系统。基于边缘计算技术，边缘侧设备能够自主做出实时决策，而这些决策不需要依赖高速且稳定的网络与云端通信。

7.2.3 边缘数据处理体系结构

目前，边缘侧的数据处理体系结构可分为两种类型，即"边边"协作和"边云"协作。边边协作的体系结构使用边缘设备或小型边缘集群进行数据处理。Chao等[11]提出的 F-MStorm 可以通过增强边缘设备的流数据处理能力实现边缘侧数据处理。由于 F-MStorm 支持直接在本地移动设备处理数据，流数据实时处理能力可以得到保障。同时，F-MStorm 还支持动态配置和边缘资源调度。Das 等[12]也给出解决方案 Seagull，通过将小型本地服务器连接在一起，使它们协同工作。同时，Bharath 等为 Seagull 设计了相应的调度算法和策略，使其可以根据节点与传感器数据源的距离，以及节点可以承担的处理量，适当地给不同节点分配不同量的任务。此外，基于边云协同的体系结构能将边缘设备或集群与云数据中心结合在一起，使提供统一的操作环境来协同处理流数据成为可能。例如，Sajjad 等[13]提出SpanEdge，通过联合优化云和边缘节点的地理分布来减少网络传输延迟。同时，为了进一步加快数据的处理和共享过程，一些研究人员也致力于将计算任务映射到合适的物理节点。

7.3　边缘智能的通信和计算方式

虽然通过在终端设备间进行人工智能计算任务的优化调度，可以满足轻量级人工智能服务的需求，但是独立的终端设备仍然无法承担资源开销巨大的人工智能计算任务。通过云-边-端协同计算架构，我们可以将一些终端设备上的人工智能计算任务卸载到边、云侧来解决算力不足的问题。在边缘架构的支持下，以人工智能任务为中心的边缘节点成为云计算基础架构的重要扩展，从而实现在边缘侧处理大量人工智能任务的目的[14-32]。如图 7-1 所示，本节对边缘智能的四种架构模式进行分类。同时，本节在表 7-2～表 7-5 中分别总结关于完全卸载、部分卸载、纵向协作与横向协作的主要相关研究工作。

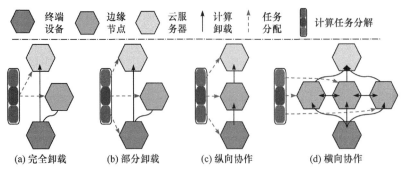

图 7-1　边缘智能的四种架构模式

表 7-2　完全卸载

文献	深度学习模型	端/边/云	通信模式	依赖库	优化目标	架构表现
[14]	YOLO	Samsung Galaxy S7/4 核服务器，CPU 频率 2.7GHz，搭配 GTX970 和 8GB 内存/无	模拟 WLAN 和 LAN	TensorFlow、Darknet	根据模型精度、视频质量、电池限制、网络数据使用和网络条件之间的复杂相互作用，来制定最优卸载策略	可实现每秒 15 帧的视频分析能力，同时具有比一些基准方法更高的准确性
[15]	—	虚拟设备/Cloudlet/无	—	—	优化在 Cloudlet 上托管的多个虚拟机间的任务分配权重	—
[17]	Detect-Net、FaceNet	摄像头/配置有 Intel-i7-6700，GTX 1060 和 24GB 内存的服务器/无	WiFi	TensorRT、ParaDrop、Kurento	使用 EdgeEye 接口（而不是使用特定深度学习框架的接口）将实时视频分析任务卸载到边缘，以提供更高的推理性能	—

表 7-3　部分卸载

文献	深度学习模型	端/边/云	通信模式	依赖库	优化目标	架构表现
[19]	MbileNet、GoogLeNet、DeepSense 等	智能手表/Android 智能手机/无	蓝牙	Tensor Flow	基于上下文的计算卸载、模型划分与计算流处理等，可以充分利用边缘设备的处理能力	与其他一些智能设备相比，任务执行速度提高 5.08 倍和 23 倍，同时分别节约 53.5% 和 85.5% 的能耗
[20]	AlexNet	嵌入式开发板 XU4/4 核服务器，配备 3.6 GHz CPU、GTX1080Ti 与 32G 内存/无	WLAN	Caffe	对神经网络进行分割并逐步上传各个分割块，使模型可以在端、边(或云)之间协同执行，从而提高查询性能，并降低能耗	可实现与将模型整体上传几乎相同的上传延迟，同时大幅缩短查询执行时间

表 7-4　纵向协同

文献	深度学习模型	端/边/云	通信模式	依赖库	优化目标	架构表现
[23]	CNN、LSTM	Google Nexus 9/服务器配备 4 核 CPU、16G 内存/三台主机配备 i7-6850KCPU 和双 GTX1080-Ti 显卡	WLAN 和 LAN	Apache Spark、TensorFlow	在边缘侧进行数据预处理和初步学习，减少网络流量，从而减少在云端的运算量	达到 90% 的精度的同时，减少算法执行时间，降低数据传输的负担

续表

文献	深度学习模型	端/边/云	通信模式	依赖库	优化目标	架构表现
[24]	AlexNet、VGG、Deepface、MNIST、Kaldi、SENNA	Jetson TK1 移动平台/服务器配置双 Interl Xeon E5 芯片，NVIDIA Tesla K40GPU 和 256GB 内存/无	WiFi、LTE、3G	Caffe	适应各种深度学习架构，硬件平台，无线连接和服务器负载状况，并选择模型的最优分割点以实现最低延迟和最优能耗	将端到端推理速度平均提升 3.1 倍，部分情况下最多提升 40.7 倍，将移动能耗平均降低 59.5%，最高降低 94.7%，并将数据中心吞吐量平均提高 1.5 倍，最高可达 6.7 倍
[25]	BranchyNet	—	—	—	最小化设备的通信和资源消耗，同时允许通过早退进行低延迟应用分类	将通信成本降低 20 倍以上，同时达到 95% 的整体精度
[26]	FasterR-CNN	小米 6/服务端配置 i7 6700CPU，GTX980Ti 显卡与 32GB 内存/工作站配备 E5-2683 V3 芯片，4 个 GTX TitanXp 与 128G 内存	WLAN 和 LAN	—	通过终端，边缘设备和云端之间的交互，实现高效的无线通信条件下的对象检测	在 60% 的图像压缩率下仅损失 2.5% 的检测精度，同时显著提高图像的传送效率
[27]	AlexNet、Deep-Face、VGG16	10 个模拟相机的 Azure 节点/2 个 Azure 节点/12 个 Azure 节点	模拟网络	—	引入评价关键指标，以达到调用资源和模型准确性之间的最优权衡	与 VideoStorm 相比，准确性提高 5.4 倍，仅损失 6% 的模型精度

表 7-5　横向协同

文献	深度学习模型	端/边/云	通信模式	依赖库	优化目标	架构表现
[28]	VGG16	多个 LG Nexus 5/无/无	WLAN	MXNet	将已训练的深度学习模型分割后发送到几个移动设备上，从而减少设备的计算开销并加速深度学习模型的计算	当辅助节点的数量从 2 增加到 4 时，可将深度学习计算速度提高 2.17～4.28 倍
[29]	VGGNetE、AlexNet	Xilinx Virtex-7 FPGA 模拟终端/无/无	芯片模拟	Torch、Vivado HLS	融合多个卷积神经网络层的计算，并将中间结果缓存，以节省不必要的计算开销	降低 95% 的数据传输量，从每张图像需传送 77 MB 降低到仅传送 3.6 MB

续表

文献	深度学习模型	端/边/云	通信模式	依赖库	优化目标	架构表现
[30]	YOLOv2	树莓派/树莓派/无	WLAN	Darknet	使用具备可伸缩性的卷积神经网络分割算法，以减少内存占用，同时提高计算并行性；搭配任务调度算法可有效降低系统延迟	在不牺牲精度的情况下将内存占用减少68%以上，将吞吐量提高1.7～2.2倍，将卷积神经网络推理速度提高1.7～3.5倍
[31]	AlexNet	多个LG G2/与Linux服务器相连的无线路由器/无	WLAN和LAN	AndroidCaffe、OpenCV、EdgeBoxes	协调多个移动设备来一同训练一个特定的识别模型，以提高模型识别精度	与仅使用通用深度学习模型实现的目标识别模型相比，将目标识别精度提高150%
[32]	OpenALPR	树莓派/4核、4GB内存的服务器/无	WLAN和LAN	Docker、Redis	设计任务分配算法来促进边缘节点间的协作，以优化服务响应时间	与在本地运行相关任务相比，响应延迟可降低25%～77%

7.3.1　完全卸载

如图 7-1(a)所示，最简单的人工智能计算卸载方式与当前的云计算方式类似，终端设备将计算请求发送到云端，并等待云端返回推断结果。这种实现方式可以规避对人工智能任务进行分解与资源组合优化等一系列烦琐工作。虽然会带来一定的计算开销与调度时延，但是工程实现成本也最少。Ran 等[14]提出分布式架构 DeepDecision，将功能强大的边缘节点与功能较弱的终端设备有机地组合在一起。在 DeepDecision 中，人工智能推理任务可以在终端设备或边缘节点上执行，而在哪个节点执行哪些任务需要在推理精度、推理延迟、人工智能模型大小、设备续航能力和网络条件之间进行权衡。基于这样的权衡，终端设备可以决策该将任务卸载到哪个节点执行。

此外，与云端相比，由于边缘节点通常资源有限，因此也不应忽略边缘节点之间的工作负载优化。为了在有限的资源下满足人工智能任务的执行延迟和功耗开销需求，可以为不同配置的边缘节点提供不同大小和性能的人工智能模型来完成一种任务。将运行不同人工智能模型的虚拟机(或容器)安排在不同的节点上，就可以满足不同需求的人工智能服务请求。以这种方式，当有一些计算复杂度较低的任务需要执行时，它就可以被安排到计算能力较弱的节点，而非占用计算能力较强的节点。Zhang 等[15]提出的多算法服务模型，就是通过优化虚拟机的工作负载分配，减少能耗成本和执行延迟，并保证人工智能推理的准确性。考虑网络原因，在任务卸载的过程中一些任务可能执行失败，Qu 等[16]在鲁棒卸载调度研究中建模了面向任务执行失败状态下的任务卸载过程，并基于此提出具备鲁棒性的任务卸载算法。

7.3.2　部分卸载

7.3.1 节讨论了完全卸载策略。如图 7-1(b)所示的部分卸载策略同样能取得不错的效果。基于部分卸载策略，我们可以对计算任务进行细粒度划分。基于这样细粒度的划分，我们又可以进一步将不同的任务优化分配给不同节点。基于这种思路，Cuervo 等[18]设计了能量感知卸载架构，能够自适应地评估不同计算任务的计算复杂度，并在特定的网络条件下优化任务分配策略，降低边缘设备的能耗开销。更重要的是，MAUI 可以在运行时自动分解任务，而无须在部署任务之前手动划分任务。

此外，Xu 等[19]提出的 DeepWear 可以将人工智能计算任务抽象为有向无环图(directed acyclic graph，DAG)。其中，DAG 中的每个节点代表一个层，每条边代表其中的数据流。为了更高效地进行部分卸载，DeepWear 首先通过仅保留计算密集型节点的方式来修剪 DAG，然后对重复的子 DAG 进行分组。以这种方式，DeepWear 可以将复杂的 DAG 转换为线性且简单得多的 DAG，从而实现线性复杂度下的最优任务分配。

将一部分人工智能模型上传到边缘节点仍然会带来一定的延迟。一些研究人员指出，在边缘节点上预先安装人工智能模型处理来自终端设备的各种请求是不现实的，而将所有人工智能模型都安装在每个边缘节点更是与实际不符。同时，由于设备的移动性，也很难确定在执行任务时要将任务分配到哪个边缘节点。因此，当未预先安装人工智能模型时，终端设备应首先将其人工智能模型上传到边缘节点。遗憾的是，若模型的上传时间过长，就会大幅增加卸载情形中人工智能任务的整体完成延迟。

为了解决这一问题，Jeong 等[20]提出增量卸载的解决方案 IONN。IONN 与那些需要打包上传全部所需运行的人工智能模型的架构不同，它先将准备上传的人工智能模型划分成不同的部分，然后按顺序将它们上传到边缘节点。在每个模型到达时，接收模型的边缘节点逐步还原人工智能模型，同时，甚至可以在整个人工智能模型上传完毕之前执行已卸载的部分人工智能任务。Jeong 等把关注重点放在人工智能模型分割与上传排序上，一方面，高价值且空间占用较小的神经网络层优先上传，这样可以快速地在边缘节点上构建初始模型；另一方面，一些没有价值的中间层会被丢弃，从而减少网络通信开销。

除了向边缘节点卸载任务，终端设备还可以将运算能力充足的其他终端设备作为任务卸载的对象。例如，智能手表可将无法执行的任务卸载到智能手机或平台上执行，这样还可以进一步节省将任务传输到基站的时延。为此，Saleem 等[21]

提出 JPORA。JPORA 将边缘节点与其他终端设备都视为任务卸载的对象,同时终端设备自身也会承担一部分计算任务。这种方式既能进一步减少任务完成的时延,也能避免边缘节点处的任务堆积。

7.3.3　纵向协同

边端协同架构一般只适用于小规模的边缘侧计算任务迁移场景。当要处理很多请求时,单凭一个边缘节点显然无法满足任务卸载需求。这时,便可以利用云-边-端协同方式处理海量的人工智能计算任务请求。

一个直观的协作方式是,当有人工智能计算任务需要被卸载时,边缘节点负责进行数据收集、预处理、端与云的通信,并进行初步的模型训练[22]。然后,边缘节点将获取的中间数据与模型传输到云端进一步处理与推理[23]。此外,还可以基于神经网络的层级结构来挖掘更深层次的纵向协作。据此,Kang 等[24]设计了 Neurosurgeon,根据数据和计算的特性,在终端设备和边缘节点上对神经网络的各网络层进行配置,构建层级预测模型。基于预测模型的性质、无线网络状态、节点的负载水平、节点的时延与能耗特性等因素,Neurosurgeon 可自适应地划分人工智能模型,并将划分后的模型依据策略分配到最适合它们的节点上。

凭借推理早退机制,我们还可以构建高效的纵向协同计算架构,不仅可以将分割后的神经网络模型映射到端、边、云上,还可以利用预训练模型优化模型的初始化过程[25]。基于这种架构,终端设备和边缘节点都可以独立执行一部分人工智能推理任务,而不用每次都向云卸载任务。这种在推理后直接输出结果的方式,可以实时为终端设备反馈人工智能任务的执行结果,而无需将任何数据信息发送到云。同时,直接返回本地推理的模型结果也可以避免将原始数据上云。此外,对于一些需要更为准确的模型推理结果的场景,端和云可根据权衡结果进行协作,从而满足所需的精度与效果。这种解决方案还有一个优点,即对于一些特定的场景(如实时视频监控),它们的中间传输架构已经过精心设计,所需传输的数据大小通常远小于原始数据大小。这也会大幅减少云-边-端之间的网络通信开销。

纵向协作方式可以视为传统云计算模式的一种扩展。与单点的边端协作策略相比,由于需要与云额外通信,纵向协作策略可能带来较高延迟。不过,它也有独特的优势,当边缘自身无法承受大量涌入的人工智能任务时,可与云协作并向云卸载部分计算任务,从而确保这些任务可被有效处理;原始数据在被传输到云之前必须在边缘侧进行预处理。这样可以大幅减少中间传输的数据量,从而减轻骨干网压力。

7.3.4　横向协同

7.3.3 节讨论了纵向协作方式。但是,边、端设备也可以在没有云存在的情况下紧密协作，以满足人工智能计算需求，即本节所述的横向协同方式。通过这种方式，可以将已训练的神经网络模型进行分割，并分配给多个终端设备或边缘节点，以此减轻每个终端设备或边缘节点的计算压力，从而达到加速人工智能计算的效果。Mao 等[28]提出的 MoDNN 就是以这种方式在 WLAN 中实现人工智能计算任务的分布式执行。在 MoDNN 解决方案中，神经网络的每一层都可以分割为多个切片，提高并行度并减少内存占用。这种多个终端设备并行执行任务的方式，可以显著加速人工智能计算。

对于特定的神经网络结构(如卷积神经网络)，我们还可以执行更为精细的划分，从而支持更为高效的计算并行，实现更低的内存负载与通信负载占用[29]。Zhao 等[30]提出一种能够将卷积神经网络拆分为独立可分配的融合切片分割(fused tile partitioning，FTP)解决方案。与对神经网络按层进行划分的解决方案相比，FTP 可以融合神经网络中的层，通过网格方式对它们进行垂直划分。基于这种方式，无论参与划分的端、边设备的数量有多少，FTP 都可将参与设备所需的内存占用降至最低，并减少任务卸载的通信成本。此外，为了支持 FTP，Zhao 等[30]还设计了任务偷取策略，即空闲设备可以主动从活跃设备中偷取任务。这种基于 FTP 进行任务划分并执行自适应任务分配的方法，可实现参与设备间的负载均衡[31,32]。

7.4　面向人工智能的边缘定制框架

目前，人工智能所需的算力和能耗需求与现有边缘硬件的能力[33]之间还存在一定的差距。使用定制的边缘智能服务框架有助于缩小这一差距，一是定制化的框架可以更有效地匹配边缘软硬件平台和人工智能模型；二是定制化的框架可以最大限度地发挥底层硬件的潜力；三是定制化的框架可以自动编排并监控人工智能服务的运行状态。在定制化的人工智能服务架构中，首先应确定的是人工智能服务在边缘计算架构中的位置。Polese 等[34]引入部署在边缘节点上的无线接入网络控制器，收集数据并运行人工智能服务，同时云端的网络控制器负责协调无线接入网络控制器的运行。以这种方式，整个系统架构就可以分析原始数据，并提取人工智能模型所需的相关指标，最终为网络边缘侧的用户提供人工智能服务。

由于人工智能模型的部署环境和要求可能与模型开发过程存在较大差异，因此在使用(Py)Torch、TensorFlow 等依赖库开发人工智能模型时，开发者设计的自定义运算符可能无法直接执行。为了弥补这类运行环境的差异，Lai 等[35]指出，应当在开发边缘应用时直接使用与部署环境相同的开发环境与工具。此外，为了优化人工智能模型的部署，ALOHA[36]制定了一个工具化流程。第一是自动化模型设计，即通过考虑目标任务、约束集和任务结构等特性匹配最优模型配置。第二是优化模型配置，即对人工智能模型进行分割，并通过构建推理任务和可用资源间的映射来优化模型分配。第三是自动进行模型移植，将原始信息转换为在目标体系结构中可被传输的信息，使模型与数据的迁移更为便利。

还有一个需要解决的问题是，如何编排部署在边缘侧的各种人工智能模型？OpenEI[37]将每种人工智能算法定义为四元素元组<Accuracy，Latency，Energy，Memory Footprint>，并评估目标硬件平台的能力。基于此元组，OpenEI 可以面向不同的边缘智能服务功能，以在线方式为特定任务的边缘计算平台选择匹配的模型。另外，Zhao 等[38]提出 Zoo。Zoo 是一个简洁的、面向特定领域的语言(domain-specific language，DSL)。基于 Zoo，开发者可以轻松地组合开发出人工智能服务。此外，为了扩大边缘计算平台的可服务范围，Nisha 等[39]提出边云编排方案。其使用基于图的覆盖网络方法建模模型之间的关联关系，然后根据任务复杂度与性质差异把它们映射到不同的节点。这种方式可以按需分配人工智能计算任务，节省管理成本和提高性能，同时还支持更加多变与异构的复杂应用场景。尽管如此，这些开拓性的工作仍无法彻底解决构建边缘智能面临的所有挑战。计算卸载和协作这些功能还有待进一步的强化与实现。

7.5　智能边缘的性能评估

在选择适当的边缘硬件和设计相关软件系统，部署各种边缘智能服务的整个过程中，如何评估其性能也是重要的一环。公平且客观的评估方法可以指出系统的改进方向，从而引导开发者去有目的的优化相关软硬件。Zhang 等[40]指出，可以通过在资源受限的边缘设备上批量执行特定人工智能推理任务来评估性能，具体的评价指标有执行延迟、内存占用和能耗开销等。此外，AI Benchmark[41]支持在配置有不同 CPU 或 GPU 的安卓智能手机等终端设备上测试服务性能。AI Benchmark 提供的公开测试集可以让开发者更为便捷地测试不同配置下人工智能服务的性能表现。实验结果表明，没有任何一个人工智能算法或硬件平台能够完全胜过其他竞争者。此外，加载人工智能模型可能比执行它花费更多的时间。这些发现表明，业界仍有机会与潜力去进一步推动边缘硬件、边缘系统和人工智能算法库的融合。就目前而言，由于缺少用于边缘智能的标准测试平台，面向边缘智能的服务架构的研究在一定程度上受到阻碍。为了评估边缘智能服务的性能，我们不能只考虑边缘节点与终端设备的连接，而应考虑云、边、端的联合优化。这样的评估才可以与广泛的应用场景更为贴合，如 OpenLEON[42]和 CAVBench[43]等专门面向车辆监控场景的评估测试方案。此外，目前业界仍缺少管理人工智能服务的平台。未来，业界还需要建立一个集无线网络模型、服务请求仿真、边缘计算平台、云计算平台等为一体的集成测试床。这样，头部开发者才能从全局角度把握整个边缘智能服务平台的设想，并推动边缘智能产业的发展。

7.6 本 章 小 结

总的来说，随着工业互联网的发展，以及众多人工智能服务的落地，未来的边缘计算系统将从硬件、算法与架构等层面不断推进创新，越来越多的定制化边缘计算平台将会出现并支撑各种各样的人工智能服务。边缘硬件设备也将从原有的通用化、高功耗、低效率的通用处理器逐渐转向专用化、低功耗、高效的专用处理器。另外，边缘侧的任务调度算法将由原本的串行化、低智能、高时延特性转向并行化、高智能、低时延，而边缘计算架构则由原本的单一化、低效化系统逐步转向协作化、模块化。在这个转变过程，边缘计算社区会遇到许多挑战，包括现有人工智能服务能否兼容新硬件设备、数据处理算法能否应对海量数据、新的边缘计算架构能否稳定运行，以及如何对边缘智能平台进行管理与评估等。上述这些问题与挑战仍需要相关从业者不断地去研究与探索。

参 考 文 献

[1] Du L, Du Y, Li Y, et al. A reconfigurable streaming deep convolutional neural network accelerator for internet of things. IEEE Transactions on Circuits and Systems, 2018, 65(1): 198-208.

[2] Simonyan K, Zisserman A. Very deep convolutional networks for large-scale image recognition// International Conference on Learning Representations, 2015: 71-83.

[3] Huynh L N, Lee Y, Balan R K. DeepMon: Mobile GPU-based deep learning framework for continuous vision applications// Annual International Conference on Mobile Systems, Applications, and Services, New York, 2017: 82-95.

[4] Chen Y, Biookaghazadeh S, Zhao M. Exploring the capabilities of mobile devices supporting deep learning// International Symposium on High-Performance Parallel and Distributed Computing, Tempe, 2018: 17-18.

[5] Venkatesan R, Li B. Diving deeper into mentee networks. https://arxiv.org/1604.08220[2016-04-27].

[6] Han S, Wang Y, Yang H, et al. ESE: Efficient speech recognition engine with sparse LSTM on FPGA// ACM/SIGDA International Symposium on Field-Programmable Gate Arrays, Monterey, 2017: 75-84.

[7] Jiang S, He D, Yang C, et al. Accelerating mobile applications at the network edge with software-programmable FPGAs// IEEE Conference on Computer Communications, Honolulu, 2018: 55-62.

[8] Biookaghazadeh S, Zhao M, Ren F. Are FPGAs suitable for edge computing// USENIX Workshop on Hot Topics in Edge Computing, Boston, 2018: 1-8.

[9] Agarwal S, Philipose M, Bahl V. Vision: The case for cellular small cells for cloudlets// International Workshop on Mobile Cloud Computing & Services, Bretton Woods, 2014: 1-5.

[10] Sankaranarayanan S, Rodrigues J J, Sugumaran V, et al. Data flow and distributed deep neural

network based low latency IoT-edge computation model for big data environment. Engineering Applications of Artificial Intelligence, 2020, 94: 103785.

[11] Chao M, Yang C, Zeng Y, et al. F-Mstorm: Feedback-based online distributed mobile stream processing// IEEE/ACM Symposium on Edge Computing, Seattle, 2018: 273-285.

[12] Das R B, Di Bernardo G, Bal H. Large scale stream analytics using a resource-constrained edge// IEEE International Conference on Edge Computing, San Francisco, 2018: 135-139.

[13] Sajjad H P, Danniswara K, Al-Shishtawy A, et al. SpanEdge: Towards unifying stream processing over central and near-the-edge data centers// IEEE/ACM Symposium on Edge Computing, Washington, 2016: 168-178.

[14] Ran X, Chen H, Zhu X, et al. DeepDecision: A mobile deep learning framework for edge video analytics// IEEE Conference on Computer Communications, Honolulu, 2018: 1421-1429.

[15] Zhang W, Zhang Z, Zeadally S, et al. MASM: A multiple-algorithm service model for energy-delay optimization in edge artificial intelligence. IEEE Transactions on Industrial Informatics, 2019, 15(7): 4216-4224.

[16] Qu Y, Dai H, Wu F, et al. Robust offloading scheduling for mobile edge computing. IEEE Transactions on Mobile Computing, 2020, 21(7): 2581-2595.

[17] Liu P, Qi B, Banerjee S. EdgeEye: An edge service framework for real-time intelligent video analytics// International Workshop on Edge Systems, Analytics and Networking, Munich, 2018: 1-6.

[18] Cuervo E, Balasubramanian A, Cho D K, et al. MAUI: Making smartphones last longer with code offload// International Conference on Mobile Systems, Applications, and Services, San Francisco, 2010: 49-62.

[19] Xu M, Qian F, Zhu M, et al. DeepWear: Adaptive local offloading for on-wearable deep learning. IEEE Transactions on Mobile Computing, 2020, 19(2): 314-330.

[20] Jeong H J, Lee H J, Shin C H, et al. IONN: Incremental offloading of neural network computations from mobile devices to edge servers// ACM Symposium on Cloud Computing, Carlsbad, 2018: 401-411.

[21] Saleem U, Liu Y, Jangsher S, et al. Latency minimization for D2D-enabled partial computation offloading in mobile edge computing. IEEE Transactions on Vehicular Technology, 2020, 69(4): 4472-4486.

[22] Aazam M, Islam S U, Lone S T, et al. Cloud of things (CoT): Cloud-fog-IoT task offloading for sustainable internet of things. IEEE Transactions on Sustainable Computing, 2022, 7(1): 87-98.

[23] Huang Y, Ma X, Fan X, et al. When deep learning meets edge computing// International Conference on Network Protocols, Toronto, 2017: 1-2.

[24] Kang Y, Hauswald J, Gao C, et al. Neurosurgeon: Collaborative intelligence between the cloud and mobile edge// ACM SIGARCH Computer Architecture News, Xi'an, 2017: 615-629.

[25] Teerapittayanon S, Mcdanel B, Kung H T. Distributed deep neural networks over the cloud, the edge and end devices// International Conference on Distributed Computing Systems, Atlanta, 2017: 328-339.

[26] Ren J, Guo Y, Zhang D, et al. Distributed and efficient object detection in edge computing: Challenges and solutions. IEEE Network, 2018, 32(6): 137-143.

[27] Hung C C, Ananthanarayanan G, Bodik P, et al. VideoEdge: Processing camera streams using

hierarchical clusters// IEEE/ACM Symposium on Edge Computing, Seattle, 2018: 115-131.

[28] Mao J, Chen X, Nixon K W, et al. MoDNN: Local distributed mobile computing system for deep neural network// Design, Automation & Test in Europe Conference & Exhibition, Lausanne, 2017: 1396-1401.

[29] Alwani M, Chen H, Ferdman M, et al. Fused-layer CNN accelerators// IEEE/ACM International Symposium on Microarchitecture, 2016: 1-12.

[30] Zhao Z, Barijough K M, Gerstlauer A. DeepThings: Distributed adaptive deep learning inference on resource-constrained iot edge clusters. IEEE Transactions on Computer-Aided Design of Integrated Circuits and Systems, 2018, 37(11): 2348-2359.

[31] Li D, Salonidis T, Desai N V, et al. DeepCham: Collaborative edge-mediated adaptive deep learning for mobile object recognition// ACM/IEEE Symposium on Edge Computing, Taipei, 2016: 1-12.

[32] Yi S, Hao Z, Zhang Q, et al. LAVEA: Latency-aware video analytics on edge computing platform// ACM/IEEE Symposium on Edge Computing, Atlanta, 2017: 2573-2574.

[33] Xu X, Ding Y, Hu S X, et al. Scaling for edge inference of deep neural networks. Nature Electronics, 2018, 1(4): 216-222.

[34] Polese M, Jana R, Kounev V, et al. Machine learning at the edge: A data-driven architecture with applications to 5G cellular networks. IEEE Transactions on Mobile Computing, 2021, 20(12): 3367-3382.

[35] Lai L, Suda N. Rethinking machine learning development and deployment for edge devices. https://arxiv.org/abs/1806.07846[2018-05-07].

[36] Meloni P, Loi D, Deriu G, et al. ALOHA: An architectural-aware framework for deep learning at the edge// Workshop on INTelligent Embedded Systems Architectures and Applications, Turin, 2018: 19-26.

[37] Zhang X, Wang Y, Lu S, et al. OpenEI: An open framework for edge intelligence// ACM/IEEE Symposium on Edge Computing, Dallas, 2019: 1840-1851.

[38] Zhao J, Tiplea T, Mortier R, et al. Data analytics service composition and deployment on IoT devices// International Conference on Mobile Systems, Applications, and Services, Munich, 2018: 502-504.

[39] Nisha T, Swaminathan S, Vinay S, et al. ECO: Harmonizing edge and cloud with ml/dl orchestration// Workshop on Hot Topics in Edge Computing, Boston, 2018: 1-7.

[40] Zhang X, Wang Y, Shi W. PCAMP: Performance comparison of machine learning packages on the edges// Workshop on Hot Topics in Edge Computing, Boston, 2018: 1-6.

[41] Ignatov A, Timofte R, Chou W, et al. AI benchmark: Running deep neural networks on android smartphones// European Conference on Computer Vision Workshops, Munich, 2018: 288-314.

[42] Andrés Ramiro C, Fiandrino C, Blanco Pizarro A, et al. OpenLEON: An end-to-end emulator from the edge data center to the mobile users carlos// International Workshop on Wireless Network Testbeds, Experimental Evaluation & Characterization, New Delhi, 2018: 19-27.

[43] Wang Y, Liu S, Wu X, et al. CAVBench: A benchmark suite for connected and autonomous vehicles// IEEE/ACM Symposium on Edge Computing, Seattle, 2018: 30-42.

第8章 面向优化边缘的人工智能算法

深度神经网络可以提取潜在的数据特征，而深度强化学习可以通过与环境交互来学习如何决策。因此，边缘节点的计算和存储能力及其与云的协作使利用深度学习优化边缘侧的网络和系统成为可能。具体的，对于各种边缘侧调度问题，如边缘缓存、卸载、通信与安全保护等，深度神经网络一是可以处理边缘侧的用户信息和数据指标，并感知无线环境和边缘节点的状态；二是可以应用深度强化学习来学习长期最(较)优的资源管理和任务调度策略，从而实现对边缘的智能管理，即智慧边缘。

8.1 人工智能驱动的自适应边缘缓存

各种类型的智能终端设备的兴起带动了诸如多媒体应用程序、移动游戏和社交网络应用程序等服务的快速发展。尽管这种趋势给网络体系结构带来越来越大的流量传输压力，但是也带来一个有趣的"发现"，即同一区域中的设备经常多次请求相同的内容。这一发现启发了研究人员考虑使用内容缓存方法来实现对请求的快速响应，从而减少网络流量负载。从内容分发网络(content delivery network，CDN)[1]到蜂窝网络中的缓存内容，为应对多媒体服务[2]飞速增长的需求，内容缓存策略优化一直是研究热点。

边缘缓存[3]与将内容推送到用户附近的概念一致，被业界视为进一步减少冗余数据传输、减轻云数据中心压力并改善体验质量(quality of experience，QoE)的潜在解决方案。电信运营商或云服务提供商在网络边缘侧分布式部署了大量具有提供存储、传输和计算等服务能力的边缘节点。因此，边缘缓存可以通过使用地理位置上靠近用户的边缘节点来缓存热点内容，从而对服务范围内的请求进行快速响应。也就是说，边缘缓存机制不仅可以实现更快的请求响应，还可以减少网络中相同内容的重复传输。但是，边缘缓存也面临许多挑战，通常需要解决两个紧密相关的问题，即边缘节点服务范围内的内容流行度分布难以估计，并可能随着时间和空间的变化而变化[4]；针对边缘侧环境中存在的大量异构设备，分层缓存体系结构和复杂网络特性进一步困扰了内容缓存策略的设计。具体来说，只有当内容流行度分布已知时，才能推导出最优的边缘缓存策略。然而，由于用户的移动性、个人偏好和网络连接状态可能一直在变化，用户对内容的偏好实际上是难以被准确建模和预测的。如图 8-1 所示，本节将围绕如何将深度学习用于优化边缘缓存策略进行阐述。面向边缘缓存的人工智能解决方案如表 8-1 所示。

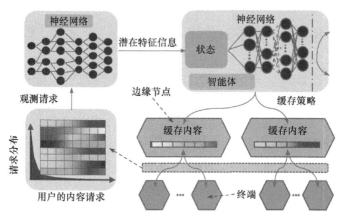

图 8-1 边缘缓存策略优化

表 8-1 面向边缘缓存的人工智能解决方案

文献	神经网络	系统规模	输入(状态)	输出(动作)	损失函数(奖励)	有益效果
[5]	SDAE	60 位用户/6 座基站	用户特性、内容特性	基于特征的内容流行度矩阵	输入与重构之间的归一化差异	体验质量提升 30%、回传卸载改善 6.2%
[6]	FCNN	每个单元 100～200 位用户/7 座基站	信道条件、请求内容	缓存决策	预测决策与最优值之间的归一化差异	预测精度提升 92%、减少能耗 8%
[7]	FCNN	用户密度为 25～30 位每座基站	当前的内容流行度、最新的内容放置概率	内容放置概率	模型输出与最优解之间误差的统计平均值	预测精度接近最优解
[8]	FCNN CNN	多个车辆/6 个边缘节点	面部图像 CNN、内容特征 FCNN	性别和年龄预测 CNN、内容请求概率 FCNN	N/A CNN、交叉熵误差 FCNN	缓存准确度提升 98.04%
[9]	RNN	20 位用户/10 台服务器	用户移动轨迹	用户位置的预测	交叉熵误差	缓存准确度提升 75%
[10]	DDPG	多位用户/单一基站	缓存内容特征、当前请求	内容替换	缓存命中率	缓存命中率提升 50%

8.1.1 基于深度学习的缓存策略更新

传统的缓存方法需要大量的在线优化迭代来确定用户和内容的特点，以及内容放置和传输的策略，因此传统的缓存方法通常有较高的计算复杂度。

深度学习可以处理从用户移动设备中收集得到的原始数据,提取用户的特征和内容作为基于特征的内容流行度矩阵。这个流行度矩阵可以量化用户和内容的流行度,为缓存决策提供内容请求的数学特征基础。通过这种方法,我们可以将基于特征的协同过滤应用到流行度矩阵中,对网络边缘侧的流行内容进行估计[5]。

当使用深度神经网络优化边缘缓存策略时,可以借助离线训练避免在线的繁重计算迭代。深度神经网络由一个用于数据正则化的编码器和一个后续的隐藏层组成。如果可以先使用最优化或启发式算法生成边缘缓存相关的决策数据,然后基于这些数据离线训练深度神经网络(输入观测状态,输出缓存动作),就可避免在线优化迭代的过程[6]。类似的,受局部缓存刷新优化问题输出模式的启发,Yang等[7]训练了一个多层感知器,并使用当前内容流行度和最后的内容放置概率作为输入,生成缓存刷新策略。在这类方法中,深度学习仅用于学习输入-决策关系,而基于深度神经网络的方法只有在针对原始缓存问题的优化算法存在时才可用。因此,基于深度神经网络的方法性能会受到固定优化算法的限制,无法达到自适应调整缓存策略的效果。

此外,深度学习还可以用于定制边缘缓存。例如,为了最小化自动驾驶汽车的内容下载延迟,可在云中部署一个多层感知器来预测所请求内容的流行度,然后将多层感知器的输出交付到边缘节点,即路边单元中的边缘计算服务器[8]。每个边缘节点可以根据多层感知器输出去缓存最有可能被请求的内容。不过,具有不同特征的用户对内容的偏好是不同的,因此可以将用户划分为不同的类别,进而探究每个类别中用户的偏好。这对于提高内容缓存的命中率有积极的影响。例如,在自动驾驶汽车场景中,可以选择卷积神经网络来预测车主的年龄和性别。一旦确定车主的这些特性,就可以使用 k-means 聚类[11]和二进制分类算法确定已经缓存在边缘节点中的哪些内容应该进一步从边缘节点缓存到车中。此外,考虑用户在不同的环境中访问内容的意愿存在差异,Tang 等[9]使用递归神经网络来预测用户的移动轨迹。基于这些预测,用户感兴趣的内容都可被预先下载并缓存在每个预测位置附近的边缘节点上。

8.1.2　基于强化学习的缓存策略更新

尽管 8.1.1 节描述的深度神经网络本身并不能解决整个优化问题,但其可被视为整个边缘缓存解决方案的一部分。与这些基于深度神经网络的边缘缓存解决方案不同,深度强化学习可以通过利用用户和网络的上下文信息,采用自适应策略最大化长期缓存性能,进而成为缓存优化方法的主体[12]。不过,传统的强化学习算法仍会受制于难以处理高维观测数据和动作的缺陷。不同于传统的强化学习,如 Q 学习[13]和多臂老虎机(multi-armed bandit,MAB)[4],深度强化学习的优势在于深度神经网络可以从原始的观测数据中学习关键特征,并直接基于高维观测数据来优化边缘侧的内容缓存策略。Zhong 等[10]将深度确定性策略梯度算法用于训练深度强化学习智能体，以使其做出适当的缓存替换决策来最大化长期缓存命中率。具体的，Evans 等[14]考虑单座基站下的内存缓存场景，将奖励函数与缓存命中率正向关联，引导深度强化学习智能体的训练，即由深度强化学习智能体决定是缓存请求的内容还是替换缓存的内容。此外，Zhong 等还利用 Wolpertinger 结构应对大型动作空间的挑战。具体来说，Zhong 等首先为深度强化学习智能体设置主要缓存动作集，然后使用 KNN 算法将实际动作输入映射到该动作集中的一个元素。通过这种方式，可以在不丢失最优缓存策略的情况下缩小动作空间。与深度 Q 学习中搜索整个动作空间的方式相比，基于 Wolpertinger 结构的深度确定性策略梯度算法能够在减少运行时间的同时可实现具有竞争力的缓存命中率。

此外，联邦深度强化学习在边缘缓存方面也有所贡献。Wang 等[15]设计了一种基于联邦深度强化学习的协作边缘缓存框架，以支持迅速发展的物联网服务和应用程序。该框架联合所有的本地用户设备来协同训练参数，训练后的参数被反馈给基站来加速整体的收敛速度。实验结果表明，该框架不但可以克服卸载重复流量的挑战，而且在延迟和命中率方面均有提升。

8.2　人工智能驱动的边缘计算卸载优化

边缘计算允许终端设备在续航、延迟、计算能力等的约束条件下，将部分计算任务卸载到边缘节点[16]。如图 8-2 所示，这些约束带来新的挑战，一是由于边缘节点为分布式部署，不同的边缘节点在服务范围上会产生交集。在这种情况下，终端设备将同时处于多个边缘节点的服务范围内，因此有必要考虑终端设备如何选择合适的边缘节点。二是对于终端设备来说，计算任务可以在本地执行，也可以卸载到边缘节点执行。但是，这两种任务执行方式在资源开销和执行延迟方面各有优缺点。因此，需要一个高效、准确的任务卸载策略来决策每个任务应该如何执行。三是由于应用服务的多样性，终端设备需要处理的任务种类也异常繁杂。然而，不同类型的任务对资源有不同的需求。因此，如何高效利用现有的续航、通信和计算资源已成为目前亟待解决的问题。

关于这类任务卸载的最优化问题是 NP 难(non-deterministic polynomial-time hard，NP-hard)[17]问题，因为至少需要对通信和计算资源，以及终端设备的竞争行为进行组合优化。特别地，任务卸载优化策略应同时考虑随时间变化的无线环境(例如变化的信道质量)和任务卸载请求。对此，业界目前已有一些解决方法[18-29]。在所有涉及基于学习的优化方法的相关工作中，当多个边缘节点和无线信道可用于计算任务卸载时，基于深度学习的方法比其他方法更具优势。在这种背景下，任务卸载问题中的高维状态和动作空间实际上使常规学习算法[18,29,20]变得不适用。

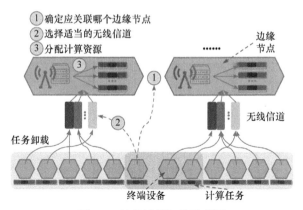

① 确定应关联哪个边缘节点
② 选择适当的无线信道
③ 分配计算资源

图 8-2　边缘计算卸载示意图

8.2.1　基于深度学习的边缘计算卸载优化

计算任务卸载问题可表述为多标签分类问题。Yu 等[22]以离线穷举搜索的方式去获得卸载决策的最优解，然后将获得的最优解用于以边缘计算网络的复合状态为输入、卸载决策为输出的深度神经网络的训练。在深度神经网络被训练收敛后，就可以将深度神经网络部署到终端设备上，让其持续观测边缘计算网络状态，并在线推理出最(较)优的卸载决策。以这种方式，可以将复杂的最优解搜索过程转移到深度神经网络的训练过程中，而终端设备不再需要在线进行最优解的穷举搜索，从而避免无法及时做出任务卸载决策的困境。尽管深度神经网络并不能达到穷举的性能表现，但是 Yu 等的解决方案性能已经非常接近最优解。

此外，Luong 等[25]针对区块链设计了特定卸载方案。考虑终端设备上的任务计算和续航开销可能限制区块链在边缘计算网络中的实际应用，他们将任务从终端设备迁移到边缘节点。尽管这种方式可能导致边缘侧的资源分配不公平，但是 Luong 等以最大化边缘计算服务提供商(edge computing service provider，ECSP)的收入为目标，设计了拍卖方案，对所有可用资源以拍卖形式进行分配。通过构建多层感知器，并使用矿工(即终端设备)的奖励对其进行训练。这种基于最优拍卖的解决方案能最大化边缘服务提供商的预期收入。

Khayyat 等[30]提出一种用于多层车辆云计算网络的计算任务卸载算法。为了节省功耗并确保多辆车之间共享资源的有效利用，任务卸载和资源分配的集成模型被 Khayyat 等建模为二元优化问题，最大限度地减少全局任务执行时延和功耗开销。由于高维度特性，这个问题被认为是 NP 难的，而解决此类问题(尤其是针对大规模场景)在计算上令人望而却步。因此，Khayyat 等提出一种分布式深度学习算法，设计了等效的强化学习形式，以找到并行使用一组深度神经网络的近似最优任务卸载决策。实验结果表明，与基准解决方案相比，该算法具有收敛速度快、可显著降低系统总体功耗等优点。

面向优化边缘任务卸载的人工智能解决方案如表 8-2 所示。

表 8-2　面向优化边缘任务卸载的人工智能解决方案

文献	神经网络	系统规模	输入(状态)	输出(动作)	损失函数(奖励)	有益效果
[25]	FCNN	20 个矿工/单一边缘服务器	竞标者对矿工的估值概况	转移概率、条件支付	服务提供商的收入	收益提升
[31]	DQL	单一用户	系统利用率状态、动态松弛状态	动态电压频率调整算法选择	平均能耗	能耗减少 2%～4%
[26]	DQL	多位用户/单一边缘服务器	整个系统的总成本、边缘服务器的可用容量	卸载决策、资源分配	与总成本呈负相关	系统成本降低
[28]	DDPG	多位用户/单一边缘服务	信道向量、任务队列长度	卸载决策、功率分配决策	与功耗和任务队列长度呈负相关	计算成本降低
[27]	DQL	单一用户/多台边缘服务器	无线带宽、预计获取的能量、当前的能量存储	边缘服务器选择、任务卸载比例	由总体收益、任务丢弃损失、能耗开销和执行延迟共同组成	减少能耗、优化时延
[24]	Double-DQL	单一用户/6 台边缘服务器	信道增益状态、关联状态、能量队列长度、任务队列长度	卸载决策、能量分配	由任务执行延迟、任务排队延迟、任务失败惩罚和服务支付共同构成	卸载性能改进
[32]	DROO	多位用户/单一边缘服务器	信道增益状态	卸载动作	计算速率	算法执行时延小于 0.1s

8.2.2　基于强化学习的边缘计算卸载优化

尽管将计算任务卸载到边缘节点可以提高计算任务的处理效率，但是任务卸载的可靠性会受到无线环境质量差的困扰。为了最大限度地提高卸载决策收益，Zhang 等[21]首先量化了各种通信模式对任务卸载性能的影响，并基于量化指标提出应用深度 Q 学习在线选择最优目标边缘节点和传输模式的解决方案。为了优化整体卸载成本，Nguyen 等[33]改进了基于竞争架构的深度 Q 学习和深度双 Q 学习，并利用改进算法为终端设备分配边缘计算和带宽资源。

此外，还应考虑任务卸载的可靠性。与其他研究不同，Yang 等[23]不仅考虑超时概率，还考虑解码错误概率，指出编码速率、数据传输速率对于确保卸载可靠性至关重要。此外，Yang 等还考虑编码块长度的影响，并且建模了关于计算资源分配的马尔可夫决策过程，从而提高平均卸载可靠性。在 Yang 等的工作中，深度 Q 学习被用于查找最优定制化马尔可夫决策过程的策略。首先，深度 Q 学习智能体观察边缘侧环境,包括数据大小、待处理任务的等待时间、卸载任务的缓冲队列长度,以及下行链路的信噪比(signal-to-noise ration, SNR)等。然后,智能体决策分配给卸载任务的 CPU 内核数。最后,智能体根据其所做的决策获得奖励或惩罚。以这种方式,在不了解分析模型的情况下,Yang 等仍可以通过迭代训练深度 Q 学习智能体来学习最优策略。

为了进一步探索如何调度终端设备的细粒度计算资源,Zhang 等[31]使用深度双 Q 学习[34]确定最优的动态电压和频率缩放(dynamic voltage and frequency scaling, DVFS)策略。实验结果表明,与深度 Q 学习相比,深度双 Q 学习可以节省更多的能耗开销,实现更高的训练效率。尽管如此,随着终端设备的增加,基于深度 Q 学习的调度智能体的动作空间可能迅速增加。在这种情况下,可以在学习之前执行预分类操作缩小动作空间[26]。

Chen 等[24]和 Min 等[27]研究了支持能量获取的物联网边缘环境。在该环境中,物联网设备可以从周围的射频信号中收集能量,从而使卸载问题更加复杂。因此,Min 等[27]在学习过程中使用卷积神经网络来压缩状态空间。此外,Chen 等[24]受奖励函数的加法结构启发,在深度双 Q 学习中应用 Q 函数分解特性改进深度双 Q 学习。但是,基于值的深度强化学习仅能处理离散的动作空间。为了对本地执行和任务卸载执行更细粒度的控制,我们应考虑基于策略梯度的深度强化学习解决方案,以处理连续的调度动作空间。例如,与基于深度 Q 学习的离散功率控制策略相比,Chen 等[28]使用了一种名为深度确定性策略梯度算法的深度强化学习方法。该方法支持连续动作空间,而不是离散动作空间,可执行更细粒度的功率控制进行本地执行和任务卸载。以这种方式,终端设备可以自适应地分配其功率来最大限度地降低其长期平均成本。仿真实验也验证了该方法相对基于深度 Q 学习的离散功率控制策略的优越性。

使用深度强化学习智能体完全接管整个计算任务卸载过程会使模型训练较为复杂。因此,仅使用深度强化学习来负责部分决策的方式,可以大幅降低模型训练复杂度。例如,Huang 等[32]将最大化计算率加权和的问题解耦为卸载决策和资源分配两个子问题。其中,深度强化学习只用来处理 NP 难的卸载决策子问题,而资源分配子问题则通过建模优化方法求解。这种混合优化方式可以减小深度强化学习智能体的动作空间,同时也不影响卸载性能[34]。

8.3　人工智能驱动的边缘管理和维护

对于蜂窝网中实现的移动边缘计算平台[35],边缘智能服务通常被设想部署在蜂窝网络系统中。因此,边缘侧的管理和维护需要从多个角度(包括通信角度)进行优化。尽管许多研究者致力于将智能应用于无线通信[36-38],也取得很多不错的成果，但是业界对边缘侧的管理和维护应考虑得更为广泛。面向边缘管理和维护的人工智能解决方案如表 8-3 所示。

表 8-3　面向边缘管理和维护的人工智能解决方案

	项目	神经网络	系统规模	输入(状态)	输出(动作)	损失函数(奖励)	有益效果
通信优化	文献[39]	RNN，LSTM	53 辆汽车/20 台雾服务器	连接关系、时间、服务成本	成本预测	平均绝对误差	预测精度为 99.2%
	文献[40]	DQL	4 位用户/多座基站	处理器当前状态、通信模式、缓存状态	处理器状态控制、通信方式选择	与能耗呈负相关	系统能耗优化
安全保护	文献[41]	DQL	多位用户/多台边缘服务器	干扰功率、信道带宽、电池电量、用户密度	边缘节点和信道选择、卸载速率、发射功率	由防御花销和保密能力共同构成	优化信噪比
联合优化	文献[42]	Double-Dueling DQL	多位用户/5 座基站及边缘服务器	每座基站和边缘服务器的状态、内容缓存	基站分配、缓存决策、卸载决策	由接收信噪比、计算能力和缓存状态共同组成	系统效益增加
	文献[43]	AC DRL	每个路由器 20 位用户/3 个雾节点	请求内容、雾节点状态、任务信息、信噪比	关于雾节点、信道、资源分配、卸载和缓存的决策	由卸载延迟和内容交付延迟构成	平均服务时延为 1.5～4.0s
	文献[44]	DQL	50 辆车/10 台服务器	服务器状态、车辆信息、缓存状态、通信速率、通信时间	服务器分配、缓存控制	由通信、存储和计算开销构成	缓解回传负载、节约资源

8.3.1　边缘通信优化

在边缘计算系统中，边缘节点通常比终端设备拥有更多的计算资源。但是，任务是在终端设备上产生的，任务的结果也终将反馈回终端设备。为了利用边缘节点的丰富资源，端与边之间的网络通信是不可避免的。因此，有必要确保边缘计算系统中网络通信的稳定性、高效性和可靠性。

当边缘节点为终端设备(用户)提供服务时，应解决边缘计算网络中的移动性问题。基于深度学习的方法可用于协助终端设备和边缘节点之间连接的平稳过渡。为了最小化功耗开销，Dong 等[45]使用深度神经网络来决策最优设备关联方式，并在中央服务器上建立网络环境的备份，离线训练该深度神经网络。为了使终端设备在整个移动轨迹中从边缘节点移动到下一个节点的中断次数最少，可在给定位置和时间[39]的前提下使用多层感知器来预测可用的边缘节点。此外，若要确定与终端设备关联的最优边缘节点，仍然需要评估终端设备与每个边缘节点之间交互的成本(服务请求的等待时间)。但是，对这些交互的成本进行建模需要更强大的学习模型。因此，Dong 等进一步实现了基于长短期记忆的递归神经网络，以及对交互成本的建模。最后，基于预测可用边缘节点的能力，以及相应的潜在成本，终端设备就可与最优边缘节点关联来最小化中断的可能性。

在通信场景中，各种物联网服务的有效运行需要多种通信模式的支撑，包括云无线电接入网络(cloud-radio access networks，C-RAN)模式、设备到设备(device-to-device，D2D)模式和雾无线电接入点(fog radio access point，FAP)模式等。为了在有多种通信模式的场景中将长期系统功耗降至最低，可在整个通信过程中利用深度 Q 学习来控制终端设备的通信模式和处理器状态。在确定终端设备的通信模式和处理器状态后，整个问题可降维为远程射频头(remote radio head，RRH)传输功率最小化问题，并被轻松解决。此外，迁移学习与深度 Q 学习的集成可进一步减少训练过程中与环境的交互次数，且不失良好性能。

8.3.2　边缘安全保护

由于终端设备的计算、续航和通信资源有限，与云服务器相比，终端设备与边缘节点之间的传输更容易受到各种攻击，如干扰攻击和分布式拒绝服务(distributed denial of service，DDoS)攻击。因此，边缘计算系统的安全性需要被进一步强化。首先，系统应该能够主动检测未知攻击，如提取窃听和干扰攻击的特征[46]，进而根据检测到的攻击方式，确定安全保护策略。当然，安全保护通常需要额外的续航消耗，以及计算和通信的开销。因此，每个终端设备应优化其防御策略，即选择合适的发射功率、信道和时间来实现资源的高效利用。但是，由于边缘侧的攻击模型和动态模型难以被估计，这类优化工作面临着严峻挑战。

基于深度强化学习的解决方案可以提供安全的任务卸载(从终端设备到边缘节点)过程，以抵御干扰[41]或保护用户位置隐私和使用模式隐私[47]。同时，终端设备可以通过观察边缘节点的状态和攻击特征来确定安全协议中的防御级别和关键参数。通过将奖励设置为抗干扰通信效率，如信号的信噪比、接收消息的误码率，以及安全保护开销，基于深度 Q 学习的安全策略可以通过离线训练来应对各种类型的攻击。

智能边缘平台遭受的恶意攻击会抵消边缘智能服务带来的收益，也会妨碍边缘平台的正常运行。因此，Mukherjee 等[48]提供了有助于理解边缘侧安全和隐私保护等方面工作的全面视图，尤其是防止训练数据集伪造、隐私信息推理和代理攻击等方面。此外，Mukherjee 等还概述了与边缘侧安全和隐私相关问题的主要研究方向，并且指出防止敏感信息泄露的有效方法是设计一种可以将关键信息公开给受信任边缘节点的新匿名机制。

8.3.3　边缘联合优化

边缘计算有望满足智能设备的快速增长，以及大规模计算密集型和数据依赖型应用的出现。但是，引入边缘也会使未来网络更为复杂[49]。在考虑软件定义网络[50]、物联网、车联网等关键推动因素的前提下，针对复杂网络的全面资源优化管理具有很高的挑战性[51]。

软件定义网络被设计用于将控制平面与数据平面分离，从而允许控制者以全局视图在整个网络上进行操作。与边缘计算网络的分布式特质相比，软件定义网络是一种集中式方法，将软件定义网络直接应用于边缘计算网络具有一定的困难。面向智慧城市需求，He 等[52]研究了支持软件定义网络的边缘计算原型网络架构。为了提高此原型网络的服务性能，He 等将深度 Q 学习模型部署在其控制平面中以协调网络、缓存和计算资源的使用。

物联网技术的初衷是无缝连接各类终端设备，包括传感器、执行器、家用电器等，而边缘计算能够支撑和适应部分物联网服务的严苛时延需求，突破用于承载服务数据传输的回程链路容量限制。边缘计算的引入可以使物联网系统支撑更多计算密集型和时延敏感型服务的运行，但同时也对存储、计算和通信等资源的高效管理提出挑战。为了最小化平均端到端服务延迟，Wei 等将基于策略梯度的深度强化学习与“演员-评论家”体系结构相结合，实现对以下资源管理和任务调度任务的优化，即边缘节点的分配、请求内容的缓存决策、边缘节点的选择，以及计算资源的分配[43]。

车联网是物联网的一个特例，主要关注联网车辆。类似于 Wei 等对网络、缓存和计算进行联合决策优化[43]，He 等[42]将基于竞争架构的深度双 Q 学习(即将深度双 Q 学习和基于竞争架构的深度 Q 学习相结合)用于资源编排，以改进车联网服务的体验质量。此外，考虑车联网中车辆的机动性，硬时限的限制可能很容易被打破，而这一挑战往往由于高度复杂而被忽视。为了应对移动性挑战，Tan 等首先将车辆的移动建模为离散随机跳跃过程，将时间维度划分为多个时段(每个时段都包含数个时隙)。然后，针对时隙的粒度，Tan 等设计了一个简易的深度 Q 学习模型，以结合即时奖励的方式考虑车辆机动性的影响。最后，针对每个时段，Tan 等又设计了一个复杂的深度 Q 学习模型。利用这种多时间尺度的深度强化学习模式，Tan 等解决了资源配置优化过程中车辆移动性和高维动作空间[44]带来的挑战。

8.4 自适应边缘缓存实际案例

为了更好地阐述自适应边缘缓存场景，本节给出一个研究实例。在缓存场景中，大量的内容重复下载与传输一直都是一个大问题，这严重影响了当前移动网络中用户的体验。边缘缓存是一个有望解决这些问题的新兴技术，可以将内容缓存在边缘侧，从而减少从云端下载的压力。但是，由于缺少在动态网络场景中的自适应能力，传统优化方法无法很好地为边缘缓存提供完备的解决方案。在边缘缓存的场景中，我们可以借助深度强化学习和联邦学习技术最大限度地减少移动用户的长期平均内容获取时延。最为重要的是，这类解决方案不但无须任何有关内容流行度分布的先验知识，而且可以降低用户的隐私泄露风险。

8.4.1　多基站边缘缓存场景

考虑有 B 座基站的边缘缓存场景，并将基站集合记为 $\mathcal{B} = \{b_1, b_2, \cdots, b_B\}$。这些基站的最大缓存容量分别为 $C_{\mathcal{B}} = \{c_1^{\mathrm{BS}}, c_2^{\mathrm{BS}}, \cdots, c_B^{\mathrm{BS}}\}$。用户的缓存大小被设为 c^U，而这些用户均匀地分布在上述基站的覆盖范围中。同时，我们使用 $S_B^{\mathrm{BS}} = \{U_1^{\mathrm{BS}}, U_2^{\mathrm{BS}}, \cdots, U_B^{\mathrm{BS}}\}$ 表示不同基站服务的用户群。假定边缘缓存场景中的所有请求内容为 $\mathcal{F} = \{f_1, f_2, \cdots, f_F\}$。每座基站存有其服务用户的缓存状态 $\Omega_i = (x_{u,f})^{U_i^{\mathrm{BS}} \times F}$。当用户请求并缓存内容 f 时，则用 $x_{u,f} = 1$ 表示该行为，否则 $x_{u,f} = 0$。

一般来说，边缘缓存场景中的所有内容请求模式满足齐普夫(Zipf)定律。同时，每位用户也有其本身对不同内容的偏好。在上述定义之外，本节还基于用户间的物理距离与社会关系建模用户间设备到设备(device to device，D2D)的分享模型，以及设备与基站的通信模型。

8.4.2　多基站系统建模

基于上述定义，我们可以计算出本地基站覆盖范围内的设备到设备分享流量。这部分流量被记为 $\mathrm{Ga}_b^{\mathrm{D2D}}$，可由设备到设备分享概率、内容大小，以及用户的缓存状态共同求得。对于一座基站服务的用户 v 来说，如果本地没有其请求的内容 f，用户 v 便可以在用户 u 缓存有该内容的情况下向用户 u 请求内容。这部分流量可被当作系统卸载收益 $f_{v,t} r_{vu} e_{vu}^c$，其中 $f_{v,t}$ 表示 t 时刻用户 v 所请求内容的大小。当前基站下所有的卸载收益可由式(8.1)计算，即

$$\mathrm{Ga}_{b,t}^{\mathrm{D2D}} = \sum_{u,v \in U_b^{\mathrm{BS}}} f_{v,t} r_{vu} e_{vu}^c x_{u,f} (1 - x_{v,f}) \tag{8.1}$$

由式(8.1)计算得到的设备到设备分享收益是边缘缓存的一个重要性能指标。如果用户请求无法通过设备到设备的分享途径来满足，用户也可以直接从其邻近的基站获取内容。如果邻近的基站也没有缓存所请求的内容，该基站就只好从其他基站或云端下载该内容再将其返回给用户。由于这部分流量增加了骨干网的压力，我们可以把这部分需要从其他位置下载到用户当前关联基站的缓存内容视为系统损失。该系统损失由 $\mathrm{Co}_{b,t}^{\mathrm{D2D}}$ 表示，即

$$\mathrm{Co}_{b,t}^{\mathrm{D2D}} = \sum_{u \in U_b^{\mathrm{BS}}} f_{u,t} P_u^{\mathrm{BS}} (1 - x_b^{\mathrm{BS}}) \tag{8.2}$$

式(8.2)所示的系统损失展示了需要向骨干网请求的流量。基于以上定义，可以计算总系统收益为

$$R_{b,t}(S) = \beta_0 \mathrm{Ga}_{b,t}^{\mathrm{D2D}} - \beta_1 \mathrm{Co}_{b,t}^{\mathrm{D2D}} \tag{8.3}$$

其中，$\beta_0, \beta_1 \in (0,1)$ 表示不同用户对设备到设备分享和直接与基站通信的不同偏好。

对于不同基站来说，β_0、β_1 的设置一般是不同的，不同基站下的用户会根据其时间成本，以及便利性程度的不同对不同通信模式有相异的偏好。系统收益 $R_{b,t}(S)$ 将在之后深度强化学习模型的建模中起到非常重要的作用，因为 $R_{b,t}(S)$ 间接决定了应如何进行缓存替换。

每当有新请求到达，本地基站就会根据基站的各种情况调整覆盖范围内各位用户的内存缓存状态。整个优化过程为

$$\max_{A^*(f^-, f^+)} \sum_{b \in \mathcal{B}} R_{b,t}(S' | S),$$
$$\mathrm{s.t.} \quad \sum_{i \in \mathcal{F}} x_{u,i} f_i \leqslant c_u^{\mathrm{U}}, \quad u \in U_b^{\mathrm{BS}}$$
$$\sum_{i \in \mathcal{F}} x_{b,f} f_i \leqslant c_b^{\mathrm{BS}} \tag{8.4}$$
$$x_{u,f}, x_{b,f} \in \{0,1\}$$

其中，S 为执行动作 A^* 前的系统状态；S' 为执行动作后的状态。

优化目标是在满足用户与基站缓存约束的状态下找到对于当前状态的最优缓存替换动作 A^*，并以此最大化下一个阶段的系统收益。

8.4.3　基于加权分布式 DQL 的缓存替换策略

如果把整个缓存替换问题建模成一个马尔可夫决策过程，并使用深度 Q 学习来求解，那么整个过程可以分为三个阶段。

(1) 每座基站基于其本地数据训练一个本地的轻量级深度 Q 学习模型，使其可以在基站上运行。经过一段时间的训练，本地基站将模型参数与其在这段时间的平均系统收益发送给云端。云端会根据不同基站的不同系统收益来计算不同模型在聚合阶段的权重。

(2) 在聚合阶段，每座基站将训练的参数发送到云端，云端再将这些模型聚合起来。由于平均系统收益与模型性能有很强的相关性，因此可用基站在一定时间内的平均系统收益 r_b 计算基站的聚合权重。

(3) 为了使基站本地的强化学习模型充分利用其他基站的训练结果，可将聚合后的全局模型回传给本地基站。本地基站将其与本地模型整合，可以弥补单座

基站的计算资源不足的缺点。

本问题的时间复杂度主要集中在数据收集和反向传播中。若假设深度 Q 学习模型网络经验池的大小为 M，存储这部分数据的时间复杂度为 $O(M)$，a 和 b 分别表示神经网络层数和每层中的单元数，那么使用反向传播和梯度下降训练参数的时间复杂度为 $O(mabk)$，其中 m 为反向传播中从经验池里采样的数据大小，k 为迭代次数。特别地，经验回放池存储 M 个元组需要 $O(M)$ 的空间复杂度，存储深度 Q 学习模型的参数的空间复杂度为 $O(ab)$。

8.4.4　边缘缓存案例总结

本节介绍的边缘缓存架构考虑不同用户、基站内容流行度与用户偏好的差异，建模设备到设备的分享模型。把缓存替换问题建模成一个马尔可夫决策过程，并基于联邦学习方式训练深度 Q 学习模型。这样不仅可以加快模型的训练速度，降低用户的隐私泄露风险，还能提升模型对不同环境与场景的适应性。具体地，每座基站都会根据本地数据与内容流行度训练一个本地的决策模型，而云端将这些不同模型用基于系统收益权重的方式进行整合再下放。实验结果显示，相比一些传统的缓存算法，如先入先出策略、最近最少使用(least recently used，LRU)策略、最少使用(least frequently used，LFU)策略与中心化的深度 Q 学习算法等，该方案可以得到更好的模型表现。

8.5　本 章 小 结

随着移动通信技术的飞速发展，边缘计算理论和技术已经引起越来越多研究人员的关注。边缘侧的巧妙设计与优化可以让边缘侧涌现出的算力资源去有效弥补云的不足，加速内容交付，并改善移动服务质量。尽管边缘计算拥有众多优点并引起广泛关注，但是依然存在许多挑战。例如，如何高效地进行自适应边缘缓存、计算任务卸载优化，以及边缘侧的管理和维护等问题。深度学习作为人工智能的代表性技术，可集成到边缘计算框架中构建智能边缘，为动态自适应的边缘侧优化任务赋能。目前，众多研究工作集中在利用深度学习来解决优化边缘方面的问题，并已取得不少进展。但是，用人工智能来优化边缘依旧面临挑战，如通用人工智能推理模型的构建、智能边缘的实际部署和改进等。总的来说，利用人工智能优化边缘依旧任重而道远。

参 考 文 献

[1] Hofmann M, Beaumont L. Caching Techniques for Web Content// San Francisco: Morgan Kaufmann, 2005.

[2] Wang X, Chen M, Taleb T, et al. Cache in the air: Exploiting content caching and delivery techniques for 5G systems. IEEE Communications Magazine, 2014, 52(2): 131-139.

[3] Zeydan E, Bastug E, Bennis M, et al. Big data caching for networking: Moving from cloud to edge. IEEE Communications Magazine, 2016, 54(9): 36-42.

[4] Song J, Sheng M, Quek T Q S, et al. Learning-based content caching and sharing for wireless networks. IEEE Transactions on Communications, 2017, 65(10): 4309-4324.

[5] Rathore S, Ryu J H, Sharma P K, et al. DeepCachNet: A proactive caching framework based on deep learning in cellular networks. IEEE Network, 2019, 33(3): 130-138.

[6] Chang Z, Lei L, Zhou Z, et al. Learn to cache: Machine learning for network edge caching in the big data era. IEEE Wireless Communications, 2018, 25(3): 28-35.

[7] Yang J, Zhang J, Ma C, et al. Deep learning-based edge caching for multi-cluster heterogeneous networks. Neural Computing and Applications, 2020, 32(19): 15317-15328.

[8] Ndikumana A, Tran N H, Kim K T, et al. Deep learning-based caching for self-driving cars in multi-access edge computing. IEEE Transactions on Intelligent Transportation Systems, 2020, 22(5): 2862-2877.

[9] Tang Y, Guo K, Ma J, et al. A smart caching mechanism for mobile multimedia in information centric networking with edge computing. Future Generation Computer Systems, 2019, 91: 590-600.

[10] Zhong C, Gursoy M C, Velipasalar S. A deep reinforcement learning-based framework for content caching// Conference on Information Sciences and Systems, Princeton, 2018: 1-6.

[11] Kanungo T, Mount D M, Netanyahu N S, et al. An efficient k-means clustering algorithm: Analysis and implementation. IEEE Transactions on Pattern Analysis and Machine Intelligence, 2002, 24(7): 881-892.

[12] Adelman D, Mersereau A J. Relaxations of weakly coupled stochastic dynamic programs. Operations Research, 2008, 56(3): 712-727.

[13] Guo K, Yang C, Liu T. Caching in base station with recommendation via Q-learning// IEEE Wireless Communications and Networking Conference, San Francisco, 2017: 1-6.

[14] Dulac-Arnold G, Evans R, van Hasselt H, et al. Deep reinforcement learning in large discrete action spaces. https://arxiv.org/abs/1512.07679[2015-03-14].

[15] Wang X, Wang C, Li X, et al. Federated deep reinforcement learning for internet of things with decentralized cooperative edge caching. IEEE Internet of Things Journal, 2020, 7(10): 9441-9455.

[16] Mach P, Becvar Z. Mobile edge computing: A survey on architecture and computation offloading. IEEE Communications Surveys & Tutorials, 2017, 19(3): 1628-1656.

[17] Chen X, Jiao L, Li W, et al. Efficient multi-user computation offloading for mobile-edge cloud computing. IEEE/ACM Transactions on Networking, 2015, 24(5): 2795-2808.

[18] Xu J, Chen L, Ren S. Online learning for offloading and autoscaling in energy harvesting mobile edge computing. IEEE Transactions on Cognitive Communications and Networking, 2017, 3(3): 361-373.

[19] Dinh T Q, La Q D, Quek T Q S, et al. Learning for computation offloading in mobile edge computing. IEEE Transactions on Communications, 2018, 66(12): 6353-6367.

[20] Chen T, Giannakis G B. Bandit convex optimization for scalable and dynamic IoT management. IEEE Internet of Things Journal, 2018, 6(1): 1276-1286.

[21] Zhang K, Zhu Y, Leng S, et al. Deep learning empowered task offloading for mobile edge computing in urban informatics. IEEE Internet of Things Journal, 2019, 6(5): 7635-7647.

[22] Yu S, Wang X, Langar R. Computation offloading for mobile edge computing: A deep learning approach// IEEE International Symposium on Personal, Indoor, and Mobile Radio Communications, Montreal, 2017: 1-6.

[23] Yang T, Hu Y, Gursoy M C, et al. Deep reinforcement learning based resource allocation in low latency edge computing networks// International Symposium on Wireless Communication Systems, Lisbon, 2018: 1-5.

[24] Chen X, Zhang H, Wu C, et al. Optimized computation offloading performance in virtual edge computing systems via deep reinforcement learning. IEEE Internet of Things Journal, 2018, 6(3): 4005-4018.

[25] Luong N C, Xiong Z, Wang P, et al. Optimal auction for edge computing resource management in mobile blockchain networks: A deep learning approach// IEEE International Conference on Communications, Sharjah, 2018: 1-6.

[26] Li J, Gao H, Lv T, et al. Deep reinforcement learning based computation offloading and resource allocation for MEC// IEEE Wireless Communications and Networking Conference, Barcelona, 2018: 1-6.

[27] Min M, Xiao L, Chen Y, et al. Learning-based computation offloading for IoT devices with energy harvesting. IEEE Transactions on Vehicular Technology, 2019, 68(2): 1930-1941.

[28] Chen Z, Wang X. Decentralized computation offloading for multi-user mobile edge computing: A deep reinforcement learning approach. EURASIP Journal on Wireless Communications and Networking, 2020, (1): 1-21.

[29] Chen T, Giannakis G B. Harnessing bandit online learning to low-latency fog computing// IEEE International Conference on Acoustics, Speech and Signal Processing, Calgary, 2018: 6418-6422.

[30] Khayyat M, Elgendy I A, Muthanna A, et al. Advanced deep learning-based computational offloading for multilevel vehicular edge-cloud computing networks. IEEE Access, 2020, 8: 137052-137062.

[31] Zhang Q, Lin M, Yang L T, et al. A double deep Q-learning model for energy-efficient edge scheduling. IEEE Transactions on Services Computing, 2018, 12(5): 739-749.

[32] Huang L, Bi S, Zhang Y J A. Deep reinforcement learning for online computation offloading in wireless powered mobile-edge computing networks. IEEE Transactions on Mobile Computing, 2019, 19(11): 2581-2593.

[33] Nguyen D C, Pathirana P N, Ding M, et al. Secure computation offloading in blockchain based IoT networks with deep reinforcement learning. https://arxiv.org/abs/1908.07466[2019-04-17].

[34] Van Hasselt H, Guez A, Silver D. Deep reinforcement learning with double q-learning// AAAI Conference on Artificial Intelligence, Burlingame, California, 2016, 30(1): 1-9.

[35] Li C Y, Liu H Y, Huang P H, et al. Mobile edge computing platform deployment in 4G LTE networks: A middlebox approach// Workshop on Hot Topics in Edge Computing, Boston, 2018:

1203-1212.

[36] Mao Q, Hu F, Hao Q. Deep learning for intelligent wireless networks: A comprehensive survey. IEEE Communications Surveys & Tutorials, 2018, 20(4): 2595-2621.

[37] Li R, Zhao Z, Zhou X, et al. Intelligent 5G: When cellular networks meet artificial intelligence. IEEE Wireless communications, 2017, 24(5): 175-183.

[38] Chen X, Wu J, Cai Y, et al. Energy-efficiency oriented traffic offloading in wireless networks: A brief survey and a learning approach for heterogeneous cellular networks. IEEE Journal on Selected Areas in Communications, 2015, 33(4): 627-640.

[39] Memon S, Maheswaran M. Using machine learning for handover optimization in vehicular fog computing// ACM/SIGAPP Symposium on Applied Computing, Limassol, 2019: 182-190.

[40] Sun Y, Peng M, Mao S. Deep reinforcement learning-based mode selection and resource management for green fog radio access networks. IEEE Internet of Things Journal, 2018, 6(2): 1960-1971.

[41] Xiao L, Wan X, Dai C, et al. Security in mobile edge caching with reinforcement learning. IEEE Wireless Communications, 2018, 25(3): 116-122.

[42] He Y, Zhao N, Yin H. Integrated networking, caching, and computing for connected vehicles: A deep reinforcement learning approach. IEEE Transactions on Vehicular Technology, 2017, 67(1): 44-55.

[43] Wei Y, Yu F R, Song M, et al. Joint optimization of caching, computing, and radio resources for fog-enabled IoT using natural actor-critic deep reinforcement learning. IEEE Internet of Things Journal, 2018, 6(2): 2061-2073.

[44] Hu R Q. Mobility-aware edge caching and computing in vehicle networks: A deep reinforcement learning. IEEE Transactions on Vehicular Technology, 2018, 67(11): 10190-10203.

[45] Dong R, She C, Hardjawana W, et al. Deep learning for hybrid 5G services in mobile edge computing systems: Learn from a digital twin. IEEE Transactions on Wireless Communications, 2019, 18(10): 4692-4707.

[46] Chen Y, Zhang Y, Maharjan S, et al. Deep learning for secure mobile edge computing in cyber-physical transportation systems. IEEE Network, 2019, 33(4): 36-41.

[47] Min M, Wan X, Xiao L, et al. Learning-based privacy-aware offloading for healthcare IoT with energy harvesting. IEEE Internet of Things Journal, 2018, 6(3): 4307-4316.

[48] Mukherjee M, Matam R, Mavromoustakis C X, et al. Intelligent edge computing: Security and privacy challenges. IEEE Communications Magazine, 2020, 58(9): 26-31.

[49] Bogale T E, Wang X, Le L B. Machine intelligence techniques for next-generation context-aware wireless networks. https://arxiv.org/abs/1801.04223[2018-07-06].

[50] Kreutz D, Ramos F M V, Verissimo P E, et al. Software-defined networking: A comprehensive survey. Proceedings of the IEEE, 2014, 103(1): 14-76.

[51] Wang S, Zhang X, Zhang Y, et al. A survey on mobile edge networks: Convergence of computing, caching and communications. IEEE Access, 2017, 5: 6757-6779.

[52] He Y, Yu F R, Zhao N, et al. Software-defined networks with mobile edge computing and caching for smart cities: A big data deep reinforcement learning approach. IEEE Communications Magazine, 2017, 55(12): 31-37.

第9章 边缘智能的机遇与挑战

为了明确目前的挑战，规避潜在的风险，本章简要介绍边缘智能应用的潜在场景，并讨论四类相关技术的开放问题，即边缘人工智能推理、边缘人工智能模型训练、面向人工智能的边缘计算、面向优化边缘的人工智能算法。

9.1 边缘智能前景

人工智能和边缘计算的融合不仅为创新应用的发展提供了巨大的潜力，同时也为运营商、供应商和第三方应用开发者提供了新商机和收入来源。但是，这里面仍有许多领域有待业界探索。

例如，随着越来越多的人工智能技术被嵌入各种各样的应用场景中，其带来的处理延迟和额外计算成本等使传统端-云架构难以满足诸如云游戏等延迟敏感型应用的需求。目前，可通过在靠近用户的边缘侧部署算力基础设施，并基于云-边-端协同的方式来迎合这些需求。此外，智能驾驶还涉及语音识别、图像识别、智能决策等方面。智能驾驶中的各种人工智能应用，如碰撞预警、道路规划、紧急决策等都需要边缘计算平台来确保毫秒级的交互延迟。此外，边缘感知更是有利于分析车辆周围的交通环境，从而提高驾驶的安全性。

除了社会和生活，边缘计算在军事领域也有很大的应用前景，其中之一就是动态视觉共享。在执行反恐行动或军事特殊任务时，由于个人视野受限，每一位士兵和将领所能看到的视野范围都是有限的，这也在一定程度上增加了战争的危险性和不确定性。早期的解决方案主要是基于无线传感器网络来实现战场士兵之间的信息交换。但是，这种方法仍存在较大的信息不确定性[1]。边缘计算和深度学习有望能解决这个问题。通过将战场上所有士兵佩戴的 AR 眼镜组网通信，边缘节点可以收集所有作战人员的视野信息。进一步，这些信息还能与无人机、智能侦察车等侦察设备收集的其他图像信息融合。此外，利用深度学习算法还可将整个作战场景下的所有重要信息特征提取出来，并同步到每位士兵的 AR 眼镜和指挥官的显示屏上，以此提高执行任务的效率和安全性。

9.2 通用人工智能推理模型的构建

边缘(终端)设备一般存在资源上的局限性，而人工智能模型会造成大量的资源消耗和推理延迟。因此，在边缘设备上处理人工智能任务时，需要通过模型优化加速人工智能推理。本节从模型压缩、模型分割和用于模型优化的早退推理机制等方面进行阐述，并总结经验教训，展望未来边缘人工智能推理的发展方向。

9.2.1　性能指标不明确

对于特定边缘智能服务来说，可供选择的人工智能模型众多。然而，服务提供商很难为每个服务选择正确的人工智能模型。由于边缘侧网络的不确定特性(无线信道质量不同、并发服务请求不可预测等)，常用的标准性能指标(如第 k 高精度[2]或平均精度[3])无法反映人工智能模型推理过程中的性能，进而导致人工智能模型无法被精确量化。这不但会在选择合适性能的模型时引起混乱，而且会限制模型的优化和改进。由于服务和应用场景的类型不同，边缘智能服务通常不只关注模型的准确性，还与推理时延、资源消耗与服务收益等多个指标相关。例如，Ran 等在目标检测场景中全面考虑多项指标[4]，如模型精度、视频质量、电池约束、网络数据使用和网络条件等来确定最优卸载策略。类似的，Huang 等[5]在手写识别场景中考虑网络流量和运行时间等两项指标来优化性能。此外，当一项服务涉及多项指标时，就会出现一个新问题，即多项指标之间的权衡。由于边缘智能服务特性，不同指标对服务的影响相异。如何准确地平衡多项指标，实现综合效益最大化已成为当务之急。

9.2.2　早退推理机制的泛化

目前，早退推理机制已经应用于基于深度学习[6]的分类，但是业界尚未形成一个通用的解决方案。因此，业界需要进一步结合模型推理和早退机制，使其能够应用于更广泛的领域。此外，为了构建智能边缘和支持边缘智能，业界不仅需要继续探索深度学习机制，还要进一步寻找将早退推理机制应用于深度强化学习的潜在可能性。具体来说，将深度强化学习应用于边缘侧的实时资源管理需要快速的响应速度，而早退推理机制可以简化推理过程来提高响应速度，进而使智能边缘满足资源管理实时性要求。因此，早退推理机制在深度强化学习中的应用具有重要的研究意义，但是业界还缺少相关研究工作。

9.2.3　混合模型修正

目前，许多研究者已经提出针对人工智能模型的优化方法，而这些优化方法是相对独立的且具有不同的特点。因此，它们之间具有潜在的兼容性，业界也可以进一步在模型优化、模型分割和早退推理机制等方面进行有机协同。模型的优化方法通常被独立使用以支持云-边-端协作。不过，为了更进一步的性能优化，还可以考虑混合优化方法的应用。基于上述优化方法的综合解决方案有望突破单一优化方法在性能提升上的瓶颈。

在混合使用多种优化方法时，需要考虑各种优化方法的特点。在端、边侧，我们可能需要模型优化，如模型量化和修剪。但是，由于云有充足算力资源，所以通常不必使用会带来模型准确度损失风险的优化方法。此外，我们还应该考虑不同优化方法之间可能存在的相关性影响，以避免相互干扰并影响整体性能。因此，如何设计一种混合而全面的优化方案来有效地将端、边侧简易模型与云端原始模型相结合对于业界有重要的研究价值。

9.2.4 训练推理协调

如果将模型修剪、量化和将早退推理机制等优化方法引入已训练模型中，则模型需要被重新训练以获得预期推理性能。然而，人工智能模型在训练过程中会导致额外资源消耗。因此，在应用模型优化方法时，不仅要考虑模型性能的提高，还要考虑其带来的额外成本。

一般情况下，模型可以在云端进行离线训练。不过，由于人工智能训练的滞后会削弱由边缘计算带来的响应速度优势，因此边缘智能开发者必须充分权衡模型训练和推理之间的关系，避免耗费更多资源却只能极为有限地提高模型性能的情况。另外，更要考虑是否可能导致负优化，即优化后的人工智能模型性能甚至不如原有模型。

此外，由于边缘侧有海量异构设备和动态网络环境，业界对人工智能模型的需求并非一成不变，因此边缘智能开发者需要考虑这种在线和连续的模型训练模式是否合理，是否会影响模型推理的及时性，以及如何设计一种机制来规避这些潜在的不良影响。

9.3 完备的智能边缘架构

实现边缘智能和智能边缘需要一个涵盖数据采集、服务部署和任务处理的完整系统框架。如表 9-1 所示，本节讨论实现服务于人工智能的边缘计算系统所需的完备智能边缘架构所面临的挑战。

9.3.1 边缘数据处理解决方案

没有数据支撑就无法实现在边缘侧部署人工智能服务或用人工智能算法来优化边缘的愿景。因此，边缘智能架构首先应具备的能力是有效地获取和处理由边缘设备感知和收集的原始数据，并将其输入人工智能模型。为支持人工智能模型的推理和训练，业界需要边缘侧切实可行的数据处理解决方案。

表 9-1　服务于人工智能的边缘计算所面临的挑战

研究方向	预期目标	挑战与潜在解决方案	评价指标
边缘数据处理	能够高效地获取和处理大规模边缘侧感知数据	自适应数据获取 自适应数据压缩 通用或定制架构	负载 处理速度 吞吐量
边缘侧深度学习模型优化	将深度学习任务不冗余地分发到边缘节点上	适配深度强化学习 缓存模型推理结果 开发多种深度学习模型 共享模型中间推理结果	负载均衡 推理延迟 模型精度
面向边缘智能的微服务架构	在边缘部署的微服务框架上托管人工智能服务	微服务的实时迁移 边云协同服务编排	负载 吞吐量 稳定性
激励与可靠卸载机制	给予边缘节点适当激励使其接管任务 保证任务卸载的安全性,避免匿名节点截取任务	在边缘计算架构中应用区块链 目前区块链不支持深度学习任务	负载 吞吐量 安全性 推理时延
边缘智能测试床	边缘智能的开发自动化 在边缘侧验证和优化人工智能服务的性能	如何充分利用底层边缘硬件 开发标准且全面的测试平台	负载 推理时延 吞吐量 稳定性

在智能监控应用中,自适应地在边缘侧获取视频流,然后将其传输到云端是减轻边缘设备的工作量,并减少潜在网络通信成本的一个简单方法。但是,这些不同质量的视频数据可能降低视频分析模型的性能。因此,在确保模型分析性能的同时,如何从源数据中提取有效信息是一项不小的挑战。为了在视觉应用中实现这种自适应数据获取能力,开发者可以指定视频流中每帧的兴趣区,同时将这些关键兴趣区以更高的质量进行传输。这样不仅能节省传输带宽和时延,还能不失较高的分析准确性[7]。

另外,对传输数据进行压缩也是一项不错的选择。一方面,可以减轻网络的带宽压力;另一方面,可以进一步减少传输延迟,从而提供更好服务质量。Ren 等[8]设计了一种自适应数据压缩机制,可平衡压缩率和传输延迟对性能的影响,在视觉应用中实现不错的效果。不过,当前大多数与数据相关的工作仅存在于视频或图像相关的领域中,边缘智能领域中仍有许多其他智能服务也需要关注数据的分析处理。因此,为不同人工智能应用开发更通用或定制的边缘数据处理体系架构,如自适应数据获取和压缩将在未来越发重要。

9.3.2　微服务架构

近年来,边缘服务和云服务的发展经历了从单一服务部署到数百种耦合微服务集合部署的重大转变。在未来，支撑人工智能服务的运行需要一系列的软件和框架依赖。因此，业界需要设计一种在共享资源上隔离不同人工智能服务的解决方案。目前，面向网络边缘侧托管人工智能服务的微服务框架尚处于初期探索阶段[9]，需要面对以下几方面的挑战：一是如何进行人工智能应用的灵活部署和管理；二是如何实现微服务的实时迁移，从而减少迁移时间，并避免由用户移动性导致的服务不可用情况；三是如何在云和分布式边缘节点之间协调资源，以提供更好的服务性能。

9.3.3　激励和可信机制

将资源受限的终端设备上的人工智能计算任务卸载到附近的边缘节点已成为一种满足边缘智能业务需求的方式。这会带来以下问题：一是如何建立一种激励机制促使更多边缘节点接管人工智能计算任务；二是如何确保安全性，以避免匿名或恶意的边缘节点抢占任务[10]。

区块链作为一种分布式的公共数据库，可以安全存储参与设备之间的交易记录，进而避免篡改记录的风险[11]。如果利用区块链的这些特性，以便在一定程度上解决与计算任务卸载有关的激励和信任问题。具体来说，所有终端设备和边缘节点都必须先将"押金"存入区块链才能参与卸载过程。终端设备请求边缘节点帮助其进行人工智能任务计算，同时向区块链发送交易请求，并获得奖励。一旦边缘节点完成计算，它会将结果返回终端设备，并向区块链发送交易完成的说明。之后，其他参与的边缘节点也执行卸载的任务，并验证之前记录的结果。最后，出于利益激励，首先完成记录的边缘节点在竞争中获胜，并授予任务奖励[12]。不过，关于区块链与边缘计算相结合的想法仍处于起步阶段。现有的区块链(如以太坊[13])并不支持复杂人工智能应用计算任务的执行，若要让其能支撑边缘智能服务，就必须对区块链结构和协议进行相应地调整。

9.3.4　自适应调度机制

在未来,边缘计算系统中的终端设备和边缘节点有望运行各种人工智能模型，并部署相应的服务。为了充分利用边缘计算系统中的分布式资源，并与现有的云计算基础架构建立连接，需要将计算密集型人工智能任务划分为子任务，并在终端设备和边缘节点之间促成这些子任务的高效协同。由于边缘智能服务的部署环境通常是高度动态的，因此业界需要设计高效、定制化、在线的调度框架实现资源编排和参数配置，进而支持多样化人工智能服务的高效运行。在这个过程中，如何实现异构计算资源、通信和缓存资源的实时联合优化，以及高维系统参数的配置是一大挑战。

第 8 章介绍了多种深度学习技术来优化边缘的理论方法。但是，目前不仅缺少在实际边缘平台或测试床中部署和使用这些深度学习技术的解决方案，而且对长期在线资源分配和性能分析的研究也不足。因此，在实现支撑人工智能服务的边缘计算前，业界也应持续关注如何用人工智能算法优化边缘计算架构。只有这样，才能加速实现关于边缘智能的美好愿望。

9.4 边缘侧实用训练原则

相比边缘侧的模型推理过程，当前模型的训练过程主要受到以下两点限制，一是边缘设备的资源受限，二是大多数边缘智能框架或算法库暂不支持人工智能模型训练。此外，大部分研究工作还停留在理论层面(即在边缘侧模拟模型训练的过程)，缺少对于实际场景的研究。本节讨论边缘训练相关的主要挑战。

9.4.1 数据并行性与模型并行性

神经网络模型具有计算密集与内存密集等两种属性。当神经网络模型变得越来越深、规模也越来越大时，仅依赖单一设备将很难获得较好的训练结果，甚至无法进行训练。因此，大型神经网络模型往往是在数千个 CPU 或 GPU 上分布式地进行训练。训练方式有数据并行性、模型并行性，以及两者的结合。然而，不同于通过总线或交换机连接的云端训练模式，在地理位置分散的边缘设备上执行训练还需要额外考虑无线环境、设备配置、隐私等因素。

目前，联邦学习可将全局聚合后的模型下发到每个参与的边缘设备上，即采用一种数据并行的方式进行协同学习。考虑目前边缘设备的计算能力有限，将一个大规模的网络模型划分为子模型，然后将这些子模型分配给不同边缘设备去执行训练，可能是一个更加可行与实用的解决方案。当然，这并不意味着丢弃联邦学习中原生的数据并行性，而是构建一种同时综合数据并行性与模型并行性的训练方法(图 9-1)。这种混合训练模型将面临一些新的挑战，并且这些挑战在边缘侧会表现得更为严峻。

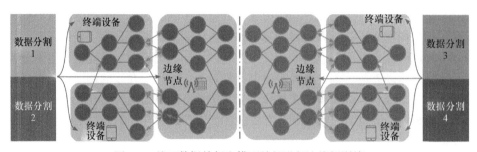

图 9-1　基于数据并行和模型并行进行边缘侧训练

9.4.2　训练数据来自何处?

目前,大多数边缘训练框架都是针对监督学习设计的,并使用完整的数据集测试它们的性能。但是,在实际边缘场景中,并非所有的训练数据都能被正确地标记。另外,深度强化学习这类无监督学习任务并不需要过度关注训练数据是如何生成的。例如,原始版本的联邦学习可以利用递归神经网络为用户输入法预测关联词语[14],而这种训练数据可以在用户进行日常文字输入活动时一并获得。

不过,对于更为广泛的边缘智能服务,如何获取服务所需的应用数据仍是一个尚待解决的问题。如果将所有的训练数据都进行手工标注,并上传到云数据中心,再由云分发到边缘设备上,就显然违背了联邦学习的初衷。一种可能的解决方案是边缘设备通过相互学习标记数据来构造数据集。所以,业界不仅需要明确训练数据的生成途径,以及在边缘侧训练模型的应用场景,也需要讨论在边缘侧训练模型的必要性和可行性。

9.4.3　异步边缘联邦学习

目前,联邦学习方法[14,15]主要关注同步训练模式,仅能支持数百个设备进行并行处理,这带来以下两方面问题。一方面,这种同步更新的模式可能在扩展性上存在问题;另一方面,联邦学习可能因以下两个关键特性而效率较低,即边缘设备一般计算能力较弱,并且续航能力有限,无法承担密集型的训练任务;与传统的云端训练模式相比,边缘设备之间的通信条件受限且存在不确定性。因此,当进行全局模型更新时,服务器只能从当前可用的边缘设备中选择参与设备,然后指示它们去执行训练任务。此外,考虑模型训练速度因设备性能的不同会有快慢差异,每一轮训练结束时的同步过程就变得尤为困难。例如,一些设备在开始训练时可用,但在需要模型同步时不再可用。因此,聚合服务器必须能确定超时阈值,并及时丢弃过于滞后的设备。但是,这样又产生了一个新的问题,即如果在时限内完成训练的设备过少,服务器就不得不丢弃整个回合的训练数据(包括所有收到的模型更新)。

异步训练机制有望能解决上述瓶颈[16-18]。另外,也可在每个存在资源限制条件的训练回合中尽可能地选择资源充足的客户端来参与训练。通过设定客户端下载、更新和上传等操作的最后期限,聚合服务器能够确定选择哪些客户端参与训练,保证在每个回合中聚合尽可能多的客户端训练参数,从而使聚合服务器能够不断加速提升模型精度[19]。

9.4.4　基于迁移学习的训练

在边缘设备上训练和部署计算密集型人工智能模型具有挑战性,而迁移学习能使在资源受限设备上的模型部署过程更为便捷。例如,Xing 等[20]利用未标记数据在边缘设备之间传递知识,减少训练数据量,并加快训练过程。当边缘设备在不同感知模式中进行学习时，利用跨模态迁移的方法可以大幅减少标记数据和训练所需时间。此外，Sharma 等[21]提出可利用迁移学习中的知识蒸馏技术应对以上问题。知识蒸馏可以带来以下好处，一是利用来自充分训练的大型模型("教师")来指导轻量级模型("学生")，这样轻量化后的模型可以更方便地部署在边缘设备上，并且收敛速度更快；二是提高"学生"模型的准确度；三是帮助轻量级模型变得更为通用，而非仅适用于某一组数据。尽管文献[20]，[21]探讨关于知识蒸馏的发展前景，但业界仍需要进一步探索如何将基于迁移学习的训练方法扩展到具有不同类型感知数据的人工智能应用上，以满足多样化边缘智能服务的需求。

9.5　智慧边缘的实际部署和改进

在利用深度学习来优化和调度边缘侧的任务和资源方面，业界已经进行了诸多尝试，包括但不限于在线内容流[22]、路由和流量控制[23,24]等。由于基于深度学习的解决方案并不完全依赖对网络条件和设备能力的精确建模，因此寻找一个可以应用深度学习的场景并非最重要的问题。值得注意的是，应用深度学习对边缘进行优化可能带来"副作用"，如训练数据传输所消耗的额外带宽和人工智能推理的额外延迟等。

目前，现有的研究成果主要关注面向优化边缘的人工智能算法，但却忽略了实践可行性。虽然上述章节已详细阐述了深度学习的理论性能，但是业界仍需进一步考虑其在实际部署中的问题(图 9-2)。

(1) 考虑深度学习和深度强化学习的资源开销和实时管理边缘的需求，我们应该在哪些位置对它们进行部署？

(2) 当使用深度学习来决定缓存策略或优化任务卸载时，深度学习的优点是否会被深度学习本身带来的带宽消耗和任务处理延迟抵消？

(3) 如何探索和改进边缘计算架构来支撑面向优化边缘的人工智能算法？

(4) 第 5 章介绍的模型优化解决方案是否有助于促进实际部署？

(5) 如何实践第 6 章的训练原则以满足边缘管理的严格时效性？

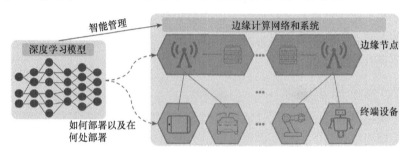

图 9-2　智能边缘的部署挑战

此外，多智能体深度强化学习(multi-agent deep reinforcement learning, MADRL)[25-27]、图神经网络(graph neural network，GNN)[28,29]也具备优化云-边-端融合网络和系统的潜力。例如，我们可以将终端设备、边缘节点和云视为独立的智能体。以这种方式，每个智能体都根据本地不完全观测的数据来训练的策略，同时所有参与的智能体共同协作以优化云-边-端整体。另外，云-边-端协同架构实际上是一个巨大的图，它包含大量潜在的结构信息，如设备之间的连接和带宽。因此，为了更好地理解边缘计算网络，专注于从图结构中提取特征的图神经网络可能是一种很有潜力的方法。

9.6　本章小结

边缘智能作为新兴的技术领域，具有广阔的应用前景，包括但不限于智能物联网、智慧城市、智能工业等方面。然而，随着边缘智能应用的不断拓展和发展，也带来一系列挑战需要克服。边缘智能推理面临着计算资源受限、网络带宽有限等问题，需要研究开发更高效的推理算法和机制，以提升边缘设备的计算能力和智能化水平。边缘人工智能模型训练面临着数据隐私、模型部署、资源协同等挑战，需要探索隐私保护、模型优化和资源调度等方面的解决方案，确保在边缘环境中有效进行模型训练和部署。此外，面向优化边缘的人工智能算法需要深入研究边缘环境下的数据特征、资源约束和实时性要求，开发适应性强、性能优越的智能算法，以提高边缘智能系统的整体性能和效率。

参 考 文 献

[1] Đurišić M P, Tafa Z, Dimić G, et al. A survey of military applications of wireless sensor networks// Mediterranean Conference on Embedded Computing, Bar, 2012: 196-199.

[2] Jiang J, Ananthanarayanan G, Bodik P, et al. Chameleon: Scalable adaptation of video analytics// ACM Special Interest Group on Data Communication, Budapest, 2018: 253-266.

[3] Huynh L N, Lee Y, Balan R K. Deepmon: Mobile GPU-based deep learning framework for continuous vision applications// International Conference on Mobile Systems, Applications, and Services, Niagara, 2017: 82-95.

[4] Ran X, Chen H, Zhu X, et al. Deepdecision: A mobile deep learning framework for edge video analytics// IEEE Conference on Computer Communications, Chicago, 2018: 1421-1429.

[5] Huang Y, Ma X, Fan X, et al. When deep learning meets edge computing// International Conference on Network Protocols, Toronto, 2017: 1-2.

[6] Teerapittayanon S, McDanel B, Kung H T. Branchynet: Fast inference via early exiting from deep neural networks// International Conference on Pattern Recognition, Cancún, 2016: 2464-2469.

[7] Mudassar B A, Ko J H, Mukhopadhyay S. Edge-cloud collaborative processing for intelligent internet of things: A case study on smart surveillance// ACM/ESDA/IEEE Design Automation Conference, San Francisco, 2018: 1-6.

[8] Ren J, Guo Y, Zhang D, et al. Distributed and efficient object detection in edge computing: Challenges and solutions. IEEE Network, 2018, 32(6): 137-143.

[9] Alam M, Rufino J, Ferreira J, et al. Orchestration of microservices for iot using docker and edge computing. IEEE Communications Magazine, 2018, 56(9): 118-123.

[10] Xu J, Wang S, Bhargava B K, et al. A blockchain-enabled trustless crowd-intelligence ecosystem on mobile edge computing. IEEE Transactions on Industrial Informatics, 2019, 15(6): 3538-3547.

[11] Zheng Z, Xie S, Dai H, et al. An overview of blockchain technology: Architecture, consensus, and future trends// IEEE International Congress on Big Data, Honolulu, 2017: 557-564.

[12] Kim J Y, Moon S M. Blockchain-based edge computing for deep neural network applications// Workshop on Intelligent Embedded Systems Architectures and Applications, Turin, 2018: 53-55.

[13] Wood G. Ethereum: A secure decentralized generalized transaction ledger. Ethereum Project Yellow Paper, 2014, 151(2014): 1-32.

[14] Bonawitz K, Eichner H, Grieskamp W, et al. Towards federated learning at scale: System design. https://arxiv.org/abs/1902.01046[2019-02-04].

[15] McMahan B, Moore E, Ramage D, et al. Communication-efficient learning of deep networks from decentralized data// Artificial Intelligence and Statistics, Fort Lauderdale, 2017: 1273-1282.

[16] Zheng S, Meng Q, Wang T, et al. Asynchronous stochastic gradient descent with delay compensation// International Conference on Machine Learning, Sydney, 2017: 4120-4129.

[17] Xie C, Koyejo S, Gupta I. Asynchronous federated optimization. https://arxiv.org/abs/1903.03934 [2019-03-10].

[18] Wu W, He L, Lin W, et al. Safa: A semi-asynchronous protocol for fast federated learning with low overhead. IEEE Transactions on Computers, 2021,70(5): 655-668.

[19] Nishio T, Yonetani R. Client selection for federated learning with heterogeneous resources in mobile edge// IEEE International Conference on Communications, Shanghai, 2019: 1-7.

[20] Xing T, Sandha S S, Balaji B, et al. Enabling edge devices that learn from each other: Cross modal training for activity recognition// International Workshop on Edge Systems, Analytics and Networking, Munich, 2018: 37-42.

[21] Sharma R, Biookaghazadeh S, Li B, et al. Are existing knowledge transfer techniques effective for deep learning with edge devices// IEEE International Conference on Edge Computing, San Francisco, 2018: 42-49.

[22] Yoon J, Liu P, Banerjee S. Low-cost video transcoding at the wireless edge// IEEE/ACM Symposium on Edge Computing, Washington D.C., 2016: 129-141.

[23] Kato N, Fadlullah Z M, Mao B, et al. The deep learning vision for heterogeneous network traffic control: Proposal, challenges, and future perspective. IEEE Wireless Communications, 2016, 24(3): 146-153.

[24] Fadlullah Z M, Tang F, Mao B, et al. State-of-the-art deep learning: Evolving machine intelligence toward tomorrow's intelligent network traffic control systems. IEEE Communications Surveys &

Tutorials, 2017, 19(4): 2432-2455.

[25] Foerster J N, Assael Y M, De Freitas N, et al. Learning to communicate with deep multi-agent reinforcement learning// Neural Information Processing Systems, Barcelona, 2016:1-7.

[26] Omidshafiei S, Pazis J, Amato C, et al. Deep decentralized multi-task multi-agent reinforcement learning under partial observability// International Conference on Machine Learning, Sydney, 2017: 2681-2690.

[27] Lowe R, Wu Y, Tamar A, et al. Multi-agent actor-critic for mixed cooperative-competitive environments// Neural Information Processing Systems, Long Beach, 2017:1-15.

[28] Zhou J, Cui G, Hu S, et al. Graph neural networks: A review of methods and applications. AI Open, 2020, 1: 57-81.

[29] Zhang Z, Cui P, Zhu W. Deep learning on graphs: A survey. IEEE Transactions on Knowledge and Data Engineering, 2022, 34(1): 249-270.

第10章　链上边缘智能

边缘智能是融合计算、存储、网络、智能应用等能力的一体化平台，可对边缘环境下的数据智能协同、资源共享与算法优化等提供助力。与此同时，对于高动态、超低延时、实时性强的应用场景，安全协作、隐私保护与价值激励等需求对边缘智能提出更高的要求。区块链作为可信的去中心化技术，可为边缘智能的迫切需求提供新的解决方案。

10.1　边缘智能上"链"

10.1.1　区块链简述

近些年来，区块链技术受到学术界和工业界的重点关注，其内在的去中心化、不可篡改和可追溯等特点使其在数字货币、金融等领域大放异彩。最初，区块链起源于比特币，一位化名为中本聪的"神秘者"在2008年[1]提出一种采用工作量证明(proof of work，PoW)机制的点对点网络，正式创造了区块链这一概念，并在2009年正式部署。如今，区块链早已脱离了数字货币的范畴，并作为核心技术自主创新的重要突破口，创建了一种在不可信的竞争环境中建立信任的新型模式，具备极大的发展潜力，有望成为数字经济信息基础的重要组成部分。

根据2019年中国信息通信研究院发布的《区块链白皮书(2019年)》，区块链定义为："一种由多方共同维护，使用密码学保证传输和访问安全，能够实现数据一致存储、难以篡改、防止抵赖的记账技术，也称分布式账本技术"[2]。区块链是记录数据的区块序列，最初是作为一个防篡改的去中心化分布式账本提出的。它记录了一组有序的交易，这些交易在连接到区块链之前，会通过不信任代理之间的去中心化共识过程进行验证。它们只有在大多数达成一致意见后才能添加或修改，因此具备以下特点[3]。

(1) 去中心化网络。去中心化区块链网络允许每个计算单元节点，利用其计算能力参与区块链协商过程。区块链上的每个事务必须在多数节点通过共识协议达成一致才能进行确认，因此在区块链网络中可以消除集中式网络的垄断。

(2) 防篡改账本。区块链中的加密技术可以确保网络中的所有节点观察到任何对反操作数据的改变。这意味着，在区块链中记录的事务不能被修改和处理，除非大多数节点被破坏。

(3) 透明交易。区块链中的所有交易均可追溯验证,并且交易对区块链网络中的所有节点都是透明的。

(4) 无信任但安全的交易。通过使用基于数字签名的非对称密钥,区块链网络保证只有拥有非对称密钥的发送方和接收方才能执行交易,而不受其他任何可信第三方的干预。

为了更清晰地理解区块链体系架构,一般可将区块链系统分为六层,自下而上分别是数据层、网络层、共识层、激励层、合约层和应用层[4]。如图 10-1 所示,数据收集、交易和通信主要在数据层和网络层处理,共识层和激励层包括共识协议和激励机制,具有脚本代码的智能合约包含在合约层中,而基于区块链的真实应用则在应用层中实现。

图 10-1　区块链框架

(1) 数据层。数据层是区块链体系结构的最底层,封装了从不同的应用程序生成的数据区块,主要使用带时间戳数据块的链式结构和非对称加密技术。矿工负责验证网络中的交易并将其打包成块,然后将当前区块指向上一个区块,从而形成一个有序的区块链表。其中,区块头指定元数据,包括前一个区块的哈希、当前区块的哈希、区块创建时的时间戳和包含区块中所有交易的哈希树形成的Merkle 树等,以便于进行快速验证。

(2) 网络层。网络层本质上是对等网络,用于传播数据层生成的数据。数据直接在两个节点之间传递,无须任何中间连接或集中式服务器。一旦交易双方之间产生交易,就将其广播到相邻节点。每个节点将基于非对称加密机制验证收到的交易中的有效交易转发到其他节点,并存储在区块链网络中。

(3) 共识层。共识层主要指不同区块链网络使用的各种共识算法,用于在不可信网络中让高度分散的节点间达成一致。目前,主流的共识机制算法包括工作量证明[1]、权益证明(proof of stake,PoS)[5]和实用拜占庭容错(practical Byzantine fault tolerance,PBFT)[6]等算法。这些共识算法根据实际场景在不同区块链网络中的应用被选择。

(4) 激励层。激励层是维持区块链网络长期稳定发展的主要动力。这一层主要包括发行机制和分配机制。通过将经济因素整合到网络中,激励节点积极参与数据验证和确认,维护整个去中心化系统的平稳运行。特别是,对于公有链来说,只有鼓励参与验证的节点遵守规则,区块链系统才能朝着积极的方向发展。

(5) 合约层。合约层将可编程特性带入区块链,主要包含各种脚本、算法机制和智能合约。智能合约是一段运行在区块链上的程序,当其满足特定条件时,就能自动执行合约里的协议。这种依赖脚本代码的自执行协议使智能合约不可更改,能抵抗恶意攻击,实现可编程分布式信用,极大地拓展区块链的应用场景。

(6) 应用层。应用层位于区块链体系架构中最顶层,主要是实现建立在区块链上的不同应用,包括加密货币、物联网、智慧城市等。然而,目前区块链仍处于起步阶段,学术界和产业界正在努力研究解决问题,尝试将这一有前景的技术应用于金融、物流、制造等各个领域。

如表 10-1 所示,区块链按照去中心化程度可分为公有链、联盟链、私有链。它们各有优缺点,可应用在不同的场景下。

(1) 金融。区块链最大的用途是金融。传统金融市场中交易双方的信息不对称会导致无法建立有效的信用机制。产业链条中存在大量中心化中介,致使系统运转效率不高且增加资金往来成本。区块链技术凭借其开放式、扁平化、平等性的系统结构,操作简化、实时跟进、自动执行的特点,未来在供应链金融、跨境支付、资产管理等细分领域可有效提升系统效率、改善用户体验、降低成本。

(2) 供应链。目前,商品溯源的需求正在日益增长。一方面,由于产品质量安全意识的增强,传统食品、医药等商品在生产全环节存在追查溯源的需要。另一方面,区块链去中心、可追溯、不可篡改的特点天然契合供应链的监管需要,能使供应链整个过程变得更加透明。

(3) 政务民生。区块链技术可促进跨部门、跨地区的数据交换和共享,进而实现透明化治理政府、多元化公共服务、统一化数据。其在政府数据共享、金融监管、个人数据服务、社会公益记录等方面大有可为。

（4）人工智能。区块链面临可伸缩性、效率和安全性等问题，而人工智能方面的担忧包括隐私问题和巨头垄断等，二者可以相互结合克服缺点。一方面，区块链可以为人工智能提供去中心化的平台，例如数据、计算能力让人工智能的决策更加透明。另一方面，人工智能可以帮助区块链实现可伸缩性的设计和操作，进而自动化和优化区块链获得更好的性能。

此外，区块链作为一种新兴技术，在物联网、物流、数字版权等其他领域也有广泛的应用前景。

表 10-1　区块链类型

项目	公有链	联盟链	私有链
参与者	自由进出	联盟成员	链的所有者
共识机制	工作量证明/权益证明	分布式一致性算法	实用拜占庭容错协议等
记账人	所有参与者	联盟成员协商确定	链的所有者
激励机制	需要	可选	无
中心化程度	去中心化	弱中心化	强中心化
特点	信用自创建	效率和成本优化	安全性高、效率高
承载能力	<100 笔/秒	<10 万笔/秒	视配置决定
典型场景	加密货币	供应链金融、银行、物流、电商	大型组织、机构

10.1.2　边缘智能上"链"的迫切需求

随着第五代移动通信技术的广泛应用，人工智能和物联网将迎来新的机遇。未来，各种各样的分布式设备将成为物联网的一部分。2020 年有超过 500 亿个物联网分布式终端接入互联网。然而，这些分布式设备在以下方面引发了挑战。

（1）异构性。物联网可以使各种网络设备之间相互通信，然而这也导致异构性问题。物联网系统的异构性体现在异构设备、异构数据类型和异构通信协议上。这种异构性会严重影响物联网系统中设备的整体运行质量，并引发隐私安全等其他挑战[7]。

（2）隐私泄露。分布式设备的复杂性和异构性使隐私泄露更容易发生。利用协作式的边缘设备可以连接多个地理上分散的终端设备，同时将密集分布的数据卸载到第三方云服务器。不过这种跨越广域网的传输可能危及分布式终端脆弱的隐私性[8]。

（3）单点故障。绝大多数分布式设备都服从中心辐射拓扑或服务器-客户端体系结构。在此可以将访问到因特网的设备视为终端，它们需要定期与中央服务器和其他分布式设备通信。在大多数网络中，若没有中央服务器进行协调和通信，两个相距仅有几米的终端设备将无法直接交互。但是，由多个分布式设备组成的中央服务器仍是一种集中式管理模式，这可能造成单点故障问题[9]。单点故障意味着，恶意攻击者获得对核心服务器的控制，进而使物联网网络无法正常工作。

目前，金融、医疗、工业、科学领域产生和维护的数据在地理、物理、逻辑上大多是分散的。传统的学习技术已不能有效地管理海量分布的数据。常用的方法是利用分布式学习的特点将所有信息上传到一个中心服务器进行集中式整合。然而，分布式学习具有的某些特点会阻碍其发展，具体如下。

(1) 共识问题。分布式学习中分布式终端设备的独立计算和通信难以达成共识。由于分布式设备在地理、物理、逻辑上是分散的，因此从分布式设备获取的信息进行集中处理通常是不现实或不可行的[10]。

(2) 信用问题。在一些分布式学习过程中，数据所有者可能有意无意地误导全局模型。它们可能故意上传恶意的参数更新，或者上传动态移动网络的环境造成的低质量数据模型，对全局模型产生不利影响[11]。上述行为容易导致信任缺失问题，进一步对分布式学习任务产生影响。

(3) 安全漏洞。在传统的分布式学习中，移动终端基于设备上的数据样本进行本地计算，相互协作通信，最后将信息发送到中央服务器，这样的模式存在一定的安全漏洞。如果在通信、传输或聚合的过程中存在恶意攻击者，那么分布式学习就会不可避免地产生安全问题[12]。

(4) 激励问题。在现有的分布式学习中，大多数移动设备都需要满足自身的利益。因此，一些自私的设备会由于较大的设备开销而不愿意参与分布式学习任务[11]。

作为一种分布式账本或分布式数据库，区块链技术具有以下关键特征。这些特征可以作为分布式系统的补充特征，消除分布式设备和分布式学习带来的挑战。它们之间的相互关系如表 10-2 所示，具体含义如下。

(1) 去中心化。区块链由通过对等网络通信的区块组成，可以记录和存储网络中的每一笔交易。所有参与者都可以在不需要第三方干预的情况下访问区块链，这意味着区块链系统不受任何单个实体的控制。

(2) 自治性。区块链采用非对称加密技术对交易进行加密，包括数据加密和数字签名。这种加密使区块链具有自治能力，即区块链系统中的所有节点都可以在没有信任的情况下，通过一种特定的共识机制，自由、安全地进行交易并记录数据，而不会受到任何其他参与者的干预。

(3) 透明性。区块链节点之间的所有交易都不可逆地记录在分布式账本中，可以供任何接入区块链网络的参与者查看。此外，智能合约作为一个自动执行交易的平台，可用于对多种交易活动进行审核。

(4) 数据完整性。数据完整性是指区块链中的数据在整个生命周期内保证其准确性、一致性和安全性。区块链防止数据篡改意味着，如果交易信息已被添加至区块链，则不能对其进行编辑或删除。此外，区块链中的每个块以 Merkle 树的形式存储交易数据。Merkle 树包含一种基于哈希的数据结构，使区块链能够有效地维护数据完整性，并提供一种安全的方式进行数据完整性验证。

(5) 可追溯性和可靠性。区块链利用时间戳识别和记录交易数据。这个时间戳不仅可以保证数据的来源，还可以防止对数据信息的恶意修改。只有攻击者控制51%或更多的节点，才能攻击系统并修改交易信息。但是，一个拥有 51%主导力量的节点在区块链网络中被认为是几乎不存在的，这可以保证区块链的可靠性和稳定性。

(6) 激励机制。在区块链中，挖矿节点需要消耗一定的算力将交易打包进区块，而这是在激励机制下完成的。激励机制的存在使区块链中的节点愿意提供算力记录交易、打包区块，维护整个区块链的运行，进而提高交易的效率。

表 10-2　三方面动机的特征关系

动机方面	挑战	对应的区块链特征
分布式设备	异构性	去中心化、数据完整性
	隐私泄露	可追溯性、可靠性、透明性、数据完整性
	单点故障	去中心化
分布式学习	共识问题	自治性
	信用问题	可追溯性、可靠性
	安全漏洞	激励机制
	自我激励	不可变性

10.1.3　链上边缘智能体系结构

近年来，人工智能技术特别是深度学习技术的快速发展，引发了 5G 时代的一系列变革。深度学习的数据训练需要大量的数据和计算量。然而，当前这些计算任务需要交付给云端处理，这对网络的传输能力和云端计算能力提出严峻的挑战。传统的计算模式已经出现云端功耗较大、业务响应延迟高等一系列问题，而且这些问题已经逐渐成为诸多技术的发展瓶颈，特别是在一些时延敏感的应用场景中。针对上述问题，边缘智能作为下一代通信网络的关键技术之一，可以提供有效的解决方案。

由于网络边缘侧设备的资源受限(如计算资源和存储资源等)，传统的边缘智能技术通常又只利用单一的边缘计算设备进行深度网络的训练，仍具有较差的时间效率和训练效率。如果可以进行边缘设备的互通，实现边缘智能的共享和交互，就可以有效地解决上述问题。但是，边缘设备之间的异构性和不信任性阻碍了边缘设备之间边缘智能能力的共享和交互。

在现有的分布式协同训练研究中，大多没有考虑边缘节点之间的零信任特征。例如，Heigold 等[13]对感知机进行局部迭代平均分布式训练，并未考虑当局部节点不可信的场景；Neverova 等[14]讨论了将敏感边缘节点的数据进行特殊保存，但未从根本上解决边缘节点的不可信问题，未对可疑边缘节点提出管制措施；Wang 等[15]在假设节点互信的基础上，介绍分布式深度强化学习算法在边缘侧的应用。

此外，在协同训练时，训练节点的异构性问题也较为突出。Shokri 等[16]要求客户端的数据量远小于每个客户端的示例数量，从而使数据以独立同分布的方式分布在客户端上，并且要求每个客户端都有相同数量的数据，同时忽视每个客户端的异构性。Zhang 等[17]设计了一种软平均的异步协同训练方法，但是只讨论了当节点相互同构场景下的应用问题。

上述研究虽然取得一定进展，但是仍未全面解决边缘训练节点在相互不信任或者相互异构场景下的协同训练问题。考虑利用区块链可以进行安全、可追溯、去中心化的数据共享和深度神经网络的迁移，本节提出基于区块链的合作边缘智能技术方案，即每个轻量级的边缘设备只训练部分深度网络，从而缓解边缘设备计算和存储资源有限的问题。此外，本节利用区块链技术对每个边缘设备的边缘智能(深度网络训练结果)进行分布式的存储和共享，并基于每个边缘设备的边缘智能实现整体智能。链上边缘智能体系主要包括两个部分。

一是，形成本地智能。我们以利用深度强化学习理论决策资源分配策略为例，对本地智能的形成过程进行阐述。利用深度强化学习理论决定资源分配策略，建模马尔可夫决策过程，并对状态空间、动作空间和奖励函数等分别进行定义。然后，选择适当的深度网络估计强化学习中的 Q-table，从而得到算力资源分配策略的本地决策。需要说明的是，深度网络的训练过程就是不断最小化损失函数的过程。由此可以推断，更小的损失函数意味着当前的深度网络更能够估计出真实的 Q-table，也就是说当前的深度网络更加优化。如果能将更加优化的深度网络进行分享，就可以提高其他边缘训练节点的收敛速度。

二是，采用基于学习量(proof of learning，PoL)共识算法的区块链系统进行边缘训练结果的协同共享。回顾传统的工作量证明共识算法，其共识过程需要花费大量的计算资源求解无用的哈希函数解来决定记账权，因此会造成巨大的资源浪费。针对这一问题，可设计学习量证明共识算法，通过训练深度网络来竞争记账权，一个训练周期结束后训练效果最优的(即损失函数降低最多的)节点获得记账权,并将该节点的深度网络进行可靠的协同共享。这样一方面能避免计算资源的大量浪费,另一方面可以分享更加优化的深度网络,提高协同训练效率。这样将构建区块链所需的资源和形成资源分配决策所需的资源实现融合交织,使在训练资源分配策略的同时,实现区块链的构建和零信任训练节点之间的边缘协同智能共享。PoW 与 PoL 对比结果如表 10-3 所示。

表 10-3　PoW 与 PoL 对比结果

算法	竞争过程	获胜者	验证
PoW	求解哈希难题	第一个求解出哈希难题的节点	哈希难题
PoL	训练本地深度网络	损失函数下降最多的节点	训练结果

10.1.4　区块链共识助力边缘智能

为了保证区块链的一致性、边缘场景的具体特点和边缘智能的具体需求,一种全新的区块链共识算法 PoL 被提出。它将深度网络的训练过程(而不是 PoW 中求无用的哈希解)当成是需要求解的随机问题,并在一段时间内将损失函数减小最多的节点当成获胜节点,并允许获胜者提交区块,将本地的训练结果(深度网络的网络结构)分布到其他节点中进行验证、达成共识。该共识算法的具体过程如下。

(1) 本地训练。对每个边缘训练节点进行分配策略的本地训练。

(2) 封装本地训练结果。如表 10-4 所示,一个训练周期结束后,每个边缘训练节点将本地深度网络参数和所需信息打包到交易中。

(3) 生成未验证区块。每个边缘训练节点向其他全部节点发送本地交易,并将本地训练得到的 Loss_reduce 值和来自其他节点交易中的 Loss_reduce 值比较。如果本地训练的 Loss_reduce 值不是最小的,那么不做任何处理;否则,生成未验证区块。区块格式如表 10-5 所示。

(4) 验证区块,达成共识。Loss_reduce 值最小的边缘训练节点生成上述区块后,发送给其他全部节点进行验证。一是,验证哈希结果,即验证该区块中的 Previous_hash 是否与本地保存的上一区块的哈希结果一致,如果一致,则验证成功;否则,验证失败。二是,验证 Proof 是否最小,即验证区块中的 Proof 是否小于本地本周期训练后的 Loss_reduce,如果是,则验证成功;否则,验证失败。三是,验证深度网络参数的正确性,将本地深度网络参数按照区块中最小 Loss_reduce 交易中的 Param_set 进行替换。例如,边缘节点 1 封装交易的 Loss_reduce = 0.3,边缘节点 2 封装交易的 Loss_reduce = 0.25,边缘节点 3 封装交易的 Loss_reduce = 0.35,边缘节点 4 封装交易的 Loss_reduce = 0.18,那么在这一验证阶段中,全部节点的深度网络参数均要替换成边缘节点 4 封装的交易中的 Param_set 。替换之后，分别输入边缘节点 4 封装的交易中的 Input_set ，如果输出结果与边缘节点 4 交易中的 Output_set 一致，那么验证成功；否则，验证失败。需要说明的是，PoL 和 PoW 同样具有非对称性，即求解的过程十分复杂，但是获胜节点的验证过程相对容易。例如，在 PoL 共识算法中，一个训练周期中深度网络的训练过程相对复杂，需要一定计算资源的投入。然而，在验证获胜节点的正确性时，只需替换深度网络参数、输入测试参数、进行简单的加法乘法，如果输出值和测试参数一致，则验证通过。

(5) 共享训练结果。如果上述验证过程成功，则该区块上链，并且每个边缘节点的本地深度网络均替换成具有最小 Loss_reduce 的深度网络参数。由于边缘节点的计算能力有限，利用这种方法，轻量级的边缘节点无须自己训练便可得到更加优化的深度网络，实现零信任边缘训练节点之间训练结果的协同共享，进而实现资源分配策略的边缘协同训练。

表 10-4　交易格式

名称	描述
Input_set	本周期训练结束后，深度网络输入的数据集合
Output_set	本周期训练结束后，深度网络输出的数据集合
Loss_reduce	经过本训练周期后，损失函数减少的百分比，由|(Lcur – Lpre)| / Lpre 计算得到，其中 Lcur 表示当前训练周期深度网络的损失函数；Lpre 表示上一周期深度网络的损失函数
Param_set	本周期训练结束后，深度网络的各参数集合
Sender_ID	提交该交易的边缘训练节点 ID

表 10-5　区块格式

名称	描述
Index	区块编号(与上一区块依次递加 1，如果是第一个区块，也称为创世块，则编号为 1)
Previous_hash	上一区块的哈希值，用 SHA256 方法求得
Proof	本次训练周期中，最小的 Loss_reduce 值(创世块中，Proof = 100)
Timestamp	区块的创建时间
Transactions	本训练周期中，全部节点提交的交易集合(Transaction #1, Transaction #2,···, Transaction #N)

如图 10-2 所示，大脑和拼图碎片表示资源分配策略的训练结果，越完整表示训练结果越优化。

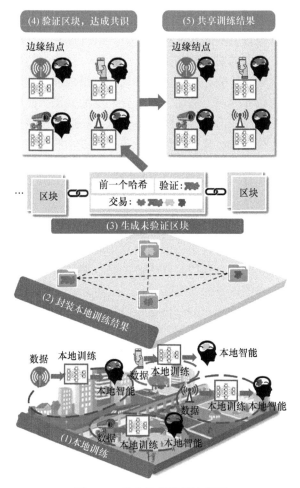

图 10-2　链上边缘智能流程图

10.2　边缘算力上"链"

10.2.1　边缘智能的算力挑战

近年来，人工智能技术和产业的迅猛发展正在全球掀起新的产业革命。随着人工智能的兴起，一些智能应用正在极大地影响和促进经济社会发展和人类文明的进步，如语音识别、自然语言生成、虚拟代理等。算法、数据、算力作为人工智能发展的重要支撑，正在引领和实现人工智能的发展和普适化。高效算力作为关键驱动因素之一，在数据处理、算法优化、高精度快速交互等方面起着催化作用[18]。因此，以异构、加速和高性能计算为特征的新型人工智能计算技术和框架可以为有意义的智能研究和应用提供无数的可能性。

下一代超级计算拥有更快的互连速度、更高的计算密度、可扩展的存储、高效的基础设施效率、更高的安全性和工作负载性能。目前的超级计算架构具备强大的计算节点，使用更多的核心加速器，并采用巨量内存和基于云的 I/O 技术来处理更密集的工作负载和规模。然而，对于更广泛的人工智能应用，除了高性能的计算能力，用户开始逐渐追寻特定的服务需求，如适应性服务、快速响应等。同时，随着高性能计算工作负载的变化和计算资源成本的提高，企业高性能计算生态系统基础设施更新速度不断加快，而高性能计算的数据中心环境对计算资源的需求常常超过可用的供应，从而限制计算能力的扩展。因此，采用单层次的超级计算架构已经无法满足日益增长的人工智能应用对服务的特定需求。

在 5G 时代来临之前，超大规模的算力和数据通常在单个或几个数据中心生成和缓存。然而，一些特定的应用场景对数据中心的网络吞吐量、并发计算与存储等提出特定的需求。因此，利用超算中心的高性能计算资源融合云计算，进而建设高性能云计算中心的任务课题迅猛发展。然而，超五代移动通信系统/第六代移动通信技术(beyond 5th-generation/6th-generation，B5G/6G)[19]等新兴技术的出现将给网络边缘带来海量的数据，从而加速计算能力从少数数据中心向网络边缘，甚至终端设备扩散[20]。因此，算力网络的概念被提出，边云、端边云、端边云超(超算，即高性能云数据中心)等多层次计算架构进而形成。因此，要支持 5G/B5G的机器智能时代，端边云超多层次协同的算力网络成为最优的计算解决方案。端边云超各层级相辅相成，并协同考虑网络和计算融合演进的需求，将共建新一代算力网络架构。目前，算力网络的发展尚处于初步阶段，如何协同端边云超共建新一代的算力网络成为众多学者关注和研究的问题。

10.2.2　边缘算力需求和使用现状的突出矛盾

从万物互联到万物智联，再到万物赋能，未来的社会必定是智能的。具有人工智能算力的设备种类繁多，可以依据其算力规模由小到大归纳为传感器、智能手机、便携机、边缘服务器、高性能服务器等。这些拥有算力的设备不一定都可以被利用。一方面，大量的业务需要更多有保证的算力资源；另一方面，一些设备的大量算力又被空闲下来。上述原因造成海量算力资源缺乏价值传递途径，从而出现算力供给矛盾。

因此，无处不在的无线设备和多样化的智能需求迫使着泛在协同的算力网络的构建。本节介绍一个通过算力网络建立全新网络基础设施的设想，帮助海量应用、海量功能函数、海量计算资源构成一个开放的算网生态。网络互联从质量、能源、信息到智能，计算是智能世界的关键驱动力，而泛在算力网络可以体现网络在人工智能时代的新价值。早先连接网络中的网络为连接服务，价值在于连接人和物。随着云、高性能数据中心和终端设备的崛起，形成云超化网络，其中的网络为入云超服务，价值在于连接超算云。同时，人工智能的崛起促使算力网络形成，即网络为计算服务，价值在于释放算力。然而，万物互联并不等于算力共享，路由调度、资源分配、人工智能算力，以及超低时延的限制都对算力网络提出严格的要求。具体的，边缘设备算力不足。与此同时，一些算力强大的数据中心，如云、超算中心算力未得到解放，形成算力孤岛。因此，业界提出端边云超的算网架构，即通过协同考虑网络和计算融合演进的需求，支持数据持续增长的机器智能时代，助力数字化转型。

其中，算力网络中算力的管理和分配至关重要，尤其是对于端边云超等多模式、多层次的计算架构来说是非常困难的。此外，对于算力网络的完善发展，还存在诸多问题，一是如何为用户提供适应性的计算服务，满足用户多样化的需求；二是如何支持弹性的组网服务和算力资源调度，实现快速响应；三是如何保证算力提供者的效益，实现算力网络的价值激励。因此，适应性、弹性和价值是基于端边云超算力网络架构下的三个主要指标。

区块链，也称分布式账本技术，作为加密货币的支撑基础，是一种相对较新的技术趋势。它是一种开放、加密、分布式的系统。具体来说，区块链是一个计算能力很强的系统。例如，基于工作量证明的共识机制 PoW，通常需要大量的算力来蛮力破解密码难题[21]，从而造成大量的算力浪费。因此，一些学者研究了其他有效的共识协议[22]，将密码学难题替换为神经网络训练，建立面向人工智能友好型的共识算法，从而实现算力网络和区块链的互惠互利。对于算力网络，区块链有激励机制、可靠和可跟踪的算力共享等优点。同时，区块链中基于人工智能的共识协议也加速了用户智能任务的进程。

受以上背景的启发，业界提出一种区块链赋能的算网融合架构，并对该网络提出三个方面的优化研究需求，以响应来自人工智能应用的快速增长的算力需求，推动计算和网络的融合。

10.2.3　边缘节点众筹算力网络架构

本节提出一种区块链赋能的算网融合架构。该框架围绕算力网络，将算网成员分为用户、算力组网和算力提供者等三类。同时，该架构将适应性、弹性和价值激励作为评价算力网络性能的三个主要指标，解决用户侧的自适应计算需求、组网侧的算力资源灵活的调度与管理，以及算力提供侧的价值需求等三难问题。在已有的架构中[23]，用户侧的算力需求、组网侧的调度管理需求和算力提供侧的激励需求是被分开研究的。然而，它们都是算力网络的底层助力，所以如何抽象、管理、分配算力资源，以及优化三个问题也直接影响着算力网络架构的性能。此外，区块链和应用场景的作用也不容忽视。因此，如图 10-3 所示，综合考虑上述三方面因素，一个具有普适性、灵活性和可评估性的算力网络架构被提出。

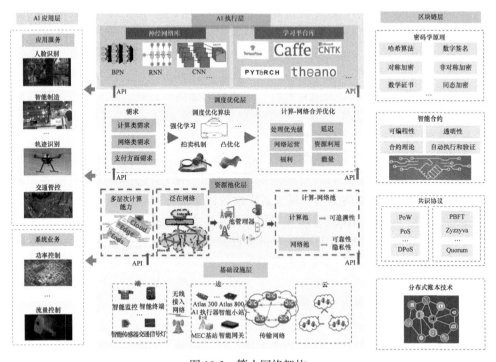

图 10-3　算力网络架构

1. 基础设施层

5G 和边缘计算的出现加速了算力从高性能计算中心向网络边缘和终端设备的迁移，而由各类基础设备合作构成的端-边-云超协同的算力网络架构也成为网络计算架构未来的趋势。具体地，算力网络架构主要包括以下基础设施。

(1) 端。例如，智能摄像头、终端传感器、交通灯等具有一定的算力和网络特性，可以在一定程度上执行敏捷且繁杂的数据收集和推理。

(2) 边。例如，人工智能小站、移动边缘计算基站、智能家居网关等边缘算力设备，这些边缘设备算力有限，只能完成特定业务需求的推理和训练。在某些情况下，它们并不能完成大规模的数据分析及深度神经网络训练等计算任务，因此仍然需要高性能的计算中心进行高速的计算、存储、训练及推理。

(3) 云。本架构利用高性能计算资源，使其与云计算的工作模式和运行机制融合，建设兼具高性能计算和云计算的性能、软硬件架构和应用模式融合的高性能云计算中心，辅助完成大型深度神经网络训练、推理，以及大规模的科学计算等任务。

2. 资源池化层

由端节点、边缘计算节点及云计算融合超算平台组成的算力资源池，是利用云计算技术的容器特性构建的资源池，通过软件定义网络与网络编排引擎相连接，并通过云管平台统一调度完成算力的基础资源支撑。其中，多层次的计算资源和无处不在的网络资源在这一层被抽象和聚集。通常，资源池管理器负责从基础设施层感知物理计算和网络，同时将分散的资源在计算池和网络池中进行池化和分组。算力由分散的算力提供者供应，因此对计算池中计算资源使用情况的追踪至关重要，同时也能保障网络池的可靠性和私密性。

3. 调度优化层

算力网络架构上不同用户的需求差异较大，所以根据用户的计算需求、网络需求和对算力资源贡献者的支付金额可将用户的需求分成不同的类。其中，计算需求包括密集计算型需求、适中计算型需求、轻量计算型需求。网络需求也按类似的分类方法分为快速网络型需求、适中网络型需求和低速网络型需求。由于系统鼓励用户付费使用算力和网络，因此支付金额可以分为较高费用型、适中费用型、较低费用型。此外，该层可对分类后的需求通过调度优化算法进行处理，如强化学习[24]、拍卖机制[25]、凸优化[26]等。其算法总体的优化目标是对划分后的需求进行优化分配，使之匹配不同的底层算力资源。

4. AI 执行层

为了高效地执行人工智能应用，该框架通过接口式的神经网络和执行平台实现。根据不同人工智能应用的需求，该层能灵活地选择合适的神经网络。例如，使用反向传播网络(back propagation networks，BPN)进行文本识别、递归神经网络进行语音识别、卷积神经网络进行图像识别等。此外，AI 执行层也包含各种各样的学习平台框架，如 TensorFlow、Caffe、PyTorch、Theano、CNTK 等。具体地，AI 执行层旨在基于基础设施层、资源池化层，以及调度优化层来分配计算和网络资源，同时根据不同的场景选择适当的神经网络和学习执行平台，完成边缘智能所需的执行任务。

5. 区块链层

来自端、边、云超架构中异构、分散和众筹的算力会被不同的用户以一种有偿的方式使用。因此，需要一个可信的平台来支持安全可靠的管理，并确保自发算力提供者的服务可靠。由于区块链安全、透明和去中心化的特性，该架构将区块链层引入算力网络，以一种防篡改和可追踪的方式在算力用户和算力贡献者之间构建信任。同时，区块链的激励机制能鼓励更多的算力提供者加入算力网络架构，这可能是未来算力实现的新趋势。此外，在区块链中执行类似于 PoW 等耗能的共识机制对算力也有较高的需求。因此，算力网络与区块链技术的结合是互惠互利的。更具体地说，由于区块链具有以下不同的技术特点，其将在算力网络中发挥巨大的作用。

(1) 分布式账本技术。与传统的由中心权威机构控制的分布式存储系统不同，分布式账本技术依赖多方制定统一的规则，进而共同决策、维护数据。随着算力交易的快速增长，分布式账本技术将有利于维护多方交易，提高交易的可操作性和可信性。

(2) 共识协议。共识协议是分布式账本技术的必要前提，可以保证各参与方对一个区块增加的唯一顺序达成一致。在不同区块链中使用的共识协议各不相同，但是大致可以分为基于工作量的协议和基于副本的协议。在基于工作量的协议中，各方独自解决一个计算难题，以竞争哪方可以优先发布一个区块。基于副本的协议则利用状态机复制机制达成共识。无论选择哪种共识协议，都需要大量的算力资源。

(3) 智能合约。智能合约实际上是存储在区块链中的一个微型计算机程序，它在满足某些特定条件时自动执行。算力贡献者可以通过这种自动执行且透明的方式按合约内容收取服务费用，而无须任何信任的第三方公证人。

(4) 密码学原理。密码学作为区块链的底层基础，为区块链提供了大量的安全可靠技术，包括哈希算法、对称和非对称加密、数字签名、数字证书、零知识证明和同态加密等。

6. AI 应用层

如图 10-3 所示，人工智能应用可以分成两部分。其中，应用服务涉及人脸识别、智能制造、轨迹识别、交通管控等方面，而系统服务则更多体现在对系统的监控，如功率控制、流量控制等。

10.2.4　区块链加持的算力变现价值体系

近年来，由于区块链技术具有安全可信、透明可靠、不可篡改等特点，已经有众多的研究人员基于区块链技术面向异构算力资源调度优化展开了相应的研究工作。在工业物联网中，一个基于区块链网络的自组织算力资源交易平台被建立，其中算力提供者和矿工之间的交互可以建模为一个斯塔克尔伯格博弈模型[27]。同时，基于区块链的计算资源交易系统使供应商和客户能够以安全和激励的方式共享算力资源[28]。此外，在移动区块链网络中引入一种基于深度学习的最优拍卖可以在一定程度上保证矿工的个体合理性和优势策略激励兼容性[29]。

本节介绍一种高效的人工智能算力资源分配机制，使算力网络通过灵活的组网服务共享人工智能算力，并在动态适应用户多样化定制服务的同时，实现算力提供者的价值。如图 10-3 所示，考虑一组并列的移动设备，其中位于移动设备附近的无线接入点与边缘节点相连，边缘节点通过接入点和高性能云服务器彼此连接。这些多样化的基础设施构成算力资源池，以帮助算力网络提供、调度和协同人工智能算力。此外，人工智能算力和组网状态将作为区块信息存储在区块链中。具体地，算力网络可以共享计算任务消息，过滤合适的计算节点，从而实现用户需求的适应性、组网资源调度的灵活性和算力供应商的价值。在算力网络中，区块链被用来记录和交易人工智能算力资源和组网信息，以帮助实现算力的灵活调度。如图 10-4 所示，端节点的任务主要分为两类，即算力用于挖矿和算力用于服务。

(1) 算力用于挖矿。算力网络采用学习量证明的 PoL 共识机制[30]，用来代替证明共识机制，旨在克服 PoW 造成的算力浪费。PoL 本质上是求解计算神经网络训练相关的难题。也就是说，PoL 一方面可以在多个不可靠算力节点之间对单个数据块达成一致；另一方面可以助力加速人工智能服务中的神经网络推理，提高服务质量。

(2) 算力用于服务。除了挖矿任务，端节点还需要密集和高能耗的计算支持固有的智能服务，如语音识别、人脸识别、自然语言处理、增强现实等。这些任务由神经网络、强化学习、联邦学习等工智能算法支撑。当然，这些算法可以利用挖矿任务中新兴的训练结果作为整个人工智能推理过程的助推器。

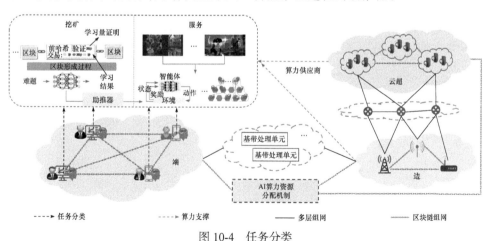

图 10-4　任务分类

上述烦琐的任务需要消耗端节点大量的算力资源，然而端设备的算力受限，同时一些算力强大的计算节点却处于闲置状态，由此引发算力供给之间的矛盾。因此，本节通过建立一种基于用户需求、组网状态和算力价值的人工智能算力分配机制解决以上问题。这种机制实际上可以灵活地调度来自算力供应商(云超和边缘节点)的计算能力,以帮助处理端节点的烦琐任务。如图 10-5 所示,该分配机制实现透明、灵活、共享的算力资源分配,同时可以根据不同的计算能力、定制的人工智能服务需求和组网状态有选择地分配和定价计算资源。其中,算力供应商可以提供大量的计算资源,通过端节点相互竞争获得供应商的算力。

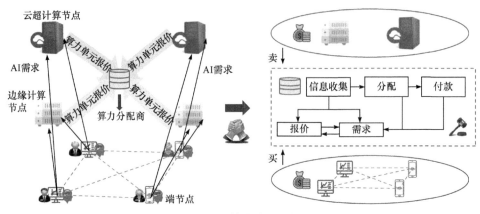

图 10-5　算力分配机制

具体地说,用户根据自身的业务向算力提供者提交算力需求,算力提供者将各自的算力单元价格提交给算力分配商。然后,算力分配商经过信息收集后,进一步分配计算能力,并根据提交的投标,宣布用户需要支付的相应价格。在这种分配机制中,移动用户从算力供应商处争夺计算资源,以支持多业务需求。此外,组网不但要提供用户和供应商之间所需的通信带宽,而且要通过弹性部署配合算力网络中的算力分配。如图 10-6 所示,为了管理算力分配中用户需求的波动,同

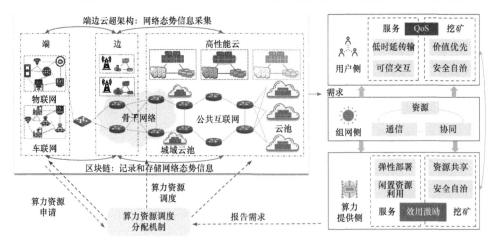

图 10-6　算力网络定制化需求

时考虑计算节点的可用资源价值和组网状态，分配机制应从以下三个方面考虑，以便满足一定的多样化需求。

1. 用户侧

算力分配机制首先应满足用户侧对多种服务质量的要求，包括延迟要求、传输可靠性和效用优先要求。如果算力网络中的计算负载没有得到很好的管理，那么移动用户和算力网络的 QoS 都无法得到保证。用户希望通过适应性计算服务，在满足人工智能应用任务延迟和安全性的同时，获得更大的效用。在算力分配过程中，端节点将消耗计算时间，以及用户必须支付给供应商的费用。同时，在区块链环境中，第一个成功解决 PoL 难题并达成一致的矿工将获得挖矿奖励。假设用户具有准线性效用，而在算力网络中获得的用户效用是由挖掘的奖励减去任务的内在计算时间和报酬得到的。在这种情况下，该机制将决定如何把算力分配给用户，使用户的平均效用最大化，从而自适应地满足用户的多重计算服务。具体的建模过程为

$$P1 : \max \text{平均效用}$$
$$\text{s.t.} \quad C_u^1 : T_l \leqslant T_d, \quad \forall l$$
$$C_u^2 : \sum_{l \in K} \delta_{l,j} \cdot S_{l,j} \leqslant S_j, \quad \forall j \qquad (10.1)$$
$$C_u^3 : \sum_{j \in M} B_{i,j} \leqslant B_i, \quad \forall i$$

在式(10.1)中，C_u^1 将任务延迟视为算力分配机制的 QoS 约束之一，即每个任务 l 必须在物联网应用确定的 T_d 指定时限内完成。完成时间 T_l 由计算节点之间的传输时间、任务在执行节点上的执行时间和等待处理的排队延迟组成。除延迟约束外，服务质量保证的约束包括需求任务的安全约束 C_u^2，$S_{l,j}$ 为二进制变量，代表任务 l 是否卸载到分布式计算节点 j。此外，在节点的安全强度 S_j 范围内，执行计算节点上多种任务分配的计算单元必须具有足够的安全性和超可靠性，才能满足任务的指定安全要求[31]。约束 C_u^3 保证用户 i 提交的算力需求对应的价格 $B_{i,j}$ 不超过用户本身的预算 B_i。因此，该机制可以为用户提供适应性计算服务，进而获得较好的实用性。

2. 组网侧

算力网络从信息传输的网络基础设施向集感知、传输、存储、计算、处理为一体的智能基础设施进行了根本性的转变，因此对网络化管理提出更高的要求。具体地，算力网络需要呈现的网络本身可以提供扩展服务，组网能够捕获用户的

业务需求，在数据和服务之间动态地按需建立连接。虽然算力网络可以方便地访问大量异构计算资源池，但是将计算密集型的任务从终端设备传输到计算节点会导致网络拥塞和计算资源的不合理使用，并导致网络延迟和低水平的资源利用率。本节定义网络等待时延和资源利用率的比值为平均拥塞指数，从所述组网侧对资源分配算法进行优化，通过最小化组网侧的平均拥塞指数、降低网络等待时延、提高资源利用率等避免网络的压力，灵活地提供网络服务。具体建模过程如式(10.2)，其中的约束条件包括通信约束 C_n^1，以及用户和算力供应商方面的效益需求，也就是 C_n^2 和 C_n^3。因此，从网络的角度来看，算力分配机制可以减少网络中流动的信息量，同时灵活地提供本地的物理和虚拟移动性，以低成本高效的费用支持多种智能应用，即

$$P2 : \min \text{网络拥塞指数}$$
$$\text{s.t.} \quad C_n^1 : T_l \leqslant T_d, \quad \forall l$$
$$C_n^2 : \text{平均效用} \geqslant 0, \quad \forall i \tag{10.2}$$
$$C_n^3 : \text{供应商福利} \geqslant 0, \quad \forall j$$

3. 算力提供侧

算力分配机制将激励更多的算力供应商参与算力网络，同时每个供应商都是安全和自治的。端节点在资源有限的移动环境中的竞争来自两种算力提供者的算力。这些供应商为设备提供不同类型算力单元的各种算力资源。假设用户争夺算力的节点不参与区块链的挖矿任务。用户请求一组算力单元，并提交用户挖矿或服务所需的算力。这些请求被提交给算力分配商。分配商将决定最优的算力单元价格、分配给设备的算力，以及设备必须支付给供应商的价格。从算力提供者的角度来看，服务的计算节点通过一组计算和通信设施提供计算单元。这些计算和通信设施可以出租给端节点。同时，他们可以获得服务用户需求的收入。假设在算力网络获得的供应商福利是用户支付的费用减去执行任务的电力成本，此时分配机制将决定如何分配计算单元给用户，使算力提供者的收益最大化，以此实现算力网络架构的价值激励。具体的建模过程为

$$P3 : \max \text{供应商福利}$$
$$\text{s.t.} \quad C_p^1 : \sum_{i \in N} C_{i,j} \leqslant C_j, \quad \forall j \tag{10.3}$$
$$C_p^2 : P_{i,j} \leqslant B_{i,j}, \quad \forall i, j$$

其中，约束条件 C_p^1 确保算力提供者 j 分配给不同用户 i 的总算力资源不能超过其本身的可用算力 C_j；第二个约束确保用户 i 提交给提供者 j 的价格 $B_{i,j}$ 不超过实际的支付价格 $P_{i,j}$。

在算力网络的框架下，将端节点上的繁杂任务卸载到其他高性能计算节点是一项艰难而费力的任务。此外，此类服务器的数量有限，这使大量移动用户竞争稀缺的算力资源。因此，在算力提供者方面，这种算力分配机制可以激励更多的算力提供者参与算力网络，并最大化算力网络的价值。

10.3　本　章　小　结

针对日益增长的智能算力需求，通过一个区块链辅助的算力网络框架可以解决算力共享问题，深度探讨用户、组网和算力提供者之间的关系和交互。对于用户，该框架通过适应性的计算服务可以在满足其多样化需求的同时获得最优效用。对网络而言，该机制将通过共享来自多个不同类型计算节点的算力支持灵活的网络服务，并实现快速响应。此外，对于算力提供者，该机制可以激励更多的算力提供者参与算力网络的同时获得最大收益，从而实现算力网络的价值。一般来说，所提出的机制可以帮助三方获得更大的利益，同时从本质上鼓励自私方参与算力网络框架，因此这是一个适合自私方参与场景的模型。

总的来说，随着边缘智能应用的兴起，计算需求会持续快速增长。即使是在硬件技术不断突破和创新的情况下，边缘智能的部署实施也受到很大的阻碍。在数据方面，边缘环境下数据的时空多样性和异质性对数据的共享与协作起着阻碍作用，并且存在信息泄露篡改的风险。在算力方面，资源受限的终端设备需要处理计算密集型的任务，而其他一些具有额外计算能力的计算节点处于空闲状态，其计算资源未得到充分利用，进而造成算力供给矛盾。在海量数据处理和高效算力的推动下，人工智能算法取得重大进展，为边缘智能的发展铺平了道路。但是，目前边缘场景下的人工智能算法仍然面临着诸多挑战，包括训练者积极性不足、算法性能低下、参数易被攻击等。区块链作为一种去中心化的公共账本技术，可以用于边缘环境下的数据记录，同时激励计算节点共享其计算资源，避免交易隐私泄露。

本章关注区块链在边缘智能方面的相关工作，阐述边缘智能上"链"的迫切需求及方法，为边缘智能的发展提供参考。在未来，会有更多产业界、学术界的力量基于区块链技术研究边缘智能在数据共享、算力协同与算法优化方面的提升方法，从而构建可信安全、协同高效的边缘智能体系。

参 考 文 献

[1] Bitcoin. Bitcoin: A peer-to-peer electronic cash system. https:// bitcoin.org/bitcoin.pdf[2021-06-25].

[2] CAICT.White paper on blockchain. http:// www.caict.ac.cn/english/research/whitepapers/202101/P020210127494158921362.pdf [2021-06-25].

[3] Liu Z, Luong N C, Wang W, et al. A survey on blockchain: A game theoretical perspective. IEEE Access, 2019, 7:47615-47643.

[4] Tschorsch F, Scheuermann B. Bitcoin and beyond: A technical survey on decentralized digital currencies. IEEE Communications Surveys and Tutorials, 2016, 18(3):2084-2123.

[5] Fintech.A next-generation smart contract and decentralized application platform. http:// www. fintech.academy/wp-content/uploads/2016/06/EthereumWhitePaper. pdf[2021-06-25].

[6] Ren L.Practical byzantine fault tolerance. http:// pmg.csail.mit.edu/ papers/osdi99.pdf[2021-06-25].

[7] Dai H N, Zheng Z, Zhang Y. Blockchain for internet of things: A survey. IEEE Internet of Things Journal, 2019, 6(5):8076-8094.

[8] Liu M, Jiang H, Jia C, et al. A collaborative privacy-preserving deep learning system in distributed mobile environment// IEEE International Conference on Computational Science and Computational Intelligence, Las Vegas, 2016: 192-197.

[9] Huang J, Kong L, Chen G, et al. Towards secure industrial IoT: Blockchain system with credit-based consensus mechanism. IEEE Transactions on Industrial Informatics, 2019, 15(6): 3680-3689.

[10] Georgopoulos L, Hasler M. Distributed machine learning in networks by consensus. Neurocomputing, 2014, 124(26):2-12.

[11] Kang J, Xiong Z, Niyato D, et al. Incentive mechanism for reliable federated learning: A joint optimization approach to combining reputation and contract theory. IEEE Internet of Things Journal, 2019, 6(6):10700-10714.

[12] Kim H, Park J, Bennis M, et al. Blockchained on-device federated learning. IEEE Communications Letters, 2020, 24(6):1279-1283.

[13] Heigold G, Vanhoucke V, Senior A, et al. Multilingual acoustic models using distributed deep neural networks// IEEE International Conference on Acoustics, Speech and Signal Processing, Vancouver, 2013: 8619-8623.

[14] Neverova N, Wolf C, Lacey G, et al. Learning human identity from motion patterns. IEEE Access, 2016, 4:1810-1820.

[15] Wang X, Han Y, Leung V, et al. Convergence of edge computing and deep learning: A comprehensive survey. IEEE Communications Surveys and Tutorials, 2020, 22(2): 869-904.

[16] Shokri R, Shmatikov V. Privacy-preserving deep learning// ACM Conference on Computer and Communications Security, Denver, 2015: 1310-1321.

[17] Zhang S, Choromanska A, Lecun Y. Deep learning with elastic averaging SGD// Advances in Neural Information Processing Systems, Montreal, 2015: 685-693.

[18] Dai Y, Xu D, Maharjan S, et al. Blockchain and deep reinforcement learning empowered intelligent 5G beyond. IEEE Network, 2019, 33(3):10-17.

[19] Saad W, Bennis M, Ch En M. A vision of 6G wireless systems: Applications, trends, technologies, and open research problems. IEEE Network, 2020, 34(3): 134-142.

[20] Ren J, Yu G, He Y, et al. Collaborative cloud and edge computing for latency minimization. IEEE Transactions on Vehicular Technology, 2019, 68(5): 5031-5044.

[21] Conti M, Kumar E S, Lal C, et al. A survey on security and privacy issues of bitcoin. IEEE Communications Surveys and Tutorials, 2018, 20(4): 3416-3452.

[22] Lu Y, Huang X, Dai Y, et al. Blockchain and federated learning for privacy-preserved data sharing in industrial IoT. IEEE Transactions on Industrial Informatics, 2020, 16(6): 4177-4186.

[23] Lin L, Liao X, Jin H, et al. Computation offloading toward edge computing. Proceedings of the IEEE, 2019, 107(8): 1584-1607.

[24] Qiu C, Yu F R, Yao H, et al. Blockchain-based software-defined industrial internet of things: A dueling deep Q-learning approach. IEEE Internet of Things Journal, 2019, 6(3): 4627-4639.

[25] Xiong Z, Feng S, Wang W, et al. Cloud/Fog computing resource management and pricing for blockchain networks. IEEE Internet of Things Journal, 2019, 6(3): 4585-4600.

[26] Liang S, Wang L Y, Yin G. Distributed smooth convex optimization with coupled constraints. IEEE Transactions on Automatic Control, 2020, 65(1): 347-353.

[27] Yao H, Mai T, Wang J, et al. Resource trading in blockchain-based industrial internet of things. IEEE Transactions on Industrial Informatics, 2019, 12:3602-3609.

[28] Xie Z, Wu R, Hu M, et al. Blockchain-enabled computing resource trading: A deep reinforcement learning approach// IEEE Wireless Communications and Networking Conference, Seoul, 2020:1-8.

[29] Luong N C, Xiong Z, Wang P, et al. Optimal auction for edge computing resource management in mobile blockchain networks: A deep learning approach// IEEE International Conference on Communications, Kansas, 2018: 1-6.

[30] Chao Q, Yao H, Wang X, et al. AI-Chain: Blockchain energized edge intelligence for beyond 5G networks. IEEE Network, 2020, 34(6): 62-69.

[31] Yau S, Yin Y, An H. An adaptive approach to optimizing tradeoff between service performance and security in service-based systems. International Journal of Web Services Research, 2011, 8(2): 74-91.

第 11 章　边缘智能安全

随着边缘计算、人工智能、物联网等技术的迅猛发展，以及网络攻防的不断升级，边缘智能安全服务正在引起众多研究者的关注。边缘智能安全需要在将用户任务下沉到边缘节点的过程中考虑安全性，以此提供具备安全防护能力的加速服务。本章针对边缘智能的基础网络架构进行相应的安全风险分析，同时针对这些问题和挑战，明确对应的边缘协同智能安全策略和解决方案，从而有效提升边缘智能整体的安全性。

11.1　边缘协同智能体系安全风险分析

如今，计算和网络存在大量的安全风险隐患，而且新的风险会随着新技术的出现而大量产生，边缘计算亦是如此。对于大多数组织和机构来说，边缘计算代表信息技术的进一步转变，因此面临着十分严重的安全风险问题[1]。了解这些风险及相关安全需求对于确保业务运营的顺利开展至关重要。

11.1.1　边缘智能安全管理风险

随着应用需求的不断丰富，以及人工智能技术的飞速发展，边缘侧也在逐渐向着智能化的方向发展前进。与此同时，随着相关技术的不断融合，边缘智能安全风险问题也随之产生。对于边缘智能安全管理风险分析，本节从边缘智能安全管理风险与需求两个方面进行介绍。边缘智能安全管理主要包含以下三个层面的风险。

(1) 硬件层面。硬件设备分布范围广泛，相关设备产品种类多样，尤其当设备涉及智能算法与决策时，会进一步增加安全管理难度，同时造成设备生命周期变短的现象。

(2) 软件层面。对系统程序自带的缺陷或相关漏洞的安全防护工作不到位，导致系统易被黑客入侵，造成信息泄露。

(3) 管理层面。相关部门信息安全意识不足，对平台、信息和数据安全缺少有效的监管机制；同时可能存在部分员工有意或意外操作导致系统整体资源浪费，进而造成整体运行效率下降[2]。

上述三个不同层面的安全管理风险问题同样会产生与之对应的安全管理需

求。目前常见的安全管理也主要分为三个层面。

(1) 硬件层面。需要制定完善的设备安全管理制度，防止信息的泄露、损坏和被盗，进而使设备避免受到物理和环境的威胁。

(2) 软件层面。需要制定数据安全管理制度，严格对数据的机密性、完整性和可用性方面的安全措施；同时需要确定网络中通信协议层的安全管理规范，保护网络中通信协议层的信息安全和设施稳定，坚决防止对网络服务中非授权应用的访问与获取。

(3) 管理层面。需要制定网络操作的安全管理制度，将网络安全系统中所有的申请与操作以日志和记录的形式保存下来，从而对关键操作提供可靠且便捷的管理与维护。

总的来说，安全、稳定、有效的管理体系需要以体系化的方式实施信息安全管理，同时需要实现包括信息安全规划、风险管理、应急响应计划、意识培训、安全评估和安全认证等信息安全目标[3]。在逐步实现上述安全目标前，需要对其安全需求进行分析，以便有针对性地制定安全措施[4]。

11.1.2　边缘协同网络融合风险

在边缘协同网络计算安全体系中，网络融合主要包括端设备与边缘计算节点之间的网络、边缘计算与云平台之间的网络、端设备与云平台之间的网络、用户访问云平台的网络、管理员访问云平台的网络。当这些网络进行相互融合协同时，同样会产生许多安全风险和安全需求。由于边缘协同网络计算系统相对封闭，只与云平台有一定的间接交互，终端设备一般无法直接访问云平台。同时，因为边缘协同网络计算网络中计算节点设备数量庞大、网络拓扑结构复杂，可供攻击者进行攻击的网络路径增加，进而向计算节点发送恶意数据包，发动拒绝服务攻击，影响算网融合的可靠性和可信度。这会引发以下安全风险。

(1) 边缘协同网络基础设施安全风险。计算节点可以分布式承担算网的计算任务。但是，在边缘协同网络计算场景中，参与计算的实体类型繁多，参与实体的可信情况非常复杂。另外，攻击者可以将恶意计算节点伪装成合法节点，诱使用户连接到恶意计算节点上，从而秘密收集用户的个人隐私数据。

(2) 协议安全风险。边缘协同网络融合环境使用多种通信协议来满足业务运行中的数据传输需求。这些通信协议的安全特性参差不齐，多数协议在设计之初并未考虑安全性，缺乏认证、授权和加密机制，可能存在协议自身特点造成的固有安全问题。此外，还存在通信报文被窃听、修改、破坏等可能，进而危害系统的完整性、可用性。

(3) 边缘协同网络层级通信安全风险。计算与通信资源存在滥用、浪费等现象，进而导致系统性能低下，还存在算力资源和网络资源被非法控制和占用的问题。为方便协同网络层级之间的交互,需要开放一系列业务接口与二次开发接口。在开放这些接口时需要防止意外或恶意频繁接入。与此同时,第三方公司和开发者会基于这些底层的功能接口开发更多有附加价值的服务和应用,并在原有的接口层新建一层更复杂的应用程序接口(application programming interface, API)层。这同样也会增加相应的风险。

(4) 网络安全风险。在边缘计算与云平台之间的网络方面,两者一般是通过光纤/传输链路进行连接,需要保障传输链路的冗余,避免因施工等原因挖断光纤导致的通信失效。在网络通信方面,由于大多采用中间件进行通信,有可能出现被攻破的边缘节点发起重放攻击、中间人攻击等,从而破解更多的边缘节点。

为了保证边缘协同网络计算体系正常运转,在网络融合方面需要保障边缘侧设备的可信接入、传输网络的冗余、边缘节点与云平台之间的安全通信、云平台系统之间的数据传输接口加固、用户对门户的安全访问,以及管理员的安全访问等[5]。为应对网络融合面临的各种挑战,在安全防护方面有以下需求。

(1) 硬件层面。在硬件层面,网络融合安全需要确保安全可靠的算力网络软硬件基础,确保基础架构在启动、运行、操作等过程中是安全可信的,同时需要建立基础架构信任链。

(2) 协议层面。在协议层面,网络融合安全需要在网络环境中提供各种安全服务,包括通过安全协议进行实体之间的认证、在实体之间安全地分配密钥或其他各种隐私数据、确认发送和接收的消息的非否认性等。

(3) 接口层面。在接口层面,网络融合安全需要提供安全可信的接口和 API,即需要在繁杂的算网计算环境、分布式的架构中向大量的现场设备提供安全可信的应用与服务接口,同时保障彼此之间的协同交互。

11.1.3　边缘计算风险

边缘计算将云数据中心的计算资源分散到网络边缘并进行扩展。边缘计算的基础设施通常部署在网络的边缘处,由于缺少安全统一的管理,它们更可能暴露于不安全的物理与网络环境中。与此同时,由于使用开放式的应用程序编程接口、开放的网络功能虚拟化技术等其他技术,外部攻击者更容易对系统发动攻击[6]。另外,相较于云数据服务中心,因为边缘设施的资源和算力有限,它很难提供与云数据中心相同的安全功能保障。目前,边缘计算主要包括以下常见的安全风险。

(1) 基础设施安全风险。边缘计算的基础设施通常部署在网络的边缘处,使其更容易暴露于不安全的物理与网络环境中。

(2) 数据安全风险。边缘计算节点的数据包括模块间通信的信息、模块配置数据、运行数据、用户流量信息等,而这些数据信息可能被攻击者利用,通过下沉到边缘计算的核心网网元来攻击整个核心网络,造成数据被窃听和泄露。

(3) 平台安全风险。边缘计算平台提供了边缘应用部署和运行涉及的环境和服务，并为其提供边缘服务的环境，以及无线能力的开放。这也使其面临传输数据被拦截、篡改和虚拟化技术相关的安全威胁等风险。

(4) 组网安全风险。随着边缘计算上的核心网数据面的下沉，各网络平面接口也随之下移。传统的组网较为封闭，而在引入边缘计算后，不仅在封闭组网引入本地出口，同时还面临边缘云网络的安全风险。对于第三方应用的部署，还存在第三方应用在组网方面带来的外部攻击的安全威胁。

边缘网络安全是实现边缘计算与现有各种工业总线互联互通，满足所连接的物理设备的多样性及应用场景多样性的必要条件。边缘网络安全防护应建立纵深防御体系，从安全协议、网络域隔离、网络监测、网络防护等方面从内到外保障边缘网络安全。

11.1.4　边缘协同智能风险

边缘协同智能主要指的是边缘节点与云平台之间的协同，包括资源协同、数据协同、智能协同、应用管理协同、业务管理协同、服务协同等层面[7]。在各个层面中，同样存在与之对应的安全风险与需求。

根据边缘协同智能的各个层面内容，边缘协同智能风险主要包含以下几种风险。

(1) 资源协同。在资源协同层面，实现资源的统一管理。一般由云平台承载统一的管理系统，对云、边进行统一的资源管理。其主要安全风险来自资源管理指令从管理系统发送至边缘节点的过程。指令在此过程中可能被截取修改或发动重放攻击。

(2) 数据协同。在数据协同层面，实现数据在云平台和边缘之间的处理分工。其主要安全风险点是数据传输通道不安全，容易被第三方窃取修改。

(3) 智能协同。在智能协同层面，实现人工智能"训练-识别"的分工协同。其主要安全风险是数据传输通道不安全，导致模型参数传递不完整等。

(4) 应用管理协同。在应用管理协同层面，实现应用部署的协同。其主要安全风险是应用从云平台发送至边缘时被篡改。

(5) 业务管理协同。在业务管理协同层面，实现应用的编排调度。其主要安全风险是业务调度指令丢失或被篡改，同时可能存在延时和重放攻击的问题。

在边缘协同智能环境下，主要的安全需求是管理系统的安全防护，云平台和边缘节点之间数据的安全传送通道，以及智能算法协同安全能力的需求[8]。具体来说，主要包含以下安全需求。

(1) 资源系统安全。云平台和边缘节点在基础设施即服务层面的资源统一管理，保障统一资源管理控制信令的通信安全、云边之间的相互认证。

(2) 数据协同安全。云平台和边缘节点在数据层面的分工协作，保障数据传输的安全，以及数据的完整性验证。

(3) 智能协同安全。云平台和边缘节点在人工智能"训练-推理"层面的分工协作，云边间的相互认证、数据完整性验证，保障云平台输出的训练模型安全传递到边缘节点。

(4) 应用管理安全。云平台和边缘节点在应用部署层面分工协作，保障云平台的应用可安全传递到边缘节点不被删改，并在边缘节点中完成认证和部署。

(5) 业务管理安全。云平台和边缘节点在业务编排调度部署层面的分工协作，保障云平台可对边缘节点的应用进行编排，以完成特定的任务，保障认证安全和指令传送的安全。

11.2　边缘协同智能安全策略

边缘协同智能安全策略以边缘业务需求为导向，以安全促应用，从而保障业务信息系统的安全可靠运行[9,10]。本节围绕边缘智能计算服务体系，研究安全防护策略。同时，以边缘智能管理平台为核心，将边缘计算节点形成安全资源池进行统一管理，并结合安全大数据应用形成安全大数据处理中心，以此构建安全体系整体框架，进而保障边缘协同计算的深度融合。

11.2.1　管理平台侧安全策略

针对边缘协同智能安全，可以设计对应安全的边缘协同智能管理平台，针对业务应用等层面的环境特点与威胁特征，采取对应的安全防御策略，为上层的各种业务提供安全的运行环境。其中，安全智能的管理平台策略是建立在管理、运维、技术上统一集中的信息安全统一管理平台，可对信息系统各层面所有设备进行安全管理和监控、对安全威胁进行高效预警、对安全事件进行及时响应和处理，从而保障整个信息系统的安全运行。

11.2.2　网络融合侧安全策略

目前，为了应对 5G 时代面临的物联网设备部署成本高且复杂等问题，许多运营商将无线和有线网络结合，从而简化连接，提供灵活的模式切换，大幅降低部署的成本。虽然目前的网络融合具有独立基础设施无法实现的优势，但是网络融合存在一定程度的安全风险，使之无法在边缘智能环境下得到广泛的应用。因此，针对网络融合面临的问题及挑战，本节总结的安全策略如下。

(1) 轻量级加解密技术应用。融合网络中，终端设备的运算能力弱、融合系统轻量且功耗低，难以在安全和网络性能之间平衡。具体地，融合网络中的身份认证和数据验证存在安全风险，攻击者可能伪造终端设备和网关通信，并在通信过程中发送虚假消息或者截取敏感信息等。因此，边缘网络融合需要采用面向硬件的轻量级加解密机制，以及密码学算法，进而构建安全可信的融合网络架构。

(2) 终端设备与网关通信安全策略。目前，边缘环境下物联网终端设备之间的通信协议众多。传输层主要基于不稳定的用户数据报协议(User Datagram Protocol，UDP)[11]，而应用层一般采用超文本传输协议(Hypertext Transfer Protocol，HTTP)[12]、可扩展消息和表示协议(Extensible Messaging and Presence Protocol、XMPP)[13]等。这些协议存在极大的安全风险，容易被监控和劫持。因此，需要在传输层和应用层建立专门的通信协议，并在融合网络中添加加密和解密处理，保证终端设备与网关之间的通信安全。

(3) 业务机制安全策略。目前的融合网络覆盖范围广、连接设备多、系统功耗低，更容易满足网络对安全性、大容量、深覆盖的要求。业务机制安全策略主要针对众多的业务场景处理周期报告、自主异常报警、远程控制指令、数据远程同步等业务。具体地，通过构建自适应的心跳控制策略确认终端设备的状态情况，同时构建泛化的指令控制策略防止攻击者的恶意操控行为，并建立完善的设备故障排查机制，以降低自主异常报警和定期报告中的漏报和误报问题。

11.2.3　边缘计算侧安全策略

边缘计算将计算能力下沉到边缘节点。这样短距离的传输可以在一定程度上降低敏感信息泄露的风险。但是，边缘计算设备作为终端数据的入口，可以直接获取用户的一些敏感信息，从而可能引发隐私安全风险[14]。因此，面对边缘计算技术的安全风险，亟须采取有针对性的手段措施，构建安全保障体系，保证边缘计算健康稳步发展。基于上节对边缘计算的安全风险分析，本节总结了如下几个层面的应对策略。

(1) 边缘网络安全。从安全协议、网络域隔离、网络监测、网络防护等从内到外保障，通过安全协议进行实体之间的认证、密钥分发、消息传递等，在边缘节点不同业务场景下虚拟隔离资源，并持续监控计算机网络可疑情况，对明确的有害网络流量进行阻断、缓解和分流。

(2) 边缘数据安全。提供轻量级数据加密、数据安全存储、敏感数据处理和敏感数据监测等关键技术能力[15]，通过集成多种成熟密码算法的商用密码机提供快速、高效的密码运算服务；综合数据存储方式、安全保护措施、数据备份等保证存储在边缘节点上的数据安全性；识别并对敏感数据进行脱敏混淆，通过数据溯源技术对敏感边缘数据进行跟踪和记录，并综合分析、可视化展示及识别告警异常行为。

(3) 边缘应用安全。在应用的开发、上线到运维的全生命周期都提供 APP 加固、权限和访问控制、应用监控、应用审计等安全措施。一方面，提供自动化的识别和安全加固机制、支持轻量级的最小授权安全模型、多域访问控制策略与快速认证和动态授权的机制等关键技术。另一方面,进行应用行为监控和应用资源占用监控,审计应用程序的正确性、合法性和有效性,并将妨碍应用运行的安全问题及时报告给安全控制台。

(4) 边缘控制安全。考虑边缘计算对终端设备的控制安全,对存在内部、外部控制需求的控制进行安全防护。

11.2.4 边缘协同侧安全策略

近年来,随着物联网和人工智能产业的发展,一些对时延和传输成本敏感的应用场景广泛出现。传统的云计算可以在一定程度上解决信号覆盖、网络质量的问题,但是不能保证满足业务时延方面的要求。与此同时,边缘计算在靠近物或数据源头的网络边缘侧的应用可以为用户带来超低时延的体验,但是并不能保证优质的业务质量。因此,边缘协同网络融合逐渐成为新的发展趋势。目前的边缘协同网络融合仍然处于发展初级阶段,正面临许多的问题和挑战[16,17],如网络设备易受攻击、传输通信不可靠等。针对上述的问题,本节给出如下边缘协同智能侧安全策略。

(1) 端设备的安全接入。对于智能传感器、摄像头等边缘侧设备的接入,必须有完善的安全接入机制,支持对边缘设备的安全认证,以及接入边缘设备的安全监控。对于可疑的端设备,应具备指令下发、关闭端设备功能、切断端设备与边缘节点通信的能力。边缘侧设备可考虑使用轻量级可信计算硬件辅助完成安全接入、安全加密等工作。

(2) 边缘节点与云平台安全访问。与边缘节点相比,云平台是相对安全的一方,可以通过云平台发起安全认证,通过密钥体系验证边缘计算节点,再扩展到所有边缘侧设备。边缘节点和云平台之间应采用加密传输,并对传递对文件进行完整性校验。此外,边缘节点与云平台之间应保证传输链路冗余。

(3) 监管安全。应建立持续运行监管的安全理念,构建安全运行监管团队,健全安全运行监管流程,汇聚安全监测和防护信息,打通安全信息收集、关联分析和事件响应的流程,有效保障边缘计算系统的安全。

(4) 检测与响应。通过边缘协同智能中的数据协同、服务协同,支持在云端对关键重要边缘节点进行持续监控,将实时态势感知无缝嵌入整个边缘协同计算架构中,进而实现对协同计算网络的持续检测与响应。

11.3 边缘协同智能安全解决方案

针对边缘协同智能环境下的安全需求,基于边缘协同智能的安全策略,这一节以智能安全管理平台为基础核心,从边缘计算安全、边缘协同智能安全,以及算法安全等三个方面出发提出相应的安全解决方案,形成从系统平台到通信协作,再到数据算法的由上而下的安全管理体系。

11.3.1　智能安全管理平台

如图 11-1 所示,智能安全管理平台涉及多方面的安全知识,以及完整的技术流程。本节首先从安全态势感知出发,分析安全管理平台对安全问题的感知能力与追溯能力。其次,分析平台中综合日志的采集过程、协议信息和审计分析,为智能安全管理平台提供一套完整的日志信息处理流程。再次,利用分布式大数据平台和分布式文件系统(distributed file system, DFS)对平台中的数据进行管理和查询、分析。最后,通过伪装仿真等解决方案实现对各种攻击的主动防御。

图 11-1　边缘计算智能安全管理平台

(1) 安全态势感知。安全态势感知包括网络安全态势感知、应急指挥处理与联动、情报信息集成与分析、关联攻击信息追踪与溯源等四个方面。其中,网络安全态势感知包括统计系统资产安全配置信息、危险信息,提供漏洞趋势同比分析,以及攻击态势、安全事件、安全运维和外部威胁情报感知[18]。应急指挥处理与联动指针对发生的网络安全事件进行应急处置工作[19]。情报信息集成与分析可以集成国家或第三方企业的威胁情报信息可以方便安全管理人员查询和安全风险关联分析。此外,关联攻击信息追踪与溯源还可以关联并追踪被攻击对象遇到的各种攻击对象和攻击内容信息。

(2) 综合日志采集审计。通过在安全管理区域部署综合日志采集模块,提取云外的全要素安全监测和安全防护的结果数据,将安全事件结果数据回传到态势感知通报预警平台形成攻击态势和安全事件态势,为安全审计人员提供现场调查依据[20]。

(3) 安全大数据。来自不同云内和云外管理中心通信数据源的安全事件信息通过消息队列进入分布式计算平台 Hadoop 的分布式文件系统进行存储，以此进行边缘环境下数据的安全管理[21]。

(4) 主动防御。接入区是大量主机终端或物联网设备接入的地方，所以攻击者通过纵向入侵后会在这一区域尽可能多地收集内网信息，横向移动或跳板入侵核心业务区。基于主动防御和欺骗技术可以隐匿真实信息资产、动态感知内网攻击、实时预警、精准诱导预测攻击、摸清入侵思路、关联分析数据、多层次主动防御、融合多源情报、追踪溯源取证。

11.3.2　边缘计算安全防护框架

边缘计算环境集成了虚拟化网络安全的风险，同时也引入设备物理、网络功能、边缘平台，以及第三方 APP 的风险。特别是，在边缘计算的总体架构中，实现各个层次的互操作性的同时，也使边缘计算节点面临更多的安全风险。如图 11-2 所示，针对边缘的安全风险，本节着重介绍分层安全架构，从多维度讨论如何应对边缘计算面临的安全挑战。

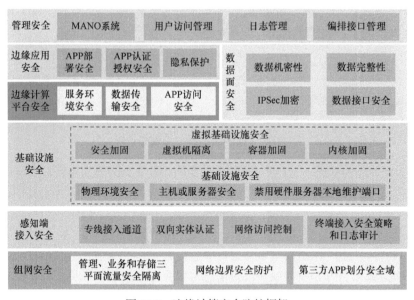

图 11-2　边缘计算安全防护框架

(1) 管理安全。由于边缘计算节点分布式部署于网络边缘，其上的虚拟化网络功能是通过管理和编排(management and orchestration, MANO)系统统一编排管理。作为边缘云的统一云管系统，管理域也是用户或者运营商的统一管理门户网站界面，对其整体的安全设计包括用户访问管理、日志管理、编排接口管理等。

(2) 边缘应用安全。边缘应用以虚拟化方式运行在边缘节点，当应用以虚拟机或容器部署时，相应的虚拟化基础设施应支持应用使用虚拟 CPU、虚拟内存等资源，并与其他虚拟机或容器使用的资源进行隔离，同时在 APP 部署的虚拟资源之间开启安全隔离[22]。在 APP 之间，以及与系统其他网元之间应部署虚拟安全设备，防止恶意的 APP 攻击。对 APP 占用的资源做限制，防止恶意占用其他虚拟化资源。APP 可通过边缘计算平台的认证和授权，在访问平台提供能力时使用加密传输，防止数据被篡改。对 APP 的软件包使用数字签名保护其完整性，防止非授权访问和篡改。镜像包在注册、加载、更新时，边缘计算平台应对其进行完整性校验。

(3) 边缘计算平台安全。边缘计算平台提供了边缘应用部署和运行涉及的环境和服务，包括边缘应用发现、广播、消费和提供边缘服务的环境。在传输链路没有物理保护的情况下，边缘计算平台与外部网元之间的接口启用安全隧道，对其传输的数据进行加密和完整性保护，并且通信双方进行双向验证。边缘计算平台对来自边缘 APP 的访问开启认证和授权，对数据进行机密性、完整性、防重放保护。同时，应定期进行安全基线检查和漏洞检测，对发现的问题及时加固。

(4) 数据面安全。与核心网的网元相比，用户面下沉到边缘后，将被部署在相对不安全的环境。同时，用户面连接核心网，一旦被控制，攻击者就可进一步攻击核心网，影响整个核心网的安全。所以，用户面的安全非常重要，需要考虑如下安全保护，即在传输链路没有物理保护的情况下，基站与用户面之间，以及用户面与核心网之间都应通过互联网络层安全协议(Internet Protocol Security，IPsec)对传输的数据进行机密性和完整性保护。数据面接口通过访问控制列表(access control list，ACL)策略过滤功能，对其信令流量进行限制，防止信令流过载。

(5) 组网安全。在网络部署时，可以对管理面、数据业务面和存储面进行物理隔离，并通过不同的物理交换机进行汇聚连接，实现管理、业务和存储等三平面的流量安全隔离，保证通信安全[23]。相应的，边缘计算与外部网络之间部署流量清洗、防火墙、入侵防御系统(intrusion prevention system，IPS)等安全设备，可以确保网络边界的安全防护。

(6) 基础设施安全。针对基础设施的安全威胁，边缘计算部署的机房可在加锁、视频监控、人脸识别，以及人员管理等方面保证物理环境安全，遵循通用的物理环境安全设计要求。同时，安全措施也应保障服务器或主机的安全。安全措施包括服务器开启防盗防拆、恶意断电、设备重启及网络端口的告警；禁用硬件服务器的本地串口、本地调试口等本地维护端口，防止恶意攻击者的接入和破坏等。在虚拟基础设施安全方面，通过对主机操作系统等进行安全加固，可以有效地防止恶意篡改镜像，同时还可加强虚拟机之间的隔离，对不安全的设备进行严格隔离，防止用户流量流入恶意虚拟机。当部署容器时，可加固内核，并开启用户命名空间映射，对容器使用管理员(root)权限的限制，默认以非管理员权限运行容器，防止容器逃逸而获得宿主机的权限。此外，还可考虑容器之间的隔离，以及容器占用系统资源的限制，防止消耗所有主机资源引起的拒绝服务攻击等。

(7) 感知端接入安全。在感知终端接入网络时，可以将专用线路、通道与感知终端进行连接作为接入通道，进行基于数字证书的双向实体认证。通过采用网络访问控制策略，控制对感知终端的非授权网络访问。另外，接入系统应具备终端接入安全策略和日志审计等功能。

11.3.3　边缘协同侧安全防护方案

本节从边缘智能的接口安全、传输安全、应用安全，以及区块链赋能边缘协同智能等方面，详细介绍边缘协同侧的安全防护方案，即通过形成"数据认证-传输保障-应用扩展-区块链赋能"的完整安全防护链条，保障边缘协同智能系统安全，并满足实现边缘服务功能、防范用户恶意行为等要求。

(1) 接口安全。根据分流策略，为了正确转发用户数据，需要保障接口的安全、加固数据面网关安全，加强隐私安全并防止通过物理接触遭受攻击。基于具有信任安全的区块链框架，在对边缘设备授权之前拒绝信任任何内外部分的边缘设备，对试图接入的任何设备实施验证。这样即便黑客成功渗入边缘设备，也无法横向移动获得准入凭证，从而达到对目标资产所在数据中心的保护。

(2) 传输安全。可以通过划分流量类型实现流量的转发，还可设置防火墙将中心和分支分开。另外，为了实现数据传输过程中的防重放保护，边缘的数据集群应具有冗余保护性质。此外，可加强边缘智能环境中虚拟机之间的隔离。为防止对边缘智能数据中心造成破坏，避免虚拟机迁移，应监测虚拟机的实时动态情况。

(3) 应用安全。面对未来不同行业和领域具有的差异化需求，有必要采取开放的态度吸引大量的第三方应用程序开发人员，增加各种应用程序的差异化，并采取一系列措施确保这些第三方应用程序的基本安全。

(4) 区块链赋能边缘协同智能。近年来，区块链作为一种分布式账本技术，由于其透明、不可篡改等特点，已经作为一种安全解决方案被广泛地应用于边缘协同应用中。在密码和信件管理方面，可以利用区块链机制，保证边缘协同系统的管理密钥安全和负载均衡。借助区块链的分布式共识计费技术，可以降低网络中的单点故障。通过区块链的隐蔽通信和审计确保边缘智能网络的安全[24]。区块链融合可以通过可靠和安全的通信来补充边缘计算[25]。区块链技术可以在物联网边缘之间维护通信记录，并在整个物联网边缘网络中执行服务水平协议。这也被认为是解决许多边缘计算和物联网技术挑战的潜在解决方案。

11.3.4　算法安全解决方案

边缘智能在充分发挥算法价值的同时也面临着众多的风险。首先，恶意的参与方和恶意节点都可能从共享或者更新的参数中推理其他参与方的敏感信息，进而造成参与方的隐私泄露[26]。其次,攻击者发送的错误参数或者损坏模型可能破坏整个模型的训练过程,严重影响模型的性能[27]。攻击者也可能通过对训练集样本污染降低数据质量,从而破坏训练模型的可用性或完整性[28]。此外,对抗攻击可以通过恶意构造输入样本,帮助恶意软件逃避检测。面对上述算法安全风险,需要从以下方面制定切实有效的算法安全解决方案。

(1) 模型数据存储和传输安全。算法协同计算过程涉及数据、模型参数的传输、共享等,在这些数据的传输及使用过程中应对其做加密处理、完整性验证等相关操作,防止数据泄露与恶意篡改,做好身份认证、数据备份和恢复、联合机器学习隐私保护、入侵检测等。安全措施需要涵盖对数据完整性、保密性和可用性等要素的考虑,并综合考虑数据存储方式(如分布式数据存储,兼顾安全和效率)、数据存储时的安全保护措施(如加密存储和存储数据访问控制)与数据备份。

(2) 通信网络可靠及安全防护。提供一个可靠、可信的网络安全环境,保证算法在协同训练和推理过程中的通信交互。一方面,设计安全协议进行实体之间的认证、分发密钥、消息收发,通过虚拟专用网络(virtual private network,VPN)、安全套接层(secure sockets layer,SSL)等安全通道进行有效的加密通信认证,做好传输过程中的数据加密。另一方面,监控计算机网络状态,并在故障、中断等异常情况下做好缓解和分流等措施,提高网络的可靠性。

(3) 分布式协同高可扩展、容错机制。一方面,物理资源虚拟化,提供标准化接口对虚拟资源进行统一安全管理和灵活调度,实现自动化和自适应安全策略编排,保证系统高扩展性与无缝对接能力。另一方面,设计高效的冗余备份机制,提供轻量级、低时延的完整性验证和恢复能力,容忍一定程度和范围内的功能失效,使整个系统能够从故障中快速恢复,保证服务的连续性与可用性。

(4) 认证和权限控制。需要协同多个分布式节点的合作与调用、认证和控制权限定义、管理节点的访问权限,控制其对系统的功能使用和数据访问权限。节点间分布式松耦合,可提供轻量级的授权安全模型,以及去中心化、分布式的访问控制策略,从而保证节点间的合法访问与数据调用。

(5) 系统安全感知与监管。在算法协同过程中,对重要节点进行持续行为监控和资源占用监控,采用日志分析、代码埋点或专业监控工具进行性能监控,实时感知协同计算过程中的系统整体状况,并处理分析系统近期状态,从而达到持续检测与快速响应的目的,最小化事件响应过程,并及时通知管理人员。

11.4　本章小结

为了保障边缘智能系统、服务、用户等多方的安全可靠运行,本章针对基础网络架构，分析边缘协同智能体系中的安全管理风险、边缘协同网络融合风险、边缘计算风险，以及边缘协同智能风险等内容。针对这些问题和挑战，本章明确了对应的边缘协同智能安全策略，进一步突出基于区块链技术的边缘协同智能安全解决方案。同时，本章指出边缘智能安全策略及解决方案可有效提升边缘协同智能的整体可信可靠性，最终可以助力边缘智能系统的安全运行、服务功能平稳实现、系统资源不受侵害，完成主体确认、有效防范等。在未来，可以预见会有越来越多的业界团队结合边缘智能具体场景，设计出更具有针对性的安全解决措施与解决方案，从而推动边缘智能应用的落地。

参 考 文 献

[1] 张远晶, 王瑶, 谢君, 等. 5G 网络安全风险研究. 信息通信技术与政策, 2020, 310(4):51-57.

[2] Sha K, Yang T A, Wei W, et al. A survey of edge computing-based designs for IoT security. Digital Communications and Networks, 2020, 6(2):195-202.

[3] Chadwick D W, Fan W, Constantino G, et al. A cloud-edge based data security architecture for sharing and analysing cyber threat information. Future Generation Computer Systems, 2020, 102:710-722.

[4] Medhane D V, Sangaiah A K, Hossain M S, et al. Blockchain-enabled distributed security framework for next-generation IoT: An edge cloud and software-defined network integrated approach. IEEE Internet of Things Journal, 2020, 7(7): 6143-6149.

[5] Qiu T, Chi J, Zhou X, et al. Edge computing in industrial internet of things: Architecture, advances and challenges. IEEE Communications Surveys and Tutorials, 2020, 22(4): 2462-2488.

[6] Wang T, Qiu L, Sangaiah A K, et al. Edge-computing-based trustworthy data collection model in the internet of things. IEEE Internet of Things Journal, 2020, 7(5): 4218-4227.

[7] Li Q, Tian Y, Wu Q, et al. A cloud-fog-edge closed-loop feedback security risk prediction method. IEEE Access, 2020, 8: 29004-29020.

[8] Cheruvu S, Kumar A, Smith N, et al. Demystifying internet of things security: Successful IoT device/edge and platform security deployment. Berkeley: APress, 2020.

[9] Xiao L, Wan X, Dai C, et al. Security in mobile edge caching with reinforcement learning. IEEE Wireless Communications, 2018, 25(3): 116-122.

[10] Liu Y, Peng M, Shou G, et al. Toward edge intelligence: Multiaccess edge computing for 5G and internet of things. IEEE Internet of Things Journal, 2020, 7(8): 6722-6747.

[11] Tennenhouse D L, Smith J M. A survey of active network research. IEEE Communications Magazine, 1997, 35(1): 80-86.

[12] Mizanian K, Jelodar M S, Aavani A, et al. A new adaptive transport protocol for web// Canadian Conference on Electrical and Computer Engineering, Ottawa, 2006: 1830-1833.

[13] Sidlo, Csaba, Farkas, et al. Crowdsending based public transport information service in smart cities. IEEE Communications Magazine, 2015, 53(8): 158-165.

[14] Cheng H, Lu R, Choo K. Vehicular fog computing: Architecture, use case, and security and forensic challenges. IEEE Communications Magazine, 2017, 55(11):105-111.

[15] Xiong Z, Zhang Y, Niyato D, et al. When mobile blockchain meets edge computing. IEEE Communications Magazine, 2018, 56(8): 33-39.

[16] Esposito C, Castiglione A, Pop F, et al. Challenges of connecting edge and cloud computing: A security and forensic perspective. IEEE Cloud Computing, 2017, 4(2): 13-17.

[17] Dbouk T, Mourad A, Otrok H, et al. A novel ad-hoc mobile edge cloud offering security services through intelligent resource-aware offloading. IEEE Transactions on Network and Service Management, 2019, 16(4): 1665-1680.

[18] 周升进. 信息安全风险评估研究及应用. 北京: 北京邮电大学, 2014.

[19] 钱秀槟, 刘海峰, 刘国伟, 等. 网络与信息安全事件应急处置中的分类方法. 信息网络安全, 2010, 8: 76-77.

[20] 岑贤道, 安常青. 网络管理协议及应用开发. 北京: 清华大学出版社, 1998.

[21] Failure H, Failure H, Access S D, et al. The hadoop distributed file system: Architecture and design. Hadoop Project Website, 2007, 11(11): 1-10.

[22] 孔令义. "5G+ MEC"为智能制造赋能的部署应用. 电信科学, 2019, 35(10): 137-145.

[23] 庄小君, 杨波, 王旭, 等. 移动边缘计算安全研究. 电信工程技术与标准化, 2018, 31(12): 38-43.

[24] 代兴宇, 廖飞, 陈捷. 边缘计算安全防护体系研究. 通信技术, 2020, 53(1): 201-209.

[25] Bhat E, Bashir I. Edge computing and its convergence with blockchain in 5G and beyond: Security, challenges, and opportunities. IEEE Access, 2020, 8: 205340-205373.

[26] Majeed U, Hong C S. FLchain: Federated learning via MEC-enabled blockchain network// Asia-Pacific Network Operations and Management Symposium, Matsue, 2019:1-4.

[27] Short A R, Leligou H C, Papo U S M, et al. Using blockchain technologies to improve security in federated learning systems// IEEE Annual Computers, Software, and Applications Conference, Madrid, 2020: 1183-1188.

[28] Shen M, Wang H, Zhang B, et al. Exploiting unintended property leakage in blockchain-assisted federated learning for intelligent edge computing. IEEE Internet Things Journal, 2021, 8(4): 2265-2275.

第 12 章　边缘智能与多智能体学习

边缘计算中的决策往往由多个智能个体共同完成，这些决策之间或是相互协调以互利共赢，或是彼此竞争以抢占收益。基于机器学习方兴未艾之势，多智能体学习(multi-agent learning，MAL)能够结合多种优化算法、学习模型与技术框架，面向自动驾驶、群体协同、组队对抗等多种现实问题提供解决思路。进一步，多智能体这一概念逐渐融入边缘智能与智能边缘。一方面，多智能体能够用于优化边缘资源管理；另一方面，边缘计算也能支撑更为广泛的多智能体场景需求，进而实现边缘各类资源的高效协同，同时为移动用户提供更加便捷的服务体验。

12.1　从单体智能到多体智能

12.1.1　多智能体学习：概念与特征

智能体(agent)一词可以追溯到 20 世纪 80 年代，人工智能之父 Minsky 曾试图通过组合简单事务来解释更为复杂的智能决策。具体地，Minsky 定义了"智能组"和"智能体"两个名词来描述单个复杂系统如何工作[1]，即智能体能够实现一些较为简单的功能，并通过这些功能与其他智能体产生交互；智能组则涵盖多个智能体，以及它们之间的相互联系，并通过利用这些智能体的简单功能实现较为复杂的功能。

此后，Wooldridge 等归纳了在计算机系统这一语境下的三个细分领域，即智能体理论、智能体架构、智能体语言，并列举了智能体在不同层次的典型概念[2]。其中，智能体在较为宽泛的语境中指具有自治(autonomy)、社会能力(social ability)、反应性(reactivity)和积极性(proactiveness)等特征的决策系统，而在更高层次上往往还涵盖精神概念(例如，知识与信念)与情绪概念(例如，愤怒与失落)。随后，诸多研究者充实并扩展了智能体概念的内涵与外延。例如，Ren 等[3]讨论了交互拓扑动态变化的情况下，多个智能体之间的共识问题。Olfati-Saber[4]提出一个理论框架来设计与分析多智能体系统(multi-agent system，MAS)中的群聚现象。Maes[5]指出智能体是自适应性的(adaptive)，即智能体能够通过过往经验来不断调整自身策略，从而持续地改进其性能表现。

基于以上概念，可以这样概括多智能体——多智能体(系统)是一个涵盖多个智能体及其相互关联的计算系统，并且这些智能体能够共同完成单个智能体无法胜任的任务。

聚焦到基于学习方法的多智能体系统上，我们整理了以下四个典型特征。

(1) 自治性。智能体能控制自身行为，即自主地做出合作(或竞争)决策。

(2) 主动性。智能体能主动采取动作以应对外界环境或其他智能体的变化。

(3) 协作性。智能体能相互协作以完成单个智能体难以胜任的目标。

(4) 学习性。智能体能从自身历史决策(或其他智能体处)学习知识，进而改善自身行为。

如图 12-1 所示，以无人机集群协同识别地面目标为例，一个分布式无人机集群系统由多个独立决策(自治性)的无人机(智能体)构成。其中，每个无人机根据周边的环境来调整飞行姿态与监控视角，以达到实时追踪指定物体的目的(主动性)。单个无人机可以通过模型训练的过程，从历史信息中提炼识别物体种类的知识，进而提升自身的物体识别精度(学习性)。进一步，多个无人机能够通过交互信息与知识，实现单个无人机难以企及的视觉智能(协作性)。

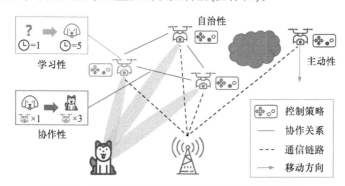

图 12-1　多智能体学习特征示意(以无人机集群为例)

尽管一些分布式场景可以通过集中式决策与控制的方式来求解，多智能体学习仍旧具有以下四点优势：一是由于决策所需的数据是地理位置分散的，智能体可能因为隐私或安全因素不想分享数据,同时集中决策也会产生额外的过程开销；二是由于单个智能体拥有的计算、存储与通信能力有限，因此可能无法完成整个复杂问题的求解过程；三是集中式决策得到的结果可能损害单个智能体的利益，因此智能体可能违背决策内容而行动；四是多智能体学习更贴近人类社会的决策模式，在保证性能表现的同时还具备更多的灵活性。

12.1.2　多智能体学习的发展与分类

在多智能体系统中，每个智能体在决策与行动的过程中都会受到其他智能体的影响。无论这种影响是决策内容的相互关联，还是决策结果的彼此影响。从行为建模的角度考虑，强化学习是一种非常适用于描述交互的人工智能方法，并结合多智能体引发了大量的研究与探讨。首先，Littman[6]基于随机博弈提出一种用于多智能体强化学习的框架，并描述了一种类似 Q 学习的算法来寻找随机最优策略。紧接着，Hu 等[7]拓展了 Littman 的工作，关注信息不完全条件下的多智能体博弈问题。随后，Bowling 等[8]指出多智能体学习中的两个典型挑战，即收敛(convergence)和无后悔(no-regret)。其中，前者描述当多个智能体同时学习时，对每个智能体来说环境将不再静止，因此无法保证学习过程必然收敛。后者指出单个智能体在学习过程中可能受到其他智能体的欺骗，导致多智能体学习的性能退化。

作为博弈论与人工智能的交叉议题之一，跨学科领域的研究者从不同侧面针对多智能体学习展开了探讨。其中，Shoham 等[9]以博弈论的视角，重点关注了多智能体学习能够解决的几类基本问题。这里沿用原文中用于分类的四个词语，概括多智能体学习在该基本问题中的典型作用。具体地，多智能体学习可以视作：一是计算(computational)过程，用于迭代求解博弈性质(如纳什均衡)；二是描述(descriptive)工具，用于分析在多智能体的上下文中如何进行学习，进而探究如何得到与预期行为一致的策略模型；三是规范性(normative)建议，用于确定哪些策略相互组合能够构成整个系统的稳定状态；四是约定俗成的(prescriptive)规则，指导智能个体在合作(或者竞争)环境中学习。受上述启发，Stone[10]从人工智能的角度出发，指出多智能体学习本身存在的问题与挑战。针对博弈论无法顺利解决的复杂性问题，Stone 强调了这些问题的重要性，并指出应当针对性地提出解决方案。

此后，多智能体学习的相关研究在理论深度与应用广度上不断拓展。其中，多智能体深度强化学习充分结合了深度学习的感知能力、强化学习的决策能力和多智能体的场景特点，在解决诸多领域复杂问题上拥有出众的性能表现与发展潜力。在此之上，Hernandez-Leal 等[11]将当前阶段的工作分为四类：一是分析紧急行为(在多智能体环境中评估单智能体算法的行为表现，其中智能体之间的关系可能包括合作、竞争或混合场景)；二是学习通信(智能体通过学习通信协议来合作解决任务，这类工作主要通过通信协议在智能体之间共享信息)；三是学习协作(智能体通过动作和本地观测学习合作，这类工作主要通过不涉及通信的方式协作完成任务)；四是对其他智能体建模(智能体通过学习完成对其他智能体的建模，这类工作主要研究竞争和混合场景，对解释其他智能体的学习行为有所帮助)。

12.1.3　边缘群智中的挑战与热点

与单智能体学习相比，多智能体学习面临着更多的挑战。

(1) 部分可观察性。在许多真实的应用场景中，每个智能体只能通过观察获得环境的部分信息，并在每个时间步骤中做出最优决策。这种问题一般被建模成部分可观测马尔可夫决策过程(partially observable Markov decision process，POMDP)。

(2) 非稳定性。在多智能体系统中，所有智能体之间都可能相互作用并同时进行学习，而多智能体通过相互作用不断地重塑自身策略，进而导致环境的非稳定性。由于马尔可夫性质在非稳定环境中不再成立，一些在单智能体环境下的收敛理论往往不能保证在多智能体问题中的收敛性。

(3) 维度爆炸。目前大部分的多智能体学习算法考虑的智能体数量规模都不太大，但是随着真实场景中智能体数量的不断增长，问题的输入空间和控制空间的维度也在不断增加[11]，进而导致维度爆炸现象，目前主要通过设计相关的分布式优化算法来缓解维度爆炸问题。

(4) 多智能体系统训练模式。如果将单智能体的训练方式直接扩展到多智能体系统中，每个智能体将其他智能体当作环境的一部分来单独训练，将会产生过拟合、计算代价高昂等问题。目前比较流行的多智能体系统训练模式是集中学习和分散执行的方法，即通过一种通信方式对一组智能体同时进行训练，然后每个智能体根据部分观测信息执行相应的动作。

(5) 迁移学习。训练深度强化学习模型会产生巨大的计算代价，如果在多智能体系统中采用深度强化学习方法，这个问题会更加突出。为了降低计算代价并提高模型性能，可以将已经训练好的模型迁移到目标任务上再进行微调。

12.2 多智能体学习赋能的网络边缘

12.2.1 边缘资源管理的演进

多智能体学习是一种面向复杂模型的群体智能决策的重要方法，在自动驾驶、物流交通、电网控制等多个领域已得到广泛地研究与应用。随着通信、计算与存储技术的不断发展，硬件成本逐渐降低、应用创新方兴未艾、网络规模持续增大、用户需求日益增长，资源管理范式也是层出不穷、演进交融，并产生上文频繁提及的、在当前被研究界所熟知的云-边-端三层算力网络架构。

然而，在上述大规模分层异构环境中，如何管理多维度网络资源与虚拟化网络功能这一核心问题带来大量的挑战与机遇。因此，引入多智能体学习方法能够有效针对多实体决策过程进行建模，并实现资源调度与业务编排的智能决策过程，从而达到尽可能优化用户使用体验与网络资源利用的目的。具体地，已有工作基于无线传感器网络(wireless sensor network，WSN)、认知无线电、内容分发网、多接入边缘计算等领域展开了一定应用研究，但是少有工作针对多智能体学习在网络边缘上的应用进行系统性的叙述。如图 12-2 所示，本节将重点关注云-边-端架构中的网络边缘环境，梳理并分析多智能体学习方法在网络、计算、缓存三种典型资源上的场景建模与决策过程。

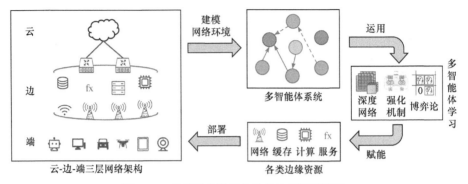

图 12-2　多智能体学习优化的边缘资源管理

12.2.2　边缘通信的赋能

以一个支撑个性化终端服务的经典技术为例展开讨论,基于接收信号强度指示(received signal strength indication,RSSI)的无线定位能够借助网络边缘无处不在的无线信号发射节点,通过诸如三角定位方法实现终端设备的精准定位,更好地满足应用(特别是物联网应用)功能需求。为了减少定位误差对用户体验造成的不利影响,Rauniyar 等[12]采用基于社会学习的粒子群优化算法(particle swarm optimization,PSO),解决经典的精确定位优化问题。其中,作为一种基于动物种群觅食行为的随机优化算法,粒子群优化算法通过群体中个体(粒子)间的信息共享与协同合作来共同寻找最优解,蕴含着多个拥有状态的个体协同化学习的概念;社会学习理论则借鉴群居动物中个体能够学习与模仿其他个体的好行为,不仅可以显著减少定位误差,也能加速群体中的整个学习过程。

作为边缘网络中最为重要的稀缺资源,无线频谱资源需要被充分利用以服务不断增加的终端设备,但是网络中并发传输造成的干扰却会严重影响系统性能。借助多智能体学习,Wang 等[13]将小基站建模为智能体,让它们学会在没有信息交互的条件下,根据当前感知到的环境来执行下行功率分配策略,进而在保证服务质量的条件下避免网络干扰。另外,由于动态频谱共享(dynamic spectrum sharing,DSS)能够高效地提升频谱利用率,Jin 等[14]提出一种用于无线资源动态管理的云-无线接入体系结构,利用博弈论建立频谱拥有者的拍卖机制,并使用多智能体学习来尽量获得稳定解。其次,将蜂窝网络系统扩展未授权频谱也是一种提高网络性能的有效方法。具体的,Luo 等[15]将异构网络下的频谱资源共享问题归纳为一个合作博弈模型,通过定义最小吞吐量-需求比(minimum throughput demand ratio,MTDR)描述系统中性能表现与资源复用之间的权衡,并采用多智能体强化学习以确定频谱占用情况,进而达到 MTDR 指标最大化的目的。

此外,考虑边缘网络中的流量生成是一个动态变化的过程,并受到诸如日期时间、地理位置、终端行为模式与能量状态等因素的影响,因此需要设计一种智能的路由机制尽量减少拥塞现象的发生。为了适应节点分布广泛的边缘网络，He 等[16]提出一种基于 MAL 的方法实现逐跳路由的决策，并设计了一种语义注意力机制加速智能体的学习过程。此外，多智能体学习在自适应用户关联[17]、智能网络选择[18]、传输功率控制[19]、流量工程优化[20]等诸多方面也有广泛的应用，并带来网络利用效率与系统传输性能的有效提升。

12.2.3　边缘缓存的赋能

为了满足大量移动设备的数据存取需求，在蜂窝基站等网络边缘处部署缓存资源被证明是一种行之有效的解决方案。类似的思想也已经在内容分发网络上得到充分的关注与讨论。然而，边缘处相对有限的存储容量难以直接满足未知分布的、动态变化的、种类多样的内容需求，而多智能体学习则能够为缓存管理者提供高效智能的缓存策略，有效适应环境的不断变化。

相比传统方法在求解问题时往往假定各种内容流行程度的概率分布，真实环境下的这一分布(或是用户偏好分布)往往是未知的。针对这一情况，一些工作利用多智能体学习来确定协同式的内容缓存策略，并依靠强化学习来动态地调整策略[21-23]。具体来说，通过分析一个真实的、大规模的视频观看数据集，Wang 等[24]发现边缘环境中的用户请求模式，即相邻区域间内容相似度很高，但是在时间上又具有很强的动态性。基于这一发现，他们提出一个称为 MacoCache 的边缘缓存框架，并利用多智能体深度强化学习方法最小化内容访问延迟与流量成本。

除此之外，另一个值得关注的问题是，如何在拥有某些特性的边缘网络中设计缓存算法。例如，Fang 等[25]在启用 D2D 缓存的蜂窝网络中讨论了缓存部署问题，将多内容多终端的动态缓存部署问题建模为一个合作随机博弈，并通过多智能体学习求得每个终端对于给定博弈的最优响应策略，达到长期缓存部署收益的最大化。又如，针对愈加流行的全景视频流直播应用，Ban 等一方面利用边缘辅助的(edge-assisted)系统框架分布式地、协作地分发直播视频，另一方面基于平均场理论与多智能体学习提出对应算法，有效地解决实时动态环境下的大规模多用户速率分配问题[26]。结合无线接入网(radio access network，RAN)和雾计算，Sun 等讨论了对缓存资源与频谱资源进行联合优化的问题，并提出一种层次化的资源管理架构以进行资源分配。此后，Sun 等[27]首先设计了一种分布式的联盟形成算法以在任意确定的缓存策略下得到稳定的接入点划分，然后利用多智能体学习方法求得一个全部最优的(或本地最优的)缓存策略。

12.2.4　边缘计算的赋能

随着信息科技的不断发展，智能制造、增强现实、自动驾驶等崭新应用逐渐步入现实，不仅要求通信网络提供更高的传输速度与更低的延迟，也使移动终端负载着更多的计算压力与能量开销。因此，计算卸载技术将计算密集的任务从移动终端传输到拥有较多计算资源的网络设备上，被认为是应对以上挑战的一种具有前途的解决方案。基于博弈论等求解计算卸载问题的传统方法，多智能体学习在寻找最优解(或次优解)表现出优良的性能，成为近两年研究界关注的热点区域。

具体地，Zheng 等[28]将动态环境下的多用户计算卸载问题归纳为一种随机博弈模型，证明纳什均衡的存在性并分析了其性能界限。特别地，他们提出一种基于多智能体的、完全分布式的随机学习算法，并从理论上推导了这种随机学习算法的收敛速度。将任务卸载与资源分配相结合，Zhang 等[29]讨论了一个由多个独立的移动终端、边缘服务器与云数据中心构成的三层异构边缘网络，具体采用基于多智能体学习的算法来协调计算和传输资源的竞争，从而以分布式的方式减少系统延迟。Munir 等[30]面向自供电无线网络中的边缘计算提出一种能源管理框架，将其建模为需求不确定条件下的两阶段能源成本最小化问题，并使用多智能体深度强化学习实现有效的策略探索。针对无人机移动这一场景，Liang 等[31]提出一种基于多智能体深度强化学习的无人机卸载决策优化方法，综合优化所有终端的位置公平性、负载公平性和整体能耗。

另一个有关联合优化的研究工作是，Cao 等[32]在工业物联网中联合考虑多信道访问与任务卸载问题，并利用多智能体算法建立边缘计算协作环境中的资源分配模型，从而能够从历史观测中渐近地搜索到最优策略。同样，在工业物联网场景中，Ren 等[33]关注了计算卸载中的计算接入点选择这一问题，借助多智能体学习在短时间内优化计算接入点的选择，并应用贪婪算法来确定哪些卸载请求被转发到云端进行计算。

12.3　边缘场景中的多智能体学习

12.3.1　边缘环境对多智能体模型的影响

现实世界中的许多决策问题，如资源分配、自主行驶、人机交互等，都可以映射到数个智能体行动与学习的共享环境中，即多智能体系统。尽管关于单智能体的研究已经取得显著的成果，但是如何将单智能体算法应用到多智能体的复杂环境中，还存在诸多问题与挑战。其中，一个主要挑战是多智能体环境的非平稳性，这是由训练过程中多个智能体不断地改变自身策略而引起，原因在于大部分单智能体强化学习算法都遵循的马尔可夫假设被打破。简单来说，由于学习过程中智能体的决策策略不断地变化，而状态转移概率和奖励函数又依赖所有智能体的行为，因此每个智能体都可能陷入一个为适应其他智能体所创建的环境的无终止循环中。

　　此外，如果将单智能体算法直接套用到多智能体环境，将其他智能体作为环境的一部分，那么直接带来的一个问题就是状态和行动维度的指数级增长，而这会加剧非稳定的现象。此外，在许多实际应用中，智能体只具有对于环境的部分观测。换言之，智能体在与环境交互时往往无法获得状态的完整信息，这会导致算法收敛性上的问题。相应地，大多数多智能体学习可以减轻非稳定性的影响。

　　作为处理非平稳性的一种有效方法，不同的智能体可以在训练过程中利用通信来交换彼此的观察、行为和目的信息，进而稳定它们的训练过程。在多智能体的通信方面，不仅需要考虑边缘环境中的通信是存在代价的，也要考虑网络通信链路中意外事件的影响。Foerster 等[34]提出深度分布式递归 Q 网络，这是一种所有智能体共享相同的隐藏层并学习通信以解决问题的架构。Sukhbaatar 等[35]提出 CommNet，在一些合作场景中，智能体通过共享它们观察到的提取特征学习通信。Singh 等[36]提出 IC3NET，这是通信网络在竞争环境中的扩展。在 IC3NET 中，有一个额外的通信门用于允许或阻止智能体之间的通信。

　　Liu 等[37]提出一种两阶段注意力机制，并设计了类似"演员-评论家"的学习算法，即通信模型中的策略网络用于在决策时考虑其他智能体的通信向量，而评论家网络则在计算 Q 值时考虑所有其他智能体的状态与动作信息。集中式训练可以方便智能体之间快速学会协作，但在边缘环境中集中式训练变得难以实现。此外，对于单智能体的训练通常在计算上昂贵，而对于一个由多个智能体组成的系统，这个问题则更为严重。尽管存在基于联邦学习的一些工作，但是仍然需要交互智能体间的数据，而迁移学习的出现使之成为一种分布式环境下知识传播的可行方式。在这种情况下，从元学习[38]和学习对手表示的方法[39-41]中学习到的表示和初始值可以视为转移的知识，这使其更快地适应非平稳性成为可能。

　　另一种应对非平稳性的可行方法是对手建模，即每个智能体通过估计其他智能体的意图和策略，来达到稳定智能体训练的目的。与以往的单智能体算法相比，多智能体学习方法更加关注环境中其他智能体行为造成的影响。尽管模型对环境来说了解越多表现越好，但过度训练往往会造成过拟合的结果。特别是，考虑边缘环境中智能体经常发生状态和种类变化。因此，一方面需要优化与调整多智能体学习算法，另一方面需要考虑收敛性与稳定性之间的权衡。Raileanu 等[42]提出利用智能体自身策略来预测其他智能体的行为的一种方法。这种方法采用一种演员-评论家的体系结构，并重用相同的网络评估其他智能体的目标。Zhang 等[43]和 Foerster 等[44]提出一种改进的策略梯度方法，将对手的学习过程纳入其智能体的训练中。在每个智能体训练的过程中，考虑其他智能体的学习轨迹能够有效避免训练受到非平稳性的影响。具体来说，面向智能制造业务场景，Yang 等[45]设计了一种完全分布式的交互模仿协调算法，一方面利用生成式对抗模仿学习来协调不同智能体之间的行动，另一方面通过遵循个体自身良好的历史经验来提高模仿精度。面向电力资源协调问题，Chen 等[46]提出一种两阶段算法来分布式方式计算转移支付，并通过集成反作弊机制保证系统间的相互信任。

12.3.2　边缘环境中多智能体模型的局限

由于多智能体与环境之间存在复杂的交互作用，智能体往往难以完整感知环境中的状态与行为，进而给建立精确的学习模型带来困难。目前，已有部分成果试图解决部分观测问题。Busoniu 等[47]提出多智能体强化学习方法的分类。Peshkin 等[48]和 Dutech 等[49]延展了基于无模型梯度上升的方法与仿真器支持的方法。Wu 等[50]使用一系列线性规划来改进策略。Banerjee 等[51]开发了基于模型的方法，通过智能体交错方式进行学习，减少由并发学习引起的不稳定。最近的可扩展方法是 Wu 等[52]和 Liu 等[53]使用期望最大化来学习有限状态控制器(finite state controller, FSC)策略。Omidshafiei 等[54]介绍了部分可观测条件下多任务多智能体强化学习的第一种形式和方法，结合迟缓学习、深度循环强化网络、并行经验回放轨迹和知识蒸馏，在一组具有稀疏奖励的去中心化部分可观察马尔可夫决策过程任务中使用单个联合策略实现多智能体协调。

单智能体强化学习的一个步骤是存储动作函数或者状态值函数。在多智能体系统中，随着智能体数量呈指数增长，输入与控制的空间维度也随之增加，进而导致计算过程非常复杂，这明显限制了以上方法的可扩展性。然而，现有的大多数深度多智能体学习方法往往只考虑少量的智能体，并不能适应大规模的边缘环境。为了减轻规模和有限交互的问题，Khan 等[55]使用分布式优化框架解决多智能体强化学习问题。其关键思想是，为所有智能体学习一个策略，当多个智能体交互时，该策略表现出紧急行为。Yang 等[56]提出的一种算法是借用平均场论的思想，对多智能体系统给出一个近似假设，即将其他智能体对某一个智能体产生的影响看作一个均值。这种假设可以极大地简化智能体数量增长带来的模型空间扩大的问题。

12.3.3　边缘环境内多智能体学习的模式

如图 12-3 所示，多智能体深度强化学习中主要有两种方法，一种是集中式控制，一种是分布式控制。集中式控制方法假设存在一个中央控制器。该控制器基于所有智能体的观察来确定所有智能体的动作。这就是说，中央控制器有一个将联合观测映射到联合行动的策略。由于行动是基于联合观测，这种方法可以缓解部分可观测环境下全局状态缺乏完全可观测性的问题[57]。然而，这种方法存在维数灾难的问题，因为随着智能体数量的增加，状态动作空间呈指数级增长[47]。此外，由于巨大的状态动作空间，以及复杂的边缘环境，探索(这在强化学习中是必不可少的)变得比单智能体强化学习的情况更困难，而分布式控制方法可以用于简化问题。在完全分布式的多智能体控制中，每个智能体仅基于自己的观察决定自己的行为，同时将其他智能体视为环境的一部分，以减少维数灾难。然而，这种方法虽然消除了其他智能体的存在而带来的合作利益，但是可能导致性能下降。

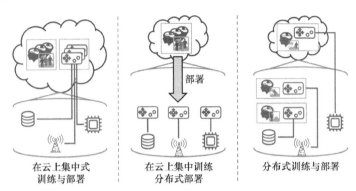

在云上集中式　　　　　在云上集中训练　　　　　分布式训练与部署
训练与部署　　　　　　分布式部署

图 12-3　边缘环境中多智能体的训练与部署模式

为了提升性能表现，Goldman 等[57]研究具有分布式通信控制(decentralized communication control，DCC)的多智能体系统。具体地，智能体通过在训练和执行阶段发送消息相互通信，并基于自己的观察和从其他智能体接收的消息确定智能体的动作。为了合并来自其他智能体的消息，每个智能体的深度神经网络的大小应该随着消息传递智能体数量的增加而改变。如果网络规模变得太大，训练就会变得困难，甚至失败。另一种是集中式训练-分布式执行的方法。这类方法允许每个智能体仅在训练阶段使用其他智能体的信息。特别的，Lowe 等[58]提出的多智能体深度确定性策略梯度方法，使用一个集中的批评家为每个智能体训练一个分布式的策略。

对于集中训练，分布式执行框架中基于值函数的方法，一个基本的挑战是如何正确地在智能体之间分解集中式值函数，以实现分布式执行。对于被认为是可分布式的协作任务，每个智能体值函数的局部最大值应当等于联合值函数的全局最大值。例如，价值分解网络(value decomposition networks，VDN)[59]和 Factorized-Q[60]提出将联合价值函数直接分解为单个价值函数的总和。Rashid 等[61]提出将求和扩展为非线性聚合，同时保持集中式值函数和单个值函数之间的单调关系。Son 等[62]提出在此基础上引入一个精细的学习目标，以及具体的网络设计。上述三个方案提出的结构约束抑制集中式价值函数的表征能力，因此这些方法能够处理的可分布式协作任务的种类是有限的。除上述问题，结构约束在应用于值函数分解时也阻碍了有效的探索。事实上，由于智能体在执行阶段是独立处理的，集中训练，分布式执行的方法不可避免地缺乏原则性的探索策略[63]。显然，在单智能体环境下，增加每个智能体的 ϵ-greedy 探索率有助于开展探索。然而，已经证明由于结构约束(例如 QMIX 中的单调性假设),在多智能体环境中,增加 ϵ 只会降低获得最优值的概率。作为一种解决方法,Mahajan 等[64]提出 MAVEN,通过引入一种层次模型来协调智能体之间的不同探索。Yang 等[65]基于 Q-DPP 提出多智能体确定性 Q 学习来消除限制性假设。它是具有分区-拟阵约束的确定性点过程(determinantal point process,DPP)在多智能体设置中的扩展。Q-DPP 可促进智能体获得多样化行为模式,允许联合 Q 函数的自然因子分解,而无需值函数或特殊网络结构的先验结构约束。

12.3.4 边缘环境内多智能体知识的迁移

真实环境中的任务场景往往随着时间逐渐变化,因此学习模型也需要借助足够的样本来更新知识,然而场景对应的状态空间越大,得到合理策略的难度往往也越大[66]。在边缘多智能体系统中,由于状态-动作空间的增长,环境变得更加复杂,策略搜索变得愈加困难。此外,智能体的行为相互影响,环境表现出更多的随机性和不确定性,这也给多智能体学习带来很多挑战[67-69]。以往的工作试图将学习经验从训练的任务迁移到新的任务来提高学习的性能[70]。迁移学习方法提出通过知识的重用减轻学习负担,加速学习过程,这可能是一个解决方案。迁移学习可以将源任务的先验知识迁移到目标任务。如果初始任务和目标任务之间的差距很大,则设置一个中间任务来实现更高的性能。来自源任务和中间任务的学习经验被视为完成目标任务的先验经验。知识迁移方法被用于在更复杂的任务中为智能体训练策略,并且这些中间任务的难度逐渐增加。

迁移学习已显示出极大的潜力,可通过利用从相关任务以往学习策略中获得的先验知识[71,72]来加速单智能体学习[73]。具体地说,每个智能体可以通过重用自己的知识、观察其他智能体动作,以及接受更有经验的智能体的建议更快地学习。最近,一个主要的工作方向集中在跨多智能体任务传递知识,以加速多智能体强化学习。例如,许多工作显式地计算状态或时间抽象之间的相似性,以便跨多智能体任务进行迁移[74-76]。最近,Agarwal 等[77]提出一个多智能体框架,通过结合图神经网络生成共享的智能体-实体图,使其能够在具有不同数量智能体的任务之间传递策略。随后,Wang 等[78]提出一种适用于大规模多智能体学习的动态多智能体课程学习,其中包括三种跨课程(任务)的知识迁移机制。

最近,Omidshafiei 等[79]针对在多智能体环境中学习教学的场景设计了LeCTR。LeCTR 可以实现一对一教学,每个智能体被分配两个角色(教师和学生),并学习何时,以及向其他智能体提供什么建议,或者从其他智能体那里接受建议。然而,LeCTR 只考虑两个智能体的场景,如何扩展到多个智能体并没有解决。为了解决上述问题,Yang 等[80]提出一个新的多智能体策略迁移(multiagent option-based policy transfer,MAOPT)框架,将智能体之间的策略迁移建模为一个选项学习问题。具体来说，选项模块将收集所有智能体的经验，用于自适应地为每个智能体选择合适的策略，并作为智能体目标策略的补充优化目标。

12.4　多智能体+边缘仿真：从理论到实践

12.4.1　边缘智能仿真与框架

边缘计算和人工智能的结合创造了一个崭新视野，即边缘智能(edge intelligence, EI)，能够使智能应用快速部署在边缘，从而有效应对计算源的多样性和数据源的分布性。然而，边缘智能也存在计算能力限制、数据共享和协作、边缘平台和智能算法间难以匹配等诸多挑战。

为了应对这些挑战，Zhang 等[81]提出一个面向边缘智能的开放框架 OpenEI。它是一个轻量级的软件平台，使边缘具有智能处理和数据共享的能力。OpenEI 的目标是，任何硬件，从树莓派到强大的集群，在部署 OpenEI 之后都将成为一个智能的边缘。同时，与目前运行在深度学习包上的人工智能算法相比，边缘智能属性、准确性、延迟、能量和内存占用将有一个数量级的改进。为了解决边缘计算能力限制带来的问题，OpenEI 包含一个针对资源受限边缘设计的轻量级深度学习包，其中包括优化的人工智能模型。通过调用 API，开发人员能够访问所有数据、算法和计算资源。体系结构的异构性对用户是透明的，这使边缘之间共享数据和协作成为可能。为了解决不匹配问题，OpenEI 设计了一个模型选择器，以找到最适合特定目标边缘平台的模型。进一步，模型选择器将算法所需的计算能力和边缘平台所提供的计算能力(如内存和能量)相互匹配。

随着边缘智能的迅速演进，许多基于边缘智能的应用不断涌现，如智能健康、智能车辆、智能制造、智能家居等服务。OpenEI 可以提供 RESTful API 支持如下的人工智能场景。

(1) 公共安全中的视频分析。OpenEI 为支持公共安全视频分析应用做出了一定贡献，设计了一个支持边缘智能的轻量级模型，并部署在摄像机或边缘服务器上，通过运行机器学习模型支持公共安全中的视频分析应用，从而实现实时性要求，并避免通信开销。

(2) 连通和自主车辆。作为智能化、互联化、自主化的典型系统之一，连通和自主交通工具是边缘智能的重要应用场景，连通和自主交通工具上的许多应用都紧密集成到边缘智能算法中，如定位、目标跟踪、感知和决策等。

(3) 智能家居。借助边缘智能对传感数据进行分析与处理，智能家居系统能够有效检测家庭内部状态，并具有诸多益处。例如，家庭隐私将受到保护，因为大多数计算资源都被限制在家庭内部网关中，并且能避免敏感数据的外流。其次，智能边缘设备的性能有助于智能家居的安装、维护和运行，减少劳动力需求，从而提高用户体验。

(4) 智能互联健康。健康和生物医学正进入一个数据驱动的时代[82,83]，医疗器械能够以精准量化的数据来详细表征健康态势，普通人群也能通过智能边缘设备追踪身体状态。

12.4.2　传统多智能体方法案例

尽管多智能体深度强化学习是最近才出现的一个领域，但是现在有许多开源模拟器和基准测试可以对算法进行评估与测试。下面简要列举一些常见的环境。

(1) 完全协同多智能体目标运输问题(fully cooperative multiagent object trans-portation problem，CMOTP)最初由 Busoniu 等[47]提出，是多智能体学习中的一个简单两智能体协调问题。Palmer 等[84]对原始设置提出两个基于像素的扩展，包括测试智能体掌握完全协同子任务、随机奖励和噪声观测的能力的狭窄通道。

(2) 学徒消防员游戏(灵感来源于经典的攀岩游戏[85])是另一个包含两个智能体的问题环境。它能够同时让学习者面对多智能体学习中的四种挑战，即相对泛化、随机性、移动目标问题和改变探索问题[86]。

(3) Pommerman[87]是一个传统的多智能体方法案例，用于测试合作、竞争、混合(合作和竞争)场景。它支持部分可观测性和多智能体之间的通信。从探索的角度来看，Pommerman 是一个非常具有挑战性的领域，因为奖励非常稀少且有延迟[88]。

(4) 星际争霸多智能体挑战[89](基于实时战略游戏《星际争霸Ⅱ》)，专注于微观管理挑战，即对单个单元的细粒度控制。其中，每个单元由一个独立的智能体控制。该独立智能体必须根据本地观察结果采取行动。此外，它也附带了一个多智能体深度强化学习框架。

(5) 马尔默中的多智能体强化学习(multi-agent reinforcement learning in Malmö，MARLÖ)是 3D 游戏 Minecraft 中有关多个体协同的一个多智能体挑战[90]。其中，该问题场景是利用开源平台 Malmo[91]创建的，它提供了如何在 Minecraft 中试验更广泛的多智能体协同、竞争和混合场景的示例。

(6) Hanabi 是一个多玩家合作的纸牌游戏(2～5 个玩家)。游戏的主要特点是玩家不能观察自己的牌，但其他玩家可以透露有关他们的信息。这对学习算法提出一个有趣的挑战，特别是在自对弈(self-play)学习和自组织(ad-hoc)团队的背景下[92-94]。最近发布的 Hanabi 学习环境[95]，它附带一个基于深度强化学习的智能体[96]。

(7) Arena[97]是基于 Unity 引擎的多智能体研究平台[98]。它有 35 个多智能体游戏(如社交困境)，并支持智能体之间的通信。它由最近多智能体强化学习算法的基线实现，例如独立的近端策略优化算法学习者。

(8) MuJoCo 多智能体足球[99]使用 MuJoCo 物理引擎[100]。这个环境模拟了一个二对二的足球比赛，其中的智能体拥有一个三维的动作空间。

(9) Neural MMO[101]是一个受大型多人在线(massively multiplayer online, MMO)角色扮演类游戏启发的研究平台。在这些游戏中，许多玩家会为了生存而竞争。

12.4.3　未来展望

群体智能在边缘侧的诸多挑战也促成了如今边缘智能领域中的潜在热点，具体如下。

(1) 复杂环境下的关系建模。如今的计算系统正朝着大规模、层级式、混合关系的方向发展。其中，真实环境下的异构设备不仅位置相关，移动性、性能参数、任务需求也往往彼此影响。随着用户需求的提升，高层的业务机制也朝着协作式业务、多层次复杂、多业务并行的方向发展。由于计算系统和业务机制都在变得越来越复杂，这既给边缘系统的关系建模带来挑战，也为研究者提供了更广阔的开拓空间。

(2) 不完美的状态感知。真实环境中的数据集往往具有噪声、稀疏性等特点，而这可能最终导致系统性能的波动。性能方差也可以理解为性能的不确定性。这种数据认知的误差很可能在实际应用场景中造成损害。智能边缘的不确定性继承自云计算和深度神经网络，又由于用户、位置和时间等特定本地要求偏差产生了数据集偏移现象，也可能引发系统中不确定性的增加[102]。同时，智能体往往无法获知完整的环境信息，这就需要智能体通过结合部分观测信息和对环境状态的条件发生概率来决定其行为决策[103]。此外，系统状态的实时性更新也是需要解决的问题，由于环境的改变可能引起状态空间中的部分状态失效，系统无法实时对环境变化做出反应，进而造成意外事件的发生。

(3) 数据驱动的群智行为。数据驱动体现了智能体在行为决策时是以数据为导向的，即环境信息影响着群智行为，而智能体状态与决策也是系统数据的来源。群智系统往往要对多源信息进行聚合分析，然后训练模型对数据进行拟合，最终形成系统的决策模型。然而，真实系统的数据多是异构的，此时进行数据聚合时需要提前对数据进行预处理，以便缓解数据异构对数据驱动系统性能的影响。作为多智能体系统中亟待解决的热点问题，一致性控制、追踪控制、群集现象等面向多个决策个体的协调控制[104]，也是未来边缘与智能的发展方向。

12.5　本 章 小 结

本章深入探讨边缘智能与多智能体学习的相关内容。在单体智能到多体智能的演变过程中，本章介绍了多智能体学习的概念与特征，并对其发展与分类进行了讨论。本章探讨了多智能体学习面临的挑战与热点问题，重点关注多智能体赋能的网络边缘，对边缘资源管理、边缘通信、边缘缓存和计算几个方面的研究进展进行讨论。本章针对边缘环境对多智能体模型的影响、多智能体模型的局限、多智能体学习的模式，以及多智能体知识迁移等问题进行了深入研究和探讨，以期为边缘智能系统的实际应用提供思路和启示。最后，本章通过对边缘智能仿真与框架的介绍，以及传统多智能体方法案例的展示，展现了从理论到实践的跨越。

参 考 文 献

[1] Minsky M L. The society of mind. The Personalist Forum, 1987, 3: 19-32.

[2] Wooldridge M, Jennings N R. Intelligent agents: Theory and practice. Knowledge Engineering Review, 1995, 10(2): 115-152.

[3] Ren W, Beard R W. Consensus seeking in multiagent systems under dynamically changing interaction topologies. IEEE Transactions on Automatic Control, 2005, 50(5): 655-661.

[4] Olfati-Saber R. Flocking for multi-agent dynamic systems: Algorithms and theory. IEEE Transactions on Automatic Control, 2006, 51(3): 401-420.

[5] Maes P. Modeling adaptive autonomous agents. Artificial Life, 1993, 1(1): 135-162.

[6] Littman M L. Markov Games as A Framework for Multi-Agent Reinforcement Learning. New York: Morgan Kauffman Publishers, 1994.

[7] Hu J, Wellman M P. Multiagent reinforcement learning: Theoretical framework and an algorithm// International Conference on Machine Learning, Wisconsin, 1998: 242-250.

[8] Bowling M. Convergence and no-regret in multiagent learning// Advances in Neural Information Processing Systems. British Columbia, Toronto, 2004: 209-216.

[9] Shoham Y, Powers R, Grenager T. If multi-agent learning is the answer, what is the question? Artificial intelligence, 2007, 171(7): 365-377.

[10] Stone P. Multiagent learning is not the answer. It is the question. Artificial Intelligence, 2015, 171(7): 402-405.

[11] Hernandez-Leal P, Kartal B, Taylor M E. A survey and critique of multiagent deep reinforcement learning. Autonomous Agents and Multi-Agent Systems, 2019, 33(6): 750-797.

[12] Rauniyar A, Engelstad P, Moen J. A new distributed localization algorithm using social learning-based particle swarm optimization for internet of things// IEEE Vehicular Technology Conference, Porto, 2018: 1-7.

[13] Wang Y, Feng G, Wei F, et al. Interference coordination for autonomous small cell networks based on distributed learning// IEEE International Conference on Communications, Dublin, 2020: 1-6.

[14] Jin X, Dziong Z, Yan L, et al. Intelligent multi-agent based C-RAN architecture for 5G radio resource management. Computer Networks, 2020, 180(3):107418.

[15] Luo Z, Chen Q, Yu G. Multi-agent reinforcement learning based unlicensed resource sharing for LTE-U networks// IEEE International Conference on Communication Systems, Chengdu, 2018: 427-432.

[16] He B, Wang J, Qi Q, et al. Deephop on edge: Hop-by-hop routing by distributed learning with semantic attention// ACM International Conference Proceeding Series, Edmonton, 2020: 1-11.

[17] Sana M, Domenico A D, Yu W, et al. Multi-agent reinforcement learning for adaptive user association in dynamic mmwave networks. IEEE Transactions on Wireless Communications, 2020, 19(10): 6520-6534.

[18] Lu B, Yang J, Chen L Y, et al. Automating deep neural network model selection for edge inference// IEEE International Conference on Cognitive Machine Intelligence, Los Angeles, 2019: 184-193.

[19] Nasir Y S, Guo D. Multi-agent deep reinforcement learning for dynamic power allocation in wireless networks. IEEE Journal on Selected Areas in Communications, 2019, 37(10): 2239-2250.

[20] Pinyoanuntapong P, Lee M, Wang P. Delay-optimal traffic engineering through multiagent reinforcement learning// IEEE Conference on Computer Communications Workshops, Paris, 2019: 435-442.

[21] Rezaei E, Manoochehri H E, Khalaj B H. Multi-agent learning for cooperative large scale caching networks. https://arxiv.org/abs/1807.00207[2018-06-30].

[22] Zhong C, Gursoy M C, Velipasalar S. Deep multi-agent reinforcement learning based cooperative edge caching in wireless networks// IEEE International Conference on Communications, Shanghai, 2019: 1-6.

[23] Wu R, Tang G, Chen T, et al. A profit-aware coalition game for cooperative content caching at the network edge. IEEE Internet of Things Journal, 2021, 9(2): 1361-1373.

[24] Wang F, Wang F, Liu J, et al. Intelligent video caching at network edge: A multi-agent deep reinforcement learning approach// IEEE Conference on Computer Communications, Toronto, 2020: 2499-2508.

[25] Fang X, Zhang T, Liu Y, et al. Multi-agent cooperative alternating q-learning caching in D2D-enabled cellular networks// IEEE Global Communications Conference, Waikoloa, 2019: 1-6.

[26] Ban Y, Zhang Y, Zhang H, et al. MA360: Multi-agent deep reinforcement learning based live 360-degree video streaming on edge// IEEE International Conference on Multimedia and Expo, London, 2020: 1-6.

[27] Sun Y, Peng M, Mao S. A game-theoretic approach to cache and radio resource management in fog radio access networks. IEEE Transactions on Vehicular Technology, 2019, 68(10): 10145-10159.

[28] Zheng J, Cai Y, Liu Y, et al. Optimal power allocation and user scheduling in multicell networks: Base station cooperation using a game-theoretic approach. IEEE Transactions on Wireless Communications, 2014, 13(12): 6928-6942.

[29] Zhang Y, Di B, Zheng Z, et al. Distributed multi-cloud multi-access edge computing by multi-agent reinforcement learning. IEEE Transactions on Wireless Communications, 2020, 20(4): 2565-2578.

[30] Munir M S, Abedin S F, Kim D H, et al. A multi-agent system toward the green edge computing with microgrid// IEEE Global Communications Conference, Waikoloa, 2019: 9-13.

[31] Liang W, Kezhi W, Cunhua P, et al. Multi-agent deep reinforcement learning-based trajectory planning for multi-UAV assisted mobile edge computing. IEEE Transactions on Cognitive Communications and Networking, 2021, 7(1): 73-84.

[32] Cao Z, Zhou P, Li R, et al. Multiagent deep reinforcement learning for joint multichannel access

and task offloading of mobile-edge computing in industry 4.0. IEEE Internet of Things Journal, 2020, 7(7): 6201-6213.

[33] Ren Y, Sun Y, Peng M. Deep reinforcement learning based computation offloading in fog enabled industrial Internet of things. IEEE Transactions on Industrial Informatics, 2021, 17(7): 4978-4987.

[34] Foerster J N, Assael Y M, Freitas N, et al. Learning to communicate to solve riddles with deep distributed recurrent Q-networks. https://arxiv.org/abs/1602.02672[2016-02-08].

[35] Sukhbaatar S, Szlam A D, Fergus R. Learning multiagent communication with backpropagation// Conference and Workshop on Neural Information Processing Systems, Red Hook, 2016: 2252-2260.

[36] Singh A, Jain T, Sukhbaatar S. Learning when to communicate at scale in multiagent cooperative and competitive tasks. https://arxiv.org/abs/1812.09755[2018-04-05].

[37] Liu Y, Wang W, Hu Y, et al. Multi-agent game abstraction via graph attention neural network// AAAI Conference on Artificial Intelligence, New York, 2020: 7211-7218.

[38] Al-Shedivat M, Bansal T, Burda Y, et al. Continuous adaptation via meta-learning in nonstationary and competitive environments. https://arxiv.org/abs/1710.03641[2017-10-10].

[39] Grover A, Al-Shedivat M, Gupta J K, et al. Learning policy representations in multiagent systems// International Conference on Machine Learning, Stockholm, 2018: 1802-1811.

[40] Tacchetti A, Song H F, Mediano P A M, et al. Relational forward models for multi-agent learning. https://arxiv.org/abs/1809.11044[2018-09-28].

[41] Rabinowitz N, Perbet F, Song F, et al. Machine theory of mind// International Conference on Machine Learning, Stockholm, 2018: 4218-4227.

[42] Raileanu R, Denton E, Szlam A, et al. Modeling others using oneself in multi-agent reinforcement learning// International Conference on Machine Learning, Stockholm, 2018: 6779-6788.

[43] Zhang C, Lesser V. Multi-agent learning with policy prediction// AAAI Conference on Artificial Intelligence, Atlanta, 2010: 927-934.

[44] Foerster J, Chen R Y, Al-Shedivat M, et al. Learning with opponent-learning awareness// International Conference on Autonomous Agents and Multi Agent Systems, Stockholm, 2018: 122-130.

[45] Yang B, Zhang J, Shi H. Interactive-imitation-based distributed coordination scheme for smart manufacturing. IEEE Transactions on Industrial Informatics, 2021, 17(5): 3599-3608.

[46] Chen B, Wu W, Lin C, et al. Coordination of electricity and natural gas systems: An incentive compatible mutual trust solution. IEEE Transactions on Power Systems, 2020, 36(2): 2491-2502.

[47] Busoniu L, Babuska R, Schutter B D. Multi-Agent Reinforcement Learning: An overview. Berlin: Springer , 2010.

[48] Peshkin L, Kim K, Meuleau N, et al. Learning to cooperate via policy search// Conference on Uncertainty in Artificial Intelligence, San Francisco, 2000: 489-496.

[49] Dutech A, Buffet O, Charpillet F. Multi-agent systems by incremental gradient reinforcement learning// International Joint Conference on Artificial Intelligence, Seattle, 2001: 833-838.

[50] Wu F, Zilberstein S, Cehn X. Rollout sampling policy iteration for decentralized POMDPs// Conference on Uncertainty in Artificial Intelligence, Catalina Island, 2010: 666-673.

[51] Banerjee B, Lyle J, Kraemer L, et al. Sample bounded distributed reinforcement learning for decentralized POMDPs// AAAI Conference on Artificial Intelligence, Toronto, 2012: 1256-1262.

[52] Wu F, Zilberstein S, Jennings N R. Monte-carlo expectation maximization for decentralized

POMDP// International Joint Conference on Artificial Intelligence, Beijing, 2013: 397-403.

[53] Liu M, Amato C, Liao X, et al. Stick-breaking policy learning in Dec-POMDPs// International Joint Conference on Artificial Intelligence, Buenos Aires, 2015: 2011-2018.

[54] Omidshafiei S, Pazis J, Amato C, et al. Deep decentralized multi-task multi-agent reinforcement learning under partial observability// International Conference on Machine Learning, Sydney, 2017: 2681-2690.

[55] Khan A, Zhang C, Lee D, et al. Scalable centralized deep multi-agent reinforcement learning via policy gradients. https://arxiv.org/abs/1805.08776[2018-05-22].

[56] Yang Y, Luo R, Li M, et al. Mean field multi-agent reinforcement learning// International Conference on Machine Learning, Stockholm, 2018: 5567-5576.

[57] Goldman C V, Zilberstein S. Decentralized control of cooperative systems: Categorization and complexity analysis. Journal of Artificial Intelligence Research, 2004, 22(1): 143-174.

[58] Lowe R, Wu Y, Tamar A, et al. Multi-agent actor-critic for mixed cooperative-competitive environments// Advances in Neural Information Processing Systems, Long Beach, 2017: 6379-6390.

[59] Sunehag P, Lever G, Gruslys A, et al. Value-decomposition networks for cooperative multi-agent learning based on team reward// International Conference on Autonomous Agents and Multi Agent Systems, Stockholm, 2018: 2085-2087.

[60] Zhou M, Chen Y, Wen Y, et al. Factorized Q-learning for large-scale multi-agent systems// International Conference on Distributed Artificial Intelligence, Beijing, 2019: 1-7.

[61] Rashid T, Samvelyan M, Witt C S, et al. QMIX: Monotonic value function factorisation for deep multi-agent reinforcement learning// International Conference on Machine Learning, Stockholm, 2018: 4292-4301.

[62] Son K, Kim D, Kang W J, et al. QTRAN: Learning to factorize with transformation for cooperative multi-agent reinforcement learning// International Conference on Machine Learning, California, 2019: 5887-5896.

[63] Laetitia M, Laurent G J, Fort-Piat N L. Hysteretic Q-learning: An algorithm for decentralized reinforcement learning in cooperative multi-agent teams// IEEE/RSJ International Conference on Intelligent Robots and Systems, California, 2007: 64-69.

[64] Mahajan A, Rashid T, Samvelan M, et al. Maven: Multi-agent variational exploration// Proceedings of the 32nd International Conference on Neural Information Processing Systems, Vancouver, 2019: 7611-7622.

[65] Yang Y, Wen Y, Chen L, et al. Multi-agent determinantal q-learning// International Conference on Machine Learning, Virtual Event, 2020: 10757-10766.

[66] Machado M C, Bellemare M G, Bowling M. A laplacian framework for option discovery in reinforcement learning// International Conference on Machine Learning, Sydney, 2017: 2297-2304.

[67] Claus C, Boutilier C. The dynamics of reinforcement learning in cooperative multiagent systems// Conference on Artificial Intelligence/Innovative Applications of Artificial Intelligence, Wisconsin, 1998: 746-752.

[68] Busoniu L, Babuska R, Schutter B D. A comprehensive survey of multiagent reinforcement learning. IEEE Transactions on Systems, Man, and Cybernetics, Part C (Applications and Reviews), 2008, 38(2): 156-172.

[69] Hernandez L P, Kartal B, Taylor M E. A survey and critique of multiagent deep reinforcement learning. Autonomous Agents and Multi Agent Systems, 2019, 33(6):750-797.

[70] Pan S J, Yang Q. A survey on transfer learning. IEEE Transactions on Knowledge and Data Engineering, 2010, 22(10): 1345-1359.

[71] Yin H, Pan S J. Knowledge transfer for deep reinforcement learning with hierarchical experience replay// AAAI Conference on Artificial Intelligence, California, 2017: 1640-1646.

[72] Felipe L D S, Costa R C, Anna H. A survey on transfer learning for multi-agent reinforcement learning systems. Journal of Artificial Intelligence Research, 2019, 64(1): 645-703.

[73] Sutton R S, Barto A G. Reinforcement Learning: An Introduction. 2nd ed. Cambridge: MIT Press, 2018.

[74] Hu Y, Gao Y, An B. Accelerating multiagent reinforcement learning by equilibrium transfer. IEEE Transactions on Cybernetics, 2015, 45(7): 1289-1302.

[75] Boutsiouhis G, Partalaa I, Vlahavaa I. Transfer learning in multi-agent reinforcement learning domains// European Workshop on Reinforcement Learning, Athens, 2011: 249-260.

[76] Didi S, Nitschke G. Multi-agent behavior-based policy transfer// European Conference on the Applications of Evolutionary Computation, Porto, 2016:181-197.

[77] Agarwal A, Kumar S, Sycara K, et al. Learning transferable cooperative behavior in multi-agent teams// International Conference on Autonomous Agents and Multi Agent Systems, Auckland, 2020:1741-1743.

[78] Wang W, Yang T, Liu Y, et al. From few to more: Large-scale dynamic multiagent curriculum learning// AAAI Conference on Artificial Intelligence, New York, 2020:7293-7300.

[79] Omidshafiei S, Kim D K, Liu M, et al. Learning to teach in cooperative multiagent reinforcement learning// AAAI Conference on Artificial Intelligence, Hawaii, 2019: 6128-6136.

[80] Yang T, Wang W, Tang H, et al. Learning when to transfer among agents: An efficient multiagent transfer learning framework. https://arxiv.org/abs/2002.08030[2020-02-04].

[81] Zhang X, Wang Y, Lu S, et al. OpenEI: An open framework for edge intelligence// International Conference on Distributed Computing Systems, Dallas, 2019: 1840-1851.

[82] Martin-sanchez F, Verspoor K M. Big data in medicine is driving big changes. Yearbook of Medical Informatics, 2014, 23(1): 14-20.

[83] Andreu-perez J, Poon C C Y, Merrifield R D, et al. Big data for health. IEEE Journal of Biomedical and Health Informatics, 2015, 19(4): 1193-1208.

[84] Palmer G, Tuyls K, Bloembergen D, et al. Lenient multi-agent deep reinforcement learning// International Conference on Autonomous Agents and Multi Agent Systems, Stockholm, 2018:443-451.

[85] Claus C, Boutilier C. The dynamics of reinforcement learning in cooperative multiagent systems// AAAI Conference on Artificial Intelligence, Wisconsin, 1998: 746-752.

[86] Palmer G, Savani R, Tuyls K. Negative update intervals in deep multi-agent reinforcement learning// International Conference on Autonomous Agents and Multi Agent Systems, Montreal, 2019:43-51.

[87] Resnick C, Eldridge W, Ha D, et al. Pommerman: A multi-agent playground. https://arxiv.org/abs/1809.07124[2018-09-19].

[88] Gao C, Kartal B, Hernandez L P, et al. On hard exploration for reinforcement learning: A case

study in Pommerman// AAAI Conference on Artificial Intelligence and Interactive Digital Enter-tainment, Georgia, 2019: 24-30.

[89] Samvelyan M, Rashid T, Schroeder de Witt C, et al. The StarCraft multi-agent challenge// International Conference on Autonomous Agents and Multi Agent Systems, Montreal, 2019: 2186-2188.

[90] Perez L D, Hofmann K, Mohanty S P, et al. The multi-agent reinforcement learning in MalmO competition. https://arxiv.org/abs/1901.08129[2019-01-23].

[91] Johnson M, Hofmann K, Hutton T, et al. The MalmO platform for artificial intelligence experimentation// International Joint Conference on Artificial Intelligence, New York, 2016: 4246-4247.

[92] Stone P, Kaminka G A, Kraus S, et al. Ad hoc autonomous agent teams: Collaboration without pre-coordination// AAAI Conference on Artificial Intelligence, Atlanta, 2010:1-6.

[93] Bowling M, McCracken P. Coordination and adaptation in impromptu teams// AAAI Conference on Artificial Intelligence, Pittsburgh, 2005: 53-58.

[94] Albrecht S V, Ramamoorthy S. A game-theoretic model and best-response learning method for ad hoc coordination in multiagent systems// International Conference on Autonomous Agents and Multi-Agent Systems, Saint Paul, 2013: 1155-1156.

[95] Bard N, Foerster J N, Chandar S, et al. The hanabi challenge: A new frontier for AI research. Artificial Intelligence, 2020, 280: 103-216.

[96] Hessel M, Modayil J, Hasselt H, et al. Rainbow: Combining improvements in deep reinforcement learning// AAAI Conference on Artificial Intelligence, New Orleans, 2018: 3215-3222.

[97] Song Y, Wojcicki A, Lukasiewicz T, et al. Arena: A general evaluation platform and building toolkit for multi-agent intelligence// AAAI Conference on Artificial Intelligence, New York, 2020: 7253-7260.

[98] Juliani A, Berges V P, Teng E, et al. Unity: A general platform for intelligent agents. https://arxiv.org/abs/1809.02627[2018-06-17].

[99] Liu S, Lever G, Merel J, et al. Emergent coordination through competition// International Conference on Learning Representations, New Orleans, 2019:1-9.

[100] Todorov E, Erez T, Tassa Y. MuJoCo: A physics engine for model-based control// IEEE Intelligent Robots and Systems, Algarve, 2012: 5026-5033.

[101] Suarez J, Du Y, Mordach I, et al. Neural MMO v1.3: A massively multiagent game environment for training and evaluating neural networks// International Conference on Autonomous Agents and Multi Agent Systems, Online, 2020: 2020-2022.

[102] Seo S, Choi S W, Kook S, et al. Understanding uncertainty of edge computing: New principle and design approach. https://arxiv.org/abs/2006.01032[2020-06-01].

[103] Tang Q, Xie R, Yu F R, et al. Decentralized computation offloading in IoT fog computing system with energy harvesting: A DEC-POMDP approach. IEEE Internet of Things Journal, 2020, 7(6): 4898-4911.

[104] Zhang H, Jiang H, Luo Y, et al. Data-driven optimal consensus control for discrete-time multi-agent systems with unknown dynamics using reinforcement learning method. IEEE Transactions on Industrial Electronics, 2017, 64(5): 4091-4100.

第 13 章　边缘智能与未来数字平行社会

无线网络、物联网的发展与普及推动着人与人、人与物、物与物之间的连接，以及具有更强计算能力、语境感知能力的人、物、数据与场景等的有机相融，这便是万物互联。万物互联使互联更具价值，其在科技发展的背景下推动着数据量与应用需求的迅猛增长。边缘计算作为一种新兴网络技术架构，将主要数据存储、服务和应用程序下沉到网络的边缘，让计算更为接近数据源头，从而降低时延，减轻云端的压力，与传统的云计算形成优势互补，成为适应万物互联应用需求的一种新兴计算方式。

另外，近些年人工智能发展迅速，已渗透到生活的许多方面。随着技术的成熟与应用场景的增加，智能计算的场景越来越丰富。智能产品的类型不断扩充，特别是万物互联与边缘计算时代的到来，使边缘侧产生海量的数据与智能计算需求，即边缘计算与人工智能自然地契合到一起。正是边缘计算与人工智能技术的融合形成智慧边缘计算架构，让人类社会进一步从万物互联走向万物赋能。边缘智能依托边缘计算的分布式、低时延的特点，成功实现下放人工智能的自主学习与智能决策能力，并在许多应用领域有了不错的表现。边缘计算与智能的结合不仅继续推动着物联网的发展，也预示着万物赋能的趋势。在未来世界，边缘智能将让人类摆脱需要琐碎脑力消耗的任务，帮助人类进行社会行为背后最大意义与价值的探索，在最大限度推进"人类-社会-科技-自身"和谐关系演进的同时为未来科学技术哲学的发展指明方向。

13.1　边缘计算与万物互联

创造是人类独有的生产方式，科技则是诞生于人们生产实践过程中的观念。马克思指出，实践包含着人与社会、人与自然，以及人与自我意识的全部关系[1]。这些关系正在被与日新月异的互联网技术影响而变化。人们享受着扫码支付与实时通信的便捷，体验着智能定位与共享单车为人类提供的便利，根据兴趣推荐的每日歌单和商品信息为人类的社会生活增添色彩。作为客体，人的存在以数据的方式得到确认；作为主体，人又享受着各式各样的数据、算法等带来的方便。在当代，日新月异蓬勃发展的通信技术构造了各式各样的信息(information)，成为关联人与人、人与设备、设备与设备之间的桥梁[2]，突破了"数据(data)困境"的障碍，孕育了万物互联这一在科技进步推动下的必然产物。

万物互联的诞生极大地促进了工业生产和经济金融的发展，也能让每一件物品在脱离人们控制时智能地提供服务。在未来社会，总计约有 1000 亿个包括手机、个人平板等多种多样的设备接入无线通信系统。在这样庞大的通信系统中，一个由设备与用户组成的互联互通的社会将被建立。无论是手机、智能穿戴设备，还是无人机、传感器、智能汽车、医疗设备等，都将通过网络实现连接，与终端用户交互，使智慧交通、智慧健康生活、远程医疗手术等构想中的场景成为现实。正是有诸如此类众多的美好愿景，才催生了可以改变未来人类生活的 5G 技术。5G 技术所具有的能耗低、速度快(最大速率可达 20 Gbit/s)、网络时延比第四代移动通信技术(4th-Generation，4G)技术约缩减了 98%、设备接入容量大(千亿级别)等众多特点[3]，为万物互联提供了至关重要的技术保障。

在人工智能技术的帮助下，万物互联带领人类进入智能时代。以物联网等技术为依托，在用户的行为推动下，跨越层次的信息正在高速交换和联系，促使信息边界在这种环境中变得越来越模糊，逐渐演化为具有时空性(spatial-temporal)的知识[4]。在第四次工业革命的时代背景下，5G 技术促进了人工智能相关领域的不断快速发展。物联网在 5G 技术的支持下打下了坚实的基础，又得到人工智能作为其广泛应用的催化剂。人工智能正在让世界加速进入未来万物智能的新时代，影响诸如医疗、教育、金融、交通和信息安全等和人们息息相关的领域(图 13-1)[5-7]。信息之间变得越来越紧密，也受益于人工智能技术的发展。

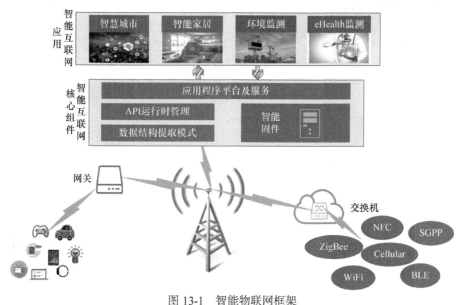

图 13-1 智能物联网框架

在物联网技术的支持下，原本不具有智慧的物体逐渐成为能显现人类意识的一种存在，能像人一样进行思考、判断、聆听与感受。假如智慧是人类永恒的追求，智能就是物联网寻觅的前程。数字孪生就是全面使用物理模型、传感器更新、运行周期等多种数据，聚合了多学科、多物理参数、多尺度、多概率的仿真过程，在虚拟空间中完成映射，从而反映相应实体装备的全生命周期过程[8]。它的发展得益于设备爆炸式增长奠定的基础。简单地说，数字孪生就是创造了一个系统或设备的数字版的"克隆体"。数字孪生主要应用在工业产品的设计、生产、维修维护等步骤中，如美国通用电气公司为各个引擎、核磁共振等创造了数字孪生体，利用仿真技术，在数字空间实现对实体的调试。数字孪生技术不仅可以应用在工业领域，还可以应用于数字医疗和智慧城市的建设。例如，可以利用 5G 等传输技术，实现远程人体手术；将雄安新区定位于绿色、智能的数字孪生城市，实现物理空间与虚拟数字空间的交融共生等。

　　由于便携设备的广泛应用，互联网中的用户逐渐从内容消费者向创造者转型，向着人人智联的趋势发展[9]。互联网技术的进步和各类电子产品的发展，使移动设备的种类变得多种多样，除了智能手机、智能手表、传感器、阅读识别器，甚至家用电器等都成为物联网的重要组成部分。如图 13-2 所示，越来越多的设备以指数增长的速度加入互联网[10]逐渐形成一个网络、设备、人工智能多领域统一的边缘智能新局面，使各领域的知识相互融合，在带来机遇的同时也带来更多的挑战。

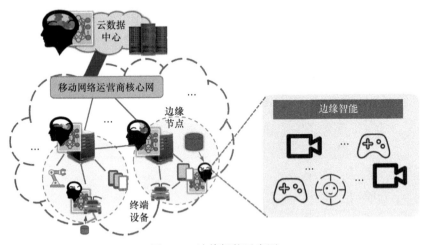

图 13-2　边缘智能示意图

　　首先，实体与实体的直接连接需要更多稳定且多样的接入方式。万物互联牵扯到的不仅是以太网通信，还有电力线等更多的通信方式[11]，然而更多的设备还是利用无线通信来传输和执行信息。现在无线网络的接入方式繁多，如 WiFi、蓝牙、LoRa(一种长距离无线通信技术)等。多个网络呈现出的异构性是不同的接入网络和连接能力造成的，随着互联网和社会的进步，绝大多数地方会产生不同无线通信方式共存的状况[12]，因此目前面临的挑战之一就是找到更好的网络接入策略来克服物联网无线网络接入复杂的难题。

其次，包含不同领域、不同元素的网络体系，宛如需要同时面对和解决各种各样事情的综合办事大厅。在这套体系中，用户、过程、信息包括事务等都需要被兼顾，并且能够在互联网技术的支撑下实现适应更大范围的需求，处理解决识别、监控、管理和定位等诸多问题，以满足人们的需要。在此阶段，物联网作为所有信息的运行环境及其传递桥梁，可以稳步地实现内容信息的综合集中，而且能适应内容做到填充演变带来的需求空白。在物联网的帮助下，人和人，以及人和物体之间信息交换的效率更加高效，可以达到实时共享、实时感知、实时操作等目标，实现更深层次的资源互联、社会互联、服务互联，以及最终的目标万物互联。

此外，提高频谱资源的利用率也是亟待解决的问题之一。在各式各样的无线通信环境中，只有提供可靠的通信链路才能保证高效稳定的通信，但是，不同的传感器拥有的感知处理通信能力显然是不同的。5G 拥有 4G 技术千倍的系统吞吐量和更快的频谱效率，对频谱的资源利用率自然也提出更高的要求[13]。更重要的是，在现实的物联网环境里，真实使用的传感器类型、遵循的传输协议，以及设备的制造商都是种类繁多且复杂的。因此，解决问题的方案一定要能够独立于设备和配置，可适应更重负载的传输环境，以及实时变化的感知环境。

另外，如何解决设备和基础设施功耗大的问题也是面临的巨大挑战。截至2019 年底，我国建设了超过 13 万个 5G 基站。但是，5G 基站的耗电量是现有 4G基站的数十乃至数百倍，而且 80%左右是发生在物联网侧的[14]。与此同时，还要解决好基站设备电池的寿命问题，需要安排合理的模式，有效地利用好各种空闲空间和休眠模式。但是，做到这些还不够，物联网还需要建立多方联系，进一步实现智能，不仅要连接还要充分利用好物联网中的计算能力，这才是使物联网技术充满活力的关键[15]。

需求和迭代更新是互相补充、互相促进的，这一点不仅仅是在自然界，在人类的生产生活中亦是如此。人类社会在科学技术发展的推动下，需求也在逐步提高。众所周知，每一次的技术革命都将推动人类生活的变革。社会对高速网络有很高的需求，更高的数据传输率是智能经济发展和社会数字化的重要影响因素，虽然现在的 4G 网络速度已经可以满足大多数的网络使用需求，可是由于其在底层的设计层面上受到限制，依然没能满足现在的许多需求。5G 的出现带来诸多新的机遇，当然也带来更多的技术要求。大量的物联网设备接入网络，造成大量的数据服务需求，也意味着这些需求需要更加稳定、更加安全、更加灵活、覆盖更广的架构和算法来提供保障。

接入网络的智能设备越来越多，网络中传输的数据量也越来越大，对网络的安全、时延、带宽、功率等方面自然也提出更高的要求。如果将所有数据都上传到云端，面对海量的数据传输，这显然不符合实际情况。为了解决这个问题，可以充分利用好网络"边缘"侧的计算资源，从而达到减小云端计算压力和减少数据流量传输的目的[16]。如果将计算任务安排在靠近终端的边缘进行处理，而不是上传到云端，就能极大地减少数据在网络中传输和在云端计算的压力，同时保证时延的要求、减少存储的能耗，加快信息交付质量和服务效率。在人工智能技术的支持下，边缘之中不再是简单的连接，而是更加的智能，可以产生多种多样的服务场景，如智慧家居、智能驾驶等。这些场景中的大量数据支撑着边缘计算中的人工智能[17]。人工智能与边缘计算是相辅相成、互相补充的，具有与传统算法相比更加灵活的、可拓展的分布式计算的特性[18]。

由于边缘生态系统带有海量的信息，人工智能在得到这些信息后会产生更多新的应用场景。在人工智能和边缘计算的融合中，物联网得到极大的发展，这也象征着万物互联、万物智能的时代已经势不可当。每个人都已处在时代进步的浪潮之中了，当享受着科技提供的种种便捷时，我们也要将眼光放到未来。未来的种种挑战和不确定，是万物互联向着万物赋能进化所必要的试金石，经历过后将是充满希望和活力的"蓝海"。

13.2 万物赋能：边缘协同智能与数字演进

边缘计算的低时延、分布式特性为边缘智能提供了极大的保障。边缘智能可以将人工智能的自主学习、智能决策能力进行下放。在边缘计算的运行机制和网络结构下，边缘智能可以为智能应用提供多重层次的资源支持和性能优化，而边缘智能对智能应用的优化和保障大多数时候体现在以下方面。

13.2.1 优化智能应用请求的响应时延与资源供给

当前传统的网络架构执行模式是基于云计算的，使用将人工智能服务部署在云端的方式，利用云端服务器集群丰富的硬件资源处理计算请求[19]。然而，硬件资源不足的问题虽然解决了，但额外的时延会由云端服务器地理位置偏远的特性而产生。这导致基于云计算的架构没有办法满足实时服务的需求。通过引入边缘计算技术来支撑人工智能服务，在网络边缘部署大量分布式的边缘节点[20]，边缘智能(图 13-2)在许多应用领域已经有了非常优异的表现，如边缘智能可以应用在实时视频分析场景中。实时视频分析在智能工厂、智慧社区、无人驾驶等场景中都是不可或缺的环节，边缘智能可以使实时视频分析更加智能、更加高效(图 13-3)。在应用到实时视频分析服务的过程中、捕获视频数据之后，若智能手机、智能摄

像头等资源受限的智能终端设备无法支撑人工智能服务高额的资源消耗，就可以
仅执行数据压缩[21]、图像分割[22]等预处理，然后将数据传输至边缘节点处理。来
自终端设备的服务请求一旦被数量众多的边缘节点接收到便立即开始处理。此外，
在边缘侧还可以考虑多个边缘节点之间的智能协作[23]以提供更好的服务。当边缘
侧无法满足应用的资源需求时，可以将数据传输至云端处理，但也会不可避免地
造成额外的传输时延。这也是未来需要解决的问题之一。此外，云端不仅可以提
供强大的资源支持，还能为边缘侧提供人工智能模型的聚合更新能力[24]，从而帮
助边缘节点对全局知识进行学习和训练。

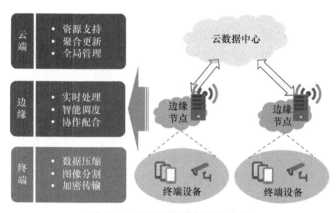

图 13-3　实时视频分析解决方案

13.2.2　改进智能应用数据的通信传输与隐私保护

不同设备之间不可避免地存在大量数据传输，这是因为边缘计算平台中通常
有海量设备在协同运行。这不仅会给通信网络造成极大的流量负载，还会使数据
缺乏隐私性保护。因此，联邦学习被进一步提出，它使边缘计算架构中的人工智
能模型可以进行分布式训练，并且无须上传样本数据，只需将训练后的参数更新
并且上传，之后再由边缘节点聚合参数更新并进行参数下发。

联邦学习在边缘计算的应用赋予了人工智能模型分布式训练的能力，使智能
设备可以在本地对数据进行处理，并且仅对更新的参数信息进行传输，可避免大
量原始数据传输汇聚的集中式训练，进一步保障人工智能模型的训练过程，在实
现减轻流量压力的同时强化数据的隐私保护。

13.2.3　提升智能应用服务的应用拓展与部署保障

在人工智能服务的应用实践方面，国内外业界目前已经发布了多种边缘智能
平台并投入使用，这进一步拓展了人工智能服务应用的广泛性，而多样化且有价
值的人工智能服务又能够扩大边缘计算的商业价值，为边缘智能的实现提供基础

和保障。

(1) 华为公司在 2018 年设计并推出边缘智能平台 IEF[25]，将云端服务器的处理能力延伸至边缘侧，从而就近提供实时的智能服务。此外，IEF 还通过兼容 Kubernetes，以及 Docker 实现轻量化，在监控平台、智能工业等领域有良好的前景。

(2) 百度公司在 2019 年宣布开源其边缘智能计算平台 Beatyl[26]。该平台采用模块化思想，能够提供身份制定、规则策略制定、云端管理下发与边缘侧部署运行等功能，实现用户按需使用的模式。此外，Beatyl 还可以与百度边缘智能管理套件 Baidu-IntelliEdge 协同使用，进一步推进了边缘智能的发展。

(3) 亚马逊公司在 2017 年发布了边缘智能平台 AWS Greengrass[27]，使设备可以在本地对数据进行处理，以及数据筛选，从而只对必要信息进行传输，极大地提高信息传输效率。此外，AWS Greengrass 还具有优异的鲁棒性，可以在设备有间歇性网络连接的情况下使用，从而适应更加复杂的网络环境。

(4) 微软公司在 2018 年将其边缘智能平台 Azure IoT Edge[28]作为开源项目开放给了业界。这一平台采用基于容器的运行方式，在容器中不仅支持微软提供的相关服务，也支持用户提供的代码，同时提供了对容器的监控管理功能。

智能边缘的目的是将人工智能算法融入边缘，以支持动态的、自适应的资源分配与管理。人工智能的学习和决策能力使智能边缘可以实现对边缘计算平台中的资源、设备、请求的智能化管理，从而提升边缘计算平台的运行效率。智能边缘对于边缘计算的优化主要包括如图 13-4 所示的三个方面，具体如下。

(1) 实现边缘计算平台的动态管理与高效运行。网络通常包含大量异构设备，以及种类繁多的应用请求，因此棘手的问题是如何对不同的应用请求特性，实现异构设备的自适应协作处理。一般处理这类问题的是传统算法，如贪心算法[29]、蚁群算法[30]等。然而，这些传统算法却存在许多弊端，例如对网络环境变化，以及异构硬件参数的适应性差；缺少对长期收益的考虑；优化指标相对单一。

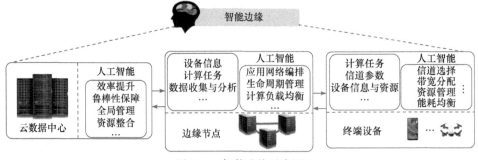

图 13-4　智能边缘示意图

因此，传统算法已经无法适应边缘计算平台的性能发展需求，要实现性能瓶颈的突破就必须探索和应用具有高效性、实时性、动态性的决策算法，而人工智能技术出色的决策能力可以帮助边缘计算平台实现智能化管理。

边缘计算平台通常采用云-边-端的多层组织架构，所以必须考虑的问题是如何在不同组织层面中的异构设备之间进行高效的计算卸载调度。人工智能技术恰好可以通过计算卸载决策实现将不同层面的异构设备牢牢结合在一起[31,32]的效果。智能决策模型一般可通过与网络环境不断交互，并且反复迭代来逐渐提升决策的准确性，但是网络环境的复杂性和动态性会产生规模庞大的状态空间。对此，业界通常使用神经网络对决策的评价函数进行近似计算。随着智能决策模型与网络环境的交互迭代次数增加，可以不断优化模型决策的准确性，提升边缘计算平台的运行效率。

(2) 决策边缘计算任务的计算卸载与协同处理。如图 13-5 所示，智能边缘可依据计算任务不同的特征和属性来自适应地选择执行模式。对于计算需求较小的任务，可以直接在终端设备执行，避免数据传输导致的时延，以及资源消耗。然而，对于资源需求较大的计算任务，可以通过人工智能模型对边缘计算平台中的任务进行智能化管理，从而充分整合利用平台中异构设备的资源实现任务的协同高效执行。

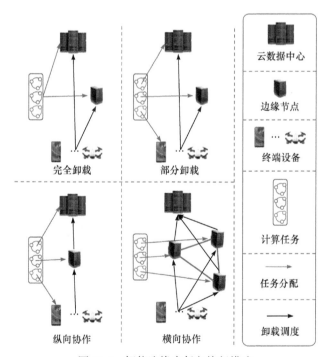

图 13-5　智能边缘中任务执行模式

对于任务卸载，可以将其划分为整体卸载与部分卸载两种模式。整体卸载会传输至单一边缘节点或云端执行，这可以避免对任务进行分割、整合所造成的资源消耗，但是当计算任务规模较大时，将任务传输至单一设备执行会导致执行效率低下。这时，可以选择对任务进行分割再交由不同的设备执行处理，通过不同设备的协同处理实现异构设备资源的利用整合。此外，根据边缘计算平台中的协作方式，还可以将任务卸载进一步分为纵向协作和横向协作。纵向协作会联合云-边-端三层的异构设备来协同处理计算任务。由于不同层级的设备资源存在差异会导致人工智能服务性能的差异，通过多层级的协作可以实现对计算任务各个环节的按需供应。横向协作则是将任务交由若干个边缘节点处理，通过在单一横向层级中对计算任务进行协同处理，可以在充分利用设备资源的同时，减少通信传输造成的资源消耗。

(3) 降低边缘计算数据的冗余传输与低效存储。无论是现在还是未来，数据传输的压力会只增不减。但是，并非所有数据都是有价值的，所以边缘缓存的设计也加入了边缘智能化的大集体，目的是减少应用服务中的冗余数据传输、实现应用服务的敏捷响应。边缘缓存方案可以通过在边缘节点缓存热点内容，实现面向相关内容请求时的快速响应。因此，通过边缘缓存技术可以对同一地区中的相似内容请求进行快速响应，从而避免对请求的内容数据进行多次冗余传输的情况。

然而，边缘缓存却面临一个严峻的挑战。由于边缘节点的存储空间具有局限性，而且其服务范围内的热点内容难以预测，因此无法实现缓存的高效命中。这时，人工智能又可以继续发挥重要作用。它可以依据每个边缘节点的服务内容进行定制化的策略设计，并追踪热点内容的实时变化对缓存策略进行智能化调整[33]，从而确保缓存内容的有效性和准确性。因此，借助人工智能的自主化决策能力来设计边缘缓存方案，可以避免相似请求的冗余数据传输，促进存储空间的高效利用，实现缓存命中率的大幅提升。

13.3　平行边缘：信息创造价值？

世界好比一台制造数据的机器，不停地工作着。这些物理世界的数据，如大气的湿度、温度与一棵不起眼小草的颜色深度，本身只是一堆冰冷的数字，在使用温度计、传感器等相关工具测量统计前对人类毫无价值可言。每年，全球产生的数据量都在以指数规模迅速增长。据估计，全球 2021 年产生的数据达到 847 ZB。处理这些海量数据的最优方案就是通过分布式的处理方式来减轻计算压力，即将70%的数据放置在网络边缘侧进行处理。另外，这些数据中仅有约 10%才是有利用价值的。

当这些数据与人类世界产生联系时会被赋予意义，成为信息。物理世界中海量的冗余数据将在人们打破数据算力壁垒之后被重新发掘，它们将被映射到数字空间，形成可演算、能对生产生活进行调整、反馈的知识，而信息也由此诞生。

智能算法(如特征工程与知识整合)可以为算力边界的突破提供一系列的重要支撑。机器学习的上限由数据和特征共同决定,而算法和模型最终只能无限逼近这个上限。如图 13-6 所示,当那些原始的复杂冗余数据被提炼为一条条知识且映射到数字空间中进行相互作用关联时,最终将形成与人类世界密切联系的、有真正价值与意义的信息。

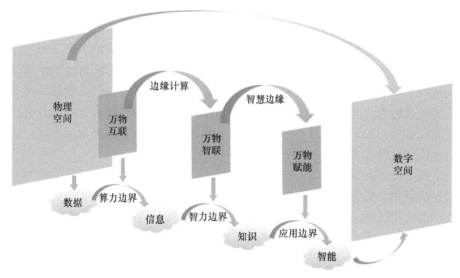

图 13-6　从万物互联到万物智能

当人类行为加入信息鉴别与利用过程中的情况发生时,意味着这些信息突破了智力边界,依靠智力来选择对人类有益的信息,从而使人类在与信息交互过程中,让有用的信息及时反馈到行动之中,避免不利的活动。举例来说,对于农耕活动,古代人们完全依靠人力劳作,后来依靠工具、耕牛,而如今的农业已经发展到了机械化、智能化的程度。即便都是农耕活动,在不同时代下却被巨大的智力鸿沟隔开,这样的间隔便是智力边界。如今,如何更好地将人的智能与边缘算法相结合,进而提升边缘侧的算法的效率、适配性,进行信息组合结构的优化,使这些信息能够更快速、高效地为人所用,同时将作用结果及时反馈给人类,辅助人类进行决策,最终形成人类认知层的边缘计算,是认知层边缘计算面临的主要挑战。

随着智力边界的突破,数据和信息在人类的认知下会被更好地利用。人类的社交网络其实就是在不断进行着有益信息的传播,例如人们向挚友分享自己的生活可以增进彼此之间的友谊等。当个人分享的需求不停增加并逐步突破应用边界,便会形成人们熟知的社交网络应用。人的社交关系在一定程度上会主导应用边界的突破,其中社会信任(social trust)与社会互惠(social reciprocity)是其中主要存在的两个相关现象。社会信任普遍存在于亲人、朋友、同学之间，指的是人们彼此之间的信任关系。社会互惠主要存在于同事、公司之间，指的是人类社会中由多方个体或团体在相互合作下使目标最大化，彼此互利的现象。用户之间直接内容的分享更容易出现在这两类社会关系的人群中。此时，一座沟通的桥梁就会因为这样的行为在社交边缘边界上搭建起来，而边缘计算应用会在个人社交的边缘计算需求聚集下逐渐形成，从而达成智能边缘。

边缘智能应用场景在最终实现以后，可以继续进行优化，以及结构的调整。通过模型共享、迁移学习等方式，可以举一反三地基于某个环境下学习到的知识来协助完成新环境下的学习任务。应用架构的调整、更新与发展将持续在模型共享的过程之中，并最终突破架构边界的限制。在那个时候，我们将能够探索这一类人的社会行为背后最大意义与价值，一方面可以帮助互联网服务提供商进行边缘计算服务核心的调整；另一方面可以反馈给用户自身，实现其自身价值，展现最终价值层边缘计算的核心要义。

从算力世界数据的海洋，到涵盖着成千上万的数字空间，再到人类智力参与对信息的处理，最终走向边缘计算，尽可能地用高效、智能的方式进行信息的处理并带给人类反馈。这条路似乎还在无尽地绵延下去。数据产生于人类社会和世界之中，也终将被运用到人类对世界的认识与改造之中。从万物互联到万物赋能，科技的进步会带来人与世界、人与社会、人与自身关系的改变，同时带来更多从哲学层面思考科技发展的要求。随着未来人类凭借智慧边缘计算从琐碎的脑力消耗中脱身，人类需要思考完成更重要的任务：一方面要探索在科学发展的过程之中人类如何认识科学；另一方面要对处于发展潮流中的人们存在的方式和对自己的认识进行反思，进而促进“人类-社会-科技-自身”的和谐关系，为未来科学技术哲学的发展提供方向与动力。

近几十年来，随着数据科学、信息网络，以及人工智能等技术的不断发展，人类的生存方式和文明演进历程，都发生了前所未有的变化。万物互联时代的兴起，象征着一种普遍连接的新技术时代的到来。边缘计算成为新时代的代表性技术架构，也成为未来科技发展的趋势。对此，无疑有对其为什么存在的解释和反思的必要，或者按照中国传统哲学的说法，大有“格物致知”[34]和“知行合一”[35]的必要。

边缘计算的概念在宇宙中的运行规律中也得以体现。在宇宙的广袤空间中，每个节点都与一个强大的中心相连。该中心拥有强大的能力，连接着宇宙中的所有生命、物质、空间和时间，使宇宙成为一个互联互通的整体。这种中心的存在和功能呈现出宇宙的一体化特征。量子纠缠[36]为这一理念提供了证明。量子纠缠超越了人类常见的四维时空概念，解释了宇宙中存在深层次内在联系的现象。在一个系统中的两个粒子，即使它们看起来毫不相关且相距甚远，仍在某种层面上相互联系。一个粒子的干扰可以瞬间影响到另一个粒子的状态。这种物质间的内在联系展现了宇宙观中的互联思想，同时也反映了边缘计算的涌现是符合宇宙法则的。

边缘计算可以定义生命物种的概念，也可以把地球上的每一个生命看作是边缘计算的一个节点。自然界中的生命不管有多少种形式，也不管有多少个体，所有的生命物种的基因都是同根同源的，这也对应着生物学中"基因同源性"[37]的概念。化石证明了一切生物物种都起源于原始的单细胞祖先。虽然在漫长的进化过程中，存在物种基因突变的情况，而且从表象看这种突变具有随机性，但是生物演化却实际上往往遵循着某种规律，如由低级到高级、由简单到复杂的进步性发展；由少到多的分支性发展，以及阶段性与连续性结合的阶段性发展[38]。进化的过程中不会出现倒退，基因会朝着优化物种的生存与繁衍的方向发展，并在其中延续着存储的概念。这个存储就像云计算中心一样，连接着所有生物，保持基因的同根同源。这也反映出，随着科学技术的不断发展，每个边缘设备也在不断地优化、不断地智能化，但是以云计算、边缘计算等为基础的万物互联依旧是不变的趋势，也成为技术发展的特性。

边缘计算不仅是在技术上的定义，也是在哲学上的体现。例如，英国哲学新锐格拉厄姆·哈曼提出的以对象为导向的本体论体系，旨在将所有的物(包括人在内)都还原为平等的对象，这些对象通过一定的方式发生关联，而这些关联又形成一个巨大的网络[39]。又如，中国哲学中的"万物一体"的观念贯穿着整个中国哲学的发展[40]。从先秦时期对于"天人之际"问题的探讨，到儒家学者对体现"一体"观念的"天人之际"问题的分析，再到佛教中，针对"一体"观念展开的本体论论述，以及围绕万物一体问题进行融合的"万物一体之仁"。以上这些理论尽管是在哲学上提出的，但是却已经包含这样的关系，即所有的对象(包括人、非人、自然物、人工物、实在物、虚拟物)都在一个巨大的万物网络中转化为一个节点，而这个节点则对应边缘计算中的节点，这些节点形成一个巨大的万物网络，彼此相连成为一个整体。将边缘计算的优势融合和嵌入这个万物网络的运行体系中，对于促进边缘计算的进一步普及、良性发展和合理应用具有十分重要的意义。

万物互联成为新技术时代的一种特质和趋势，边缘计算是实现万物互联的基础和重要支撑。在此趋势下，边缘计算成为时代的新风口，以万物互联为核心的边缘计算时代正在开启。

13.4　本　章　小　结

本章首先介绍边缘计算在连接和整合各种智能设备、实现万物互联的重要作用。随后深入探讨万物赋能的主题，具体涉及优化智能应用请求响应时延与资源供给、改进智能应用数据通信传输与隐私保护、提升智能应用服务应用拓展与部署保障几方面的内容。最后，介绍平行边缘的概念，思考边缘智能如何创造信息价值，以及在数字化社会中的作用与影响。

参 考 文 献

[1] 弗里德里希·恩格斯，卡尔·马克思. 马克思恩格斯选集. 第 1 卷. 北京: 人民出版社, 1972.

[2] Hong W, Baek K, Ko S. Millimeter-wave 5G antennas for smartphones: Overview and experimental demonstration. IEEE Transactions on Antennas and Propagation, 2017, 65(12): 6250-6261.

[3] Olwal T O, Djouani K, Kurien A M. A survey of resource management toward 5G radio access networks. IEEE Communications Surveys and Tutorials, 2016, 18(3): 1656-1686.

[4] 余伟婷. 2018-2019 中国物联网发展年度报告. 物联网技术, 2019, 9(9): 3.

[5] 阿里云. 三个物联网案例看懂阿里巴巴为何布局最难的物联网道. https:// developer.aliyun.com/article/224245[2021-06-20].

[6] 李寿鹏. 英特尔物联网的三大战略. https://www.sohu.com/a/254267717_132567[2021-06-20].

[7] Intel.关于英特尔物联网你不可不知的 10 个最新动向. https:// www.intel.cn/content/dam/www/public/cn/zh/documents/iot/new-motions-of-intel-internet-of-things.pdf[2021-06-20].

[8] 杨林瑶, 陈思远, 王晓, 等. 数字孪生与平行系统: 发展现状、对比及展望. 自动化学报, 2019, 45(11): 2001-2031.

[9] 顾嘉. 万物互联之前请先做好人人互联. 通信世界, 2017,(21):9.

[10] Jara A J, Ladid L, Gomez-Skarmeta A F. The internet of everything through IPv6: An analysis of challenges, solutions and opportunities. Journal of Wireless Mobile Networks, Ubiquitous Computing, and Dependable Applications, 2013, 4(3): 97-118.

[11] Sharma S K, Bogale T E, Chatzinotas S, et al. Physical layer aspects of wireless IoT// International Symposium on Wireless Communication Systems, Poznan, 2016: 304-308.

[12] Wu D, Arkhipov D I, Asmare E, et al. UbiFlow: Mobility management in urban-scale software defined IoT// IEEE Conference on Computer Communications, Hong Kong, 2015: 208-216.

[13] Afzal M K, Zikria Y B, Mumtaz S, et al. Unlocking 5G spectrum potential for intelligent IoT: Opportunities, challenges, and solutions. IEEE Communications Magazine, 2018, 56(10): 92-93.

[14] 张蕊. 我国 5G 基站已超 13 万个未来 80%应用放在物联网. https:// finance.sina.com.cn/china/gncj/2020-01-20/doc-iihnzhha3773436.shtml[2021-06-20].

[15] Keshavarzi A, van Den H W. Edge intelligence-on the challenging road to a trillion smart connected IoT devices. IEEE Design and Test, 2019, 36: 41-64.

[16] Chen X, Pu L, Gao L, et al. Exploiting massive D2D collaboration for energy-efficient mobile edge computing. IEEE Wireless Communications, 2017, 24(4): 64-71.

[17] Zhou Z, Chen X, Li E, et al. Edge intelligence: Paving the last mile of artificial intelligence with edge computing. Proceedings of the IEEE, 2019, 107(8): 1738-1762.

[18] Wolf M. Machine learning + distributed IoT = edge intelligence// IEEE International Conference on Distributed Computing Systems, Dallas, 2019: 1715-1719.

[19] 朱辰, 高俊杰, 宋企皋. 大数据、人工智能与云计算的融合应用. 信息技术与标准化, 2018,

(3): 45-48.

[20] 施巍松, 孙辉, 曹杰, 等. 边缘计算: 万物互联时代新型计算模型. 计算机研究与发展, 2017, 54(5): 907-924.

[21] Ren J, Guo Y, Zhang D, et al. Distributed and efficient object detection in edge computing: Challenges and solutions. IEEE Network, 2018, 32(6): 137-143.

[22] Liu C, Cao Y, Luo Y, et al. A new deep learning-based food recognition system for dietary assessment on an edge computing service infrastructure. IEEE Transactions on Services Computing, 2018, 11(2): 249-261.

[23] Li D, Salonidis T, Desai N V, et al. DeepCham: Collaborative edge-mediated adaptive deep learning for mobile object recognition// IEEE/ACM Symposium on Edge Computing, Washington, 2016: 64-76.

[24] Wang S, Tuor T, Salonidis T, et al. Adaptive federated learning in resource constrained edge computing systems. IEEE Journal on Selected Areas in Communications, 2019, 37(6): 1205-1221.

[25] 华为云. IEF——华为智能边缘平台. https://www.huaweicloud.com/product/ief.html[2021-06-20].

[26] Github. Beatyl——将计算、数据和服务从中心无缝延伸到边缘. https:// github.com/baetyl/baetyl [2021-06-20].

[27] Amazon. AWS IoT Greengrass——将本地计算、消息收发、数据管理、同步和 ML 推理功能引入边缘设备.https:// www.amazonaws.cn/greengrass/[2021-06-20].

[28] Microsoft. Azure IoT Edge——在 IoTEdge 设备上本地部署的云智能. https:// azure.microsoft. com/zh-cn/services/iot-edge/[2021-06-20].

[29] 张海波, 李虎, 陈善学, 等. 超密集网络中基于移动边缘计算的任务卸载和资源优化. 电子与信息学报, 2019, 41(5): 1194-1201.

[30] 杨仕豪. 移动边缘计算环境下资源放置与分发问题. 中国新通信, 2017, 19(21): 122-124.

[31] Mach P, Becvar Z. Mobile edge computing: A survey on architecture and computation offloading. IEEE Communications Surveys and Tutorials, 2017, 19(3): 1628-1656.

[32] Chen X, Zhang H, Wu C, et al. Optimized computation offloading performance in virtual edge computing systems via deep reinforcement learning. IEEE Internet of Things Journal, 2019, 6(3): 4005-4018.

[33] Xiao L, Wan X, Dai C, et al. Security in mobile edge caching with reinforcement learning. IEEE Wireless Communications, 2018, 25(3): 116-122.

[34] 岛田虔次. 朱子学与阳明学. 西安: 陕西师范大学出版社, 1986.

[35] 冈田武彦. 王阳明与明末儒学. 上海: 上海古籍出版社, 2000.

[36] Meystre P, Sargentiii M. Elements of Quantum Optics. Berlin: Springer, 1990.

[37] 郜金荣. 分子生物学. 北京: 化学工业出版社, 2011.

[38] 张昀. 生物进化. 北京: 北京大学出版社, 1998.

[39] 蓝江. 一般数据、虚体、数字资本——数字资本主义的三重逻辑. 哲学研究, 2018, (3): 26-33.

[40] 宋玉波. 论"万物一体"观念的发展与演变. 东南大学学报(哲学社会科学版), 2019, 21(6): 44-51.

第 14 章　边缘智能的产业落地

14.1　边缘智能的政策环境

近年来，云计算、大数据、人工智能相关的技术快速发展，各种应用场景不断发展成熟，越来越多的数据需要上传到云端进行处理，这导致云端的工作负载呈指数级的增长。同时，由于很多升级后的应用需要更快的运算速度来支撑，数据传输至云端进行计算，再将结果由云端返回至终端的计算方式已经不能完全满足其需求。由此，边缘智能应运而生。边缘智能是一种分布式运算的架构。在这种架构下，应用程序、数据资料、服务运算等都会由网络中心节点移往网络逻辑的边缘节点来处理。或者说，边缘计算将原本完全由中心节点处理的大型服务加以分解，切割成更小与更容易管理的部分，分发到边缘节点去处理，加快信息的处理与传送速度，减少延迟。

从传统的产业链角度来说，边缘智能相关的产品、技术、平台，以及解决方案面向的是在终端和网络回传设备之间的部署，与边缘智能相关的产业链只是位于其间提供各种软硬件的企业。相对的，从物联网产业来看，边缘智能作为物联网的汇聚和控制节点，其涉及的产业生态就不仅仅是产业链这一小段，而应扩展到对物联网端到端解决方案形成影响的部分，涵盖软件、硬件、运营、数据支撑、应用开发等一系列的环节。这些环节共同组成边缘智能在实际应用中的产业结构，而要实现上述产业结构，便离不开政策、经济等一系列的产业环境的支持。

14.1.1　政府层面的支持政策概述

边缘智能作为智能服务已逐渐深入各行各业，影响着人们的生活和社会经济的发展。如今，边缘智能逐渐成为当下热门研究领域，逐渐得到政府的认可与支持。国家也陆续出台了相关扶持政策来助力边缘智能技术与产业的深度融合和应用落地。

2018 年，边缘计算产业峰会在北京举行[1]。工业和信息化部信息化和软件服务业司提出将在推进工业互联网平台的工作中，加大对边缘计算的支持力度，努力营造良好环境，推动边缘计算相关产业持续健康发展。

2019 年，边缘计算产业峰会在北京召开[2]。工信部信软司强调将持续提升工业互联网创新能力，推动工业化与信息化在更广范围、更深程度、更高水平上实现融合发展，重点开展三方面工作。一是，促进工业互联网平台边缘计算技术体系发展；二是，推动工业互联网平台边缘计算成熟方案部署和应用；三是，推进技术标准制定与开源软件开发。作为新一代信息通信技术与现代工业技术深度融合的产物，工业互联网成为数字化、网络化、智能化的重要载体。工业互联网平台主要技术示意图如图 14-1[3]。

2019 年，科技部制定发布《国家新一代人工智能创新发展试验区建设工作指引》[4]，旨在加快落实《国务院关于印发新一代人工智能发展规划的通知》的部署要求，同时有序开展国家新一代人工智能创新发展试验区建设。建设目标是到 2023 年，服务支撑国家区域发展战略，布局建设 20 个左右试验区，打造一批具有重大引领带动作用的人工智能创新高地。

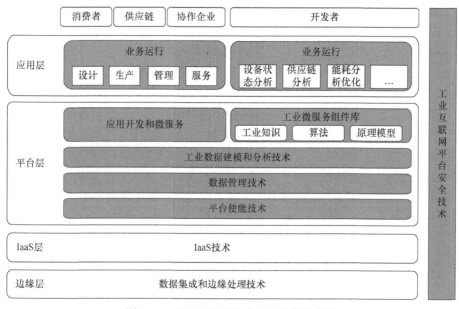

图 14-1　工业互联网平台主要技术示意图

2019 年 10 月，工业和信息化部发布《加快培育共享制造新模式新业态 促进制造业高质量发展的指导意见》[5]，明确指出到 2025 年，共享制造发展迈上新台阶，示范引领作用全面显现，共享制造模式广泛应用，生态体系趋于完善，资源数字化水平显著提升，成为制造业高质量发展的重要驱动力量。支持平台企业积极应用云计算、大数据、物联网、人工智能等技术，发展智能报价、智能匹配、智能排产、智能监测等功能，不断提升共享制造全流程的智能化水平，进而推动新型基础设施建设。同时，需加强 5G、人工智能、工业互联网、物联网等新型基础设施建设，扩大高速率、大容量、低延时网络覆盖范围，鼓励制造企业通过内网改造升级实现人、机、物互联，为共享制造提供信息网络支撑。

2019 年 11 月，《关于推动先进制造业和现代服务业深度融合发展的实施意见》发布[6]，明确指出到 2025 年，形成一批创新活跃、效益显著、质量卓越、带动效应突出的深度融合发展企业、平台和示范区，企业生产性服务投入逐步提高，产业生态不断完善，两业融合成为推动制造业高质量发展的重要支撑。

2019 年 11 月，工业和信息化部发布《"5G+工业互联网"512 工程推进方案》[7]，明确指出到 2022 年，要打造 5 个产业公共服务平台，构建创新载体和公共服务能力；加快垂直领域"5G+工业互联网"的先导应用，内网建设改造覆盖 10 个重点行业；打造一批"5G+工业互联网"内网建设改造标杆、样板工程，形成至少 20 大典型工业应用场景；培育形成 5G 与工业互联网融合叠加、互促共进、倍增发展的创新态势，促进制造业数字化、网络化、智能化升级，推动经济高质量发展。

2020 年 3 月 4 日，中共中央政治局常务委员会召开会议，指出要加快推进包括 5G 网络、人工智能、数据中心等新型基础设施建设进度[8]。"新基建"的提出不仅为经济增长提供了新动力，更为人工智能领域带来更多的关注。因此，面对政府的大力支持，边缘智能有了更广阔的发展空间，相关边缘智能产业应抓住机遇，将"产学研用"落到实处，将边缘计算与人工智能发展项目落地。

2023 年 2 月，中共中央、国务院印发《数字中国建设整体布局规划》，指导通用数据中心、超算中心、智能计算中心、边缘数据中心等合理梯次布局，对算力网络发展进行重要部署。同年 10 月，《算力基础设施高质量发展行动计划》发布，明确未来三年计算力、运载力、存储力、应用赋能的主要目标。此外，全国范围内许多省市也陆续制定了相关政策和规划。

14.1.2　成立行业组织与技术联盟

2016 年 11 月 30 日，由华为技术有限公司、中国科学院沈阳自动化研究所、中国信息通信研究院、英特尔、英国 ARM 公司和软通动力信息技术(集团)有限公司联合倡议发起的边缘计算产业联盟(Edge Computing Consortium，ECC)在北京正式成立[9]。该联盟旨在搭建边缘计算产业合作平台，推动运营技术(operational technology，OT)和信息与通信技术(information and communications technology，ICT)产业开放协作，孵化行业应用最优实践，促进边缘计算产业健康与可持续发展。同时，全球性产业组织工业互联网联盟 IIC 在 2017 年成立 Edge Computing TG，定义边缘计算参考架构。

2017 年 8 月，爱立信、英特尔、日本电报电话公司与丰田成立名为汽车边缘计算联盟(Automotive Edge Computing Consortium，AECC)的新联盟，以开发连接汽车的网络和计算生态系统，更多地关注使用边缘计算和高效网络设计来增加网络容量，以适应汽车大数据。

2019 年，边缘计算产业联盟联合绿色计算产业联盟与网络 5.0 产业和技术创新联盟先后成立边缘计算基础设施产业推进工作组和边缘计算网络基础设施联合工作组[10]，并成立智慧城市专委会，致力推动边缘计算在相关领域的关键技术实现突破和应用。

2019 年 8 月，在第二届欧洲边缘计算论坛上，华为与多家合作伙伴(包括 18 家厂商和组织)达成意向[11]，将共同努力，联合建立欧洲边缘计算产业联盟，旨在创建一个可以在智能制造，以及其他工业物联网应用和网络运营商之间部署的标准参考架构和技术栈。

2024 年 2 月，在世界移动通信大会上，英伟达主导的"AI-RAN 联盟"正式宣布成立。该联盟的成立标志着无线接入网技术与智能化技术深度融合的新纪元，旨在推动无线通信技术的跨越式发展。联盟的核心目标集中在三个主要领域。首先，通过引入和优化 AI 技术，显著提升无线接入网性能。其次，联盟致力于充分利用现有的基础设施，开辟新的 AI 收入来源，从而带来全新的商业机会和收益模式。此外，联盟将重点关注在网络边缘部署 AI 服务。这种结合边缘计算的方式能够显著提高运营效率，为移动用户提供更加个性化和高效的服务。

14.1.3　促进产研结合的研究生态

我国大力支持产学研结合，促进科研成果转化，加速科研成果产业化。从 2019 年起，教育部大力发展新工科建设，深入推进新工科研究与实践项目，推广有代表性的新工科模式。同时，教育部还要求深入推进高校创新创业教育改革。本次改革全力打造创新创业教育升级版，完善创新创业教育质量评价体系。这一系列措施必将对推进高校科研成果转化起到深远的影响。

目前，边缘计算仍处于起步阶段。由于边缘计算发展潜力十足，越来越多的电信运营商开始开展边缘计算试点，推广边缘商用产品和解决方案。移动和云生态中的许多公司也开始了关于边缘计算的探索。各大企业在国家政策的支持下积极与高校合作，深入推进边缘计算产研结合的研究生态发展。

2018 年 6 月 21 日，国内首家由企业和高校共同成立的边缘计算联合实验室在北京成立。该实验室的成立，树立了边缘计算产学研深度融合的范本，推动了中国边缘计算产业发展。

2018 年 9 月，百度与英特尔共同发起"5G+AI"边缘计算联合实验室[12]，旨在加速边缘计算与 5G 产业落地，实现智慧城市、智慧交通、智慧制造等在内的智慧生活建设。

2019 年 7 月，启迪数字集团与北京邮电大学共同建设边缘计算与网络安全联合实验室[13]。该实验室根据边缘计算的国际科技前沿和国家重大需求，开展边缘计算和网络安全技术安全研究。

2023 年 4 月,戴尔边缘创新联合实验室在上海成立。该实验室旨在利用业界领先的边缘产品,帮助企业优化边缘部署,加速数字化和智能化创新。通过构建强大的边缘计算生态系统,为各行业的数字化转型提供有力支持,推动技术进步,为企业带来更多创新和发展的机会。

14.1.4　健全法律法规与监管措施

在边缘计算方面,新技术的发展带来法律、政策、伦理道德等方面的挑战。首先,各个行业组织、技术联盟和业界人士制定了边缘计算的相关标准,但在某些标准的制定上存在许多不明确性,阻碍了规模化的应用。其次,在高度分散的市场环境下,很难形成协调一致的政策。边缘计算设施通常基于中心化云数据中心的法规设定,但是边缘配置比中心化配置规模小,并且边缘配置数量多,所以这些法规并不完全适用,阻碍着边缘计算的发展。

随着人工智能技术产业的快速发展,以数据驱动、人机协同、跨界融合、共创分享为特征的智能经济蓬勃兴起。在数据隐私和安全问题上,随着云计算的发展和数据量的快速增长,大数据已在越来越多的领域得到应用。关于个人的身份信息、偏好等数据将无处藏匿,无所不在的数据捕获和优化对数据隐私和安全构成威胁[14]。随着人工智能决策日益流行,算法可以决定很多事情。例如,学校对学生在校园内的开销记录进行分析,得到每个学生的经济状况,然后决定每月给哪些学生的饭卡自动充值。然而,算法歧视问题也可能发生。例如,在广告服务中男性比女性看到更多高薪招聘广告;犯罪风险评估算法系统性地歧视部分群体。由于算法不透明,很多人会在毫不知情的情况下,承受着各种微妙的歧视和精准的不公。

因此,需要根据实际情况,遵循边缘计算发展规律,积极推动国家与各行业组织、技术联盟之间的深入交流和开展密切合作,做好顶层设计,搭建好体系化布局,建立明确的边缘计算相关标准,以及更加健全的相关法律法规和监管政策。

14.2　边缘智能的行业落地

14.2.1　市场布局与需求场景

近些年,云计算行业的高歌猛进更是促进了边缘计算的兴起。依托边缘计算的流量压力小、安全系数高、处理延迟低等特点,未来可能有超过 70% 的数据和应用在边缘侧产生和处理。同时,随着分布式网络传输架构,以及 5G 的发展,网络传输时延会大幅降低,使传输带宽、连接密度均得到数量级的提升,这无疑给云-边-端协同提供了更加可靠的基础保障。

充分发挥边缘能力,赋予边缘更大的自治性,依托人工智能技术为边缘赋能,是边缘计算与人工智能互动融合的新模式。依托边缘计算带来的优势创造价值,是当前,以及未来相关互联网机构、企业努力的方向。边缘智能作为"智能+"时代的新宠儿,势必为智能制造、智慧城市等应用场景注入新动力。

边缘智能注重与产业应用的结合,促进产业的落地和实现,比起边缘计算更加贴近我们的生产生活。全球领先的信息技术研究和顾问公司 Gartner 的研究副总裁表示:目前,边缘计算主要关注的是制造、零售等特定行业中嵌入式物联网系统提供的离线或分布式能力,但随着边缘被赋予越来越成熟和专业的计算资源及越来越多的数据存储,边缘计算将成为几乎每个行业和应用的主导要素;机器人、无人机、自动驾驶汽车及可操作系统等复杂的边缘设备将加快这一转变。

当前,边缘智能的产业生态架构已经基本形成,以业务运营商、边缘设备供应商、服务提供商、终端用户,以及各类产业协会、联盟组成。在应用场景方面,边缘智能也已在智慧工厂、智慧交通、智慧社区等诸多领域初见成果,正在探索更多类型的商业模式。未来,边缘智能更会在车联网、智慧城市、VR/AR 等新兴领域发挥出无限的潜能。

14.2.2　天网工程与雪亮工程

在 2015 年上映的热门电影《速度与激情 7》中,一项名为"天眼"的监测系统让观众叹为观止。电影中,该系统利用生物特征识别技术,可以调用世界上任何联网设备的摄像头和音频系统,让想要找的人无处遁形。在现实生活中,这套"天眼"系统的原型是芝加哥虚拟城市防范系统。自 2005 年,我国提出平安建设议题之后,平安城市一直都是城市建设和规划的重点。我国的"天眼"系统——天网工程(图 14-2)不仅是目前世界上最为庞大的城市报警与监控系统,更是我国建设平安城市的关键。

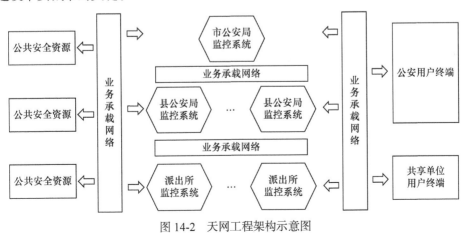

图 14-2　天网工程架构示意图

在平安建设的大背景之下，在乡村主要道路口、人群聚集地建设高清摄像头，利用农村现有电视网络，将公共安全视频监控信息接入农户家庭数字电视终端，发动群众、依靠群众、专群结合，通过实时监控、一键报警、分级处置、综合应用，实现农村地区社会治安防控和群防群治工作无缝覆盖。这就是针对农村安防建设的群众性治安防控工程，即雪亮工程。

传统的视频监控系统是将海量视频数据上传至云计算服务中心进行统一分析识别，而由于中心服务器计算能力有限，且公共安全领域的应用要求视频监控系统能够提供实时、高效的视频数据处理，天网工程与雪亮工程的建设采用新的架构，以及计算模式。依托边缘计算，一方面将视频数据处理部分下移到视频采集的边缘侧，利用软件优化、硬件加速方法，构建基于边缘计算的视频图像预处理技术，去除视频图像冗余信息，提高系统的分析效率[15]；另一方面，通过构建弹性的存储机制，减少无效视频的存储，提高系统的存储利用率，从而让系统灵活应对复杂且海量的数据。

建设天网工程和雪亮工程，是将边缘智能应用于生产生活实际的优秀典型案例，是充分利用现代科技手段加强社会治安管理，有效预防、快速应对突发事件的有效途径。该工程的实施，有助于在重点单位、治安卡口、交通要道、各大商场超市、宾馆、住宅小区、车站、医院、学校等重点区域预防各类突发事件，有效降低发案率，提高案件侦破率，提高公众安全感指数，提升政府服务形象，实现社会治安技术防范措施智能化、视频监控网格化、城乡监控一体化。自从工程建设以来，全国县市积极响应，同时随着监控镜头显像与辨识效果的提高，又配合 5G 背景下 AI 人脸识别、步态识别、背影识别、车牌分析等先进成像技术的引入，已在疑犯追踪、寻找走失儿童等方面取得重大进展。此外，随着平安城市的建设推进，提高社会治安综合治理智能化水平，推动公共安全视频监控建设联网应用，已经成为平安中国建设的必要手段和必经之路。智慧城市建设、天网工程、雪亮工程已经让监控摄像头无所不在地守护着城市与乡村的安全。

14.2.3　智能工厂和智慧港口

工业 4.0 时代已经到来，微型低成本传感器和高带宽无线网络的普及促进了大数据驱动的智能化工业物联网的飞速发展。近些年来，在国家大力支持下，越来越多的公司和企业逐渐建立智能工厂，支撑制造资源的泛在连接、弹性供给，以及高效配置，进一步提升生产智能化程度。

边缘智能可以为工业物联网的智能化提供新的解决方案。例如，海尔利用人工智能技术赋能传统产业，实现从传统家电供应商向"硬件+软件+服务"平台型企业的转型；利用传感器和智能算法提升制造设备的工作效率和使用寿命；基于语音、图像、大数据、自动识别等工智能技术提升用户端的交互体验，实现生产、制造、销售、服务全流程生产体系打通和大规模个性化定制。

智慧工厂建设的重点是解决数据异构联结、实时业务需求，以及数据安全性等问题。针对消防预警、安全防护、环境监测等不同的监测场景，在边缘侧的数据源通过多协议网关进行接入。接口层的分布式智能网关系统会辅助边缘计算的服务及控制工作，不是只做简单的数据收集工作，而是负责一定的数据分析工作，这样可以在一定程度上减轻云端的计算压力[16]。面对工厂中的高密度数据处理和存储问题，将业务细化后按区域搭建分布式系统将能有效地促进智慧工厂框架的持续发展。边缘智能框架下的数据中心则是负责智能分析、视频分析、日志管理，以及数据统计等工作，并利用可视化技术实时展示给管理人员。

港口是具有水陆联运设备和条件、供船舶安全进出和停泊的运输枢纽，是工农业产品和外贸进出口物资的集散地，更是国际物流全程运输与国际贸易的服务中心和服务基地，是一个国家和地区的门户。如何更加高效、智能地管理港口一直是智慧交通的核心课题之一。智慧港口包括多种呈现形式，如智能监管、智能服务、自动装卸等。这些工作都需要利用大量的物联网设备并发产生海量异构数据，之后进行高可靠传输[17]。正因如此，AI 与 5G 的边缘智能物联网架构将会在此应用场景下发挥巨大优势。

在边缘侧，通过安置智能传感器、智能摄像头等物联网设备进行数据采集，综合利用边缘计算网关，可提供将云上应用延伸到边缘的能力，从而支撑结构化数据传输、应用部署，以及自适应的边缘推理。若综合利用深度学习、并行计算等技术，又可实现集大数据分析预测、设备管理调度、物流作业资源分配与评估等功能于一体的智慧港口信息平台。此外，若对交易、监管、物流和支付等不同业务进行区域化的架构设计，又可以打造港口服务云。

14.2.4 面向用户的媒体娱乐

上个十年，4G 打开了人们的视野，游戏、视频等各类泛娱乐应用改变了大众娱乐。接下来的十年，5G 与边缘计算平台的兴起是否仍会改变人们的娱乐方式呢？

虽然目前国内边缘计算尚处于起步阶段，但是随着市场需求的爆发，技术正在快速与产业结合。在落地场景的选择方面，媒体娱乐业务大多定位在数字创意、数字娱乐等视频应用领域，如超高清视频、3D 实时交互、短视频、影视动漫、广告等消费级场景。这些场景基于对海量数据的实时处理要求，对于边缘计算存在明显的刚性需求。

在超高清视频方面，边缘计算能带来的优势在于大幅提升高清视频影像的处理效率。例如，电影动画设计与渲染对于计算的要求非常高，通常会利用分布式计算机集群进行处理。在边缘计算平台下，系统的可扩展性更强，可同时调度的资源更多，处理的效率会得到明显提升[18]。其次，在超高清视频领域，边缘计算带来的算力增长可能达 10 倍以上，这就意味着将存在更多关于 8K/12K 超高清视频的应用与创新机会。

游戏与短视频类应用在 4G 时代如此火爆，是因为带宽的提升让移动端的存储得以释放。同时，移动端在存储、电池、算力等上的短板也呼唤着云上游戏的到来。虽然游戏上云，但单纯依靠云计算并不是最优策略，利用边缘计算才可以有效解决云计算的"最后一公里"问题。基于大量的分布式节点所构成的算力网络，边缘云可以提供更靠近终端用户的、全面覆盖的、弹性分布式算力资源。通过终端数据的就近计算和处理，能大幅度优化和响应时延，保证游戏体验的顺畅。目前，5G 带来的带宽提升为 VR、AR 和云游戏的发展解决了接入问题，边缘计算应用更是带来毫秒级的超低网络时延。这无疑给互动娱乐增加了新的可能，让其进入了更多用户的视野。

14.3　边缘智能的商业模式

边缘智能是实施物联网整体方案的重要组成部分，虽然在不少情况下并没有直接面对用户，但是其对于物联网业务及服务的体验提升、成本降低起着关键作用。本节对边缘智能潜在的几种商业模式进行分析。

14.3.1　B2B2C 模式

向终端用户直接收费的商业模式适合为用户提供标准化产品的场景。边缘智能是作为整体解决方案中的嵌入式模块，很难提炼成标准化产品。但是，在很多情况下，由于其能够为业务方提供具体场景，业务方对用户收费，而边缘智能运营方则可对该收费进行分成。

中国移动 5G 联合创新中心发布的《移动边缘计算》报告中对此类模式进行过分析，给出一种案例。以赛事直播为例，运营商为直播服务商提供边缘智能平台支持，用户通过向服务商购买直播门票获得直播服务，运营商提供直播所需网络接入和边缘智能平台，可以与服务商进行收入分成共享。

1. 案例一：NBA VR 直播

传统的美国职业篮球联赛(NBA)赛事直播通常采用 HetNet 组网、QCELL 组网等部署方式，会受限于观众位置无法实现全方位观看、难以进行现场互动。基于边缘计算进行赛事直播，一方面能缩短视频播放时延，提升观赛流畅程度；

另一方面可以进行实时多角度赛事播放，增强观赛体验。此外，还可以提供第三方应用部署的平台，通过灵活部署赛事直播过程中的观众互动应用、广告播放等带来增值收益。例如，用户可通过购买 VR 直播门票获取虚拟现实直播公司 NextVR 提供的 VR 直播服务，一方面 NextVR 可直接获得门票收入分成；另一方面，网络运营商可通过提供 VR 直播需要的无线网络接入服务，与 NextVR 共享收入分成。

2. 案例二：F1 银石赛道直播

如图 14-3 所示的英国银石赛道是世界汽车赛事最频繁的赛道之一。出于观众对于提升观看体验的需求，举办方提供了现场的赛事视频直播和回放服务。相比通过互联网提供应用服务(over-the-top，OTT)模式(即通过互联网直接向观众提供流媒体服务)的 47.95s 直播时延，基于边缘计算技术的视频直播较现场实况的延迟仅有 0.5s，直播的时效性有了极大的提升。

在这个场景中，用户通过购买场馆门票获得视频直播服务，银石赛道场馆通过向用户提供视频直播服务获得收入，电信运营商通过提供视频直播需要的本地视频分发网络服务，与银石赛道场馆共享直播的收入分成。总之，基于边缘计算技术可实现超低网络时延，消除卡顿，提高流畅度，为用户带来更佳的体验。随着 AI 与 5G 的普及，运营商将能够满足服务商更为复杂的任务，提供更优质的平台支持。

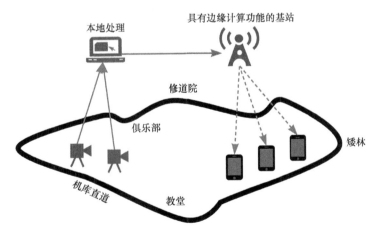

图 14-3　银石赛道直播架构示意图

14.3.2　B2B 模式

此类模式适合为集成商、应用开发商直接提供边缘智能能力的情况，而边缘智能运营商不参与端到端解决方案的设计，只是提供使能作用。作为边缘智能运营商，电信运营商和云服务厂商会面对大量潜在可培养的客户，并提供边缘智能平台的开发接口，根据调用情况和使用量进行收费。

虽然边缘智能的商业模式还在探索中，但是这一模式可能成为主流。目前，各类边缘智能运营商都在尝试这种方式，即借鉴云服务的收费模式来量化业务平台使用量。

1. 案例一：华为云智能边缘平台

华为云边缘智能平台通过对边缘节点的全面管理，实现将云端应用扩展到边缘的能力。该平台能够有效联动边缘和云端的数据，满足使用者在远程管理边缘计算资源、数据处理、分析决策和智能化等方面的需求。该平台不仅可以在边缘节点和应用的监控、日志采集等运维能力上提供统一的管理功能，而且支持云端的综合运维管理，使企业能够更轻松地实现边缘与云端的协同工作。通过这种一体化的解决方案，企业可以更加高效地进行数据分析和处理，从而在数字化转型过程中获得更大的竞争优势。平台的核心优势在于其强大的边缘计算生态系统，能够帮助企业优化资源配置，提升运营效率，并在边缘场景中实现快速响应和实时决策。

2. 案例二：思科移动服务边缘网关

思科移动服务边缘网关(mobile service edge gateway，MSEG)技术就是越来越受重视的自适应智能路由(adaptive intelligent routing，AIR)。利用 MSEG，可在网络边缘提供服务智能，同时将控制层面保留在网络核心，在降低移动数据流量成本的同时提供全新应用并保证优质服务体验。借助移动分组核心的智能，MSEG能够在网络边缘定向网络流量，具有以下优势：将低值流量直接路由到互联网；无需经分组核心即可路由高优先级或低延迟流量；将本地流量保留在本地；向移动虚拟网络运营商提供智能漫游选项和安全连接。

在云服务器厂商推出的边缘智能平台中，它们通常会针对云产品资源、网关软件、设备软件、消息传输、增值应用等多个服务组合设置标准化的收费模式。当然，这一收费模式仍在实验和探索中，经过一段时间成熟后，才能成为一种普遍的商业模式。

14.3.3　业务优化提升模式

此类模式不会直接体现边缘智能平台的直接服务费用收入，而是着眼于整体端到端解决方案中边缘智能发挥的价值，适用于边缘智能运营商也参与到物联网方案设计的情景中。电信运营商、云服务厂商等边缘智能运营商有时也承担着物联网集成商、解决方案商的角色，或者是和集成商深度合作。此时，边缘智能就是整体方案中的有机组成部分，也可给物联网解决方案的优化带来直接效果。

14.4 产品化发展前景展望

从全世界的角度来说，边缘智能仍然处于起步阶段。尽管如此，在欧美各国，以及亚太地区的一些先进发达市场中，边缘计算相关的项目正在有条不紊地扩大相关的试点，并在进行小规模的部署。鉴于边缘计算的潜在影响与其转型性质，众多移动网络公司均陆续启动了各自的试点计划。目前，越来越多的电信运营商开始推动他们的边缘计算试点工作。

目前，云计算是全球信息化发展的主流，边缘智能作为其重要补充，更是处于迅猛发展的阶段。华信咨询发表的边缘计算产业前沿研究报告指出，边缘计算的国际市场规模在 2018～2022 年的复合年均增长率超过 30%。2017 年，据美国计算机社区联盟的《边缘计算重大挑战研讨会报告》估算，至 2026 年的 10 年间美国在边缘计算方面的支出将达到 870 亿美元(其中包括 5G 基建投入的 204 亿美元)，欧洲方面的支出约为 1850 亿美元[19]。

边缘智能的产业规模随着物联网产业的发展不断壮大。由于边缘智能更多是物联网整体解决方案的一部分，直接抽取专门针对边缘智能的市场总量和收入并不容易。不过，可以采取对比不同模式成本的方式，预计边缘智能给产业带来的较高的产业关联效应。与云计算、边缘计算相比，边缘智能可以进一步缩减数据处理的成本。大部分边缘设备与云端相距很远，根据边缘智能白皮书的数据，当边缘与云的距离减少到 322 公里的时候，数据处理成本将缩减 30%；当两者的距离缩减到 161 公里的时候，数据处理成本将缩减 60%。当边缘具备人工智能分析能力的时候，这一数字还有进一步缩减的空间[20]。

在中国，边缘智能被众多企业认为是 5G 时代创收的机会。但就边缘计算带来的机遇和挑战来说，各企业考虑的出发点不尽相同。对于国内的网络运营商而言，边缘计算很大程度地发挥了 5G 网络的优势，而边缘智能的快速发展反过来也会增加 5G 网络建设的需求。因此，边缘智能是面向各个行业和企业数字化转型的下一个超越连接的市场机会[3]。与腾讯、阿里等服务供应商相比，在云计算市场，国内的三大网络运营商并不占优势。因此，网络运营商可通过网络切片探索新的应用场景，以及发挥云、边缘、核心电信网络的集成优势，从而为网络运营商提供更广阔的发展空间。此外，向第三方开发者开放 5G 网络也是一种商业机会，有望在网络边缘孵化出 5G 业务生态。

对于云服务企业而言，边缘智能是对其边云能力和边云服务产品的扩展。这些企业通过与国内各个领域的企业建立广泛的合作关系，拥有丰富的云端数据供分析研究。然而，紧紧围绕 5G 技术构建的边缘智能架构也带来新的挑战，将云服务企业带入一个分布式计算的新领域，其特征包括大规模的移动互联设备，以及需要边缘/云的深度协同编排。与此同时，如图 14-4 所示，云服务提供商正在寻求将边缘计算技术应用到基于物联网的消费者业务中。

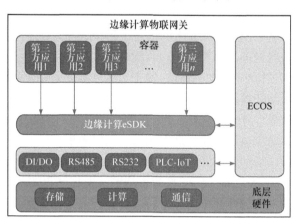

图 14-4　边缘计算物联网架构示意图

不仅是互联网行业内部，对于网络设备供应商来说，边缘智能的未来发展同样有深远的意义。随着边缘智能技术、核心网络，以及接入网络的融合规模不断增大，复杂性不断增长，大型的网络设备企业将日渐成为中国网络运营商和计划部署边缘智能的云服务公司的关键合作伙伴。上述三者的耦合点即针对基于现有电信网络基础设施设计的、符合 3GPP 标准的边缘计算基础设施。对于网络设备供应商来说，这是极为重要的商机，同时也是供应商要面临的挑战。供应商不仅要设计真正无缝的从端到端网络转型的解决方案，还要在更大的范围内创造新的市场模式，同时促进 ICT 和垂直行业之间的联系。

虽然边缘智能有很好的商业前景，但在实现的道路上也同时面临着众多挑战。首先，让人工智能在边缘网络上并行存在困难。人工智能是通过让计算机用程序模拟人脑的思维过程，即利用机器学习达到智能思考的能力。因此，模拟人脑神经元的人工智能模型十分复杂，互联关系紧密，各组成部分之间的依赖性较强，在处理能力有限的分布式环境下很难达成并行处理[21]。除了技术实现的挑战，依照目前的市场情况而言，推广边缘智能的成本过高。由于边缘基础设施还没有被大规模部署，机架设施、服务器等设备成本仍处于较高水平。对于服务器的性能，以及网络带宽的高要求，会进一步拉高边缘计算的部署成本。同时，边缘计算的分散布局也使系统的运维成本水涨船高。为了解决这个问题，边缘智能在未来发展的道路上需要在持续推广的同时不断优化建设及运维成本。值得注意的是，更快地推进部署规模也是成本优化的方法之一，即通过冲减边缘机房的机柜数量来减少机架设施、服务器的建设成本，以及运维成本。

14.5　本章小结

边缘智能产业落地将为各个行业带来新的发展机遇和挑战，推动产业转型升级和智能化进程，为社会经济的可持续发展提供更加坚实的支撑和保障。未来，随着边缘智能技术的不断发展和应用，可以预见数字平行世界将更加智能化、高效化和便捷化。

参 考 文 献

[1] 边缘计算产业联盟. 边缘智能边云协同——2018 边缘计算产业峰会在京盛大召开. https://www.sohu.com/a/278657354_100019702[2021-06-20].

[2] 边缘计算产业联盟. 2019 边缘计算产业峰会在京召开. http:// scitech.people.com.cn/n1/2019/1129/c1007-31481597.html[2021-06-20].

[3] 王凯, 王静. 工业互联网边缘计算技术发展与行业需求分析. 中国仪器仪表, 2019, (10): 67-72.

[4] 科技部. 科技部关于印发《国家新一代人工智能创新发展试验区建设工作指引》的通知. http:// www.gov.cn/xinwen/2019-09/06/content_5427767.htm[2021-06-20].

[5] 工业和信息化部. 工业和信息化部关于加快培育共享制造新模式新业态促进制造业高质量发展的指导意见. http:// www.cac.gov.cn/2019-10/29/c_1573884323630254.htm[2021-06-20].

[6] 国家发展改革委. 关于推动先进制造业和现代服务业深度融合发展的实施意见. http:// www.gov.cn/xinwen/2019-11/15/content_5452459.htm[2021-06-20].

[7] 工业和信息化部. "5G+工业互联网" 512 工程推进方案. http://www.cac.gov.cn/2019-11/24/c_1576133540276534.htm[2021-06-20].

[8] 中国科学院科技战略咨询研究院. "新基建" 为经济增长提供新动力. http://www.ce.cn/xwzx/gnsz/gdxw/201903/01/t20190301_31589466.shtml[2021-06-20].

[9] 搜狐. 边缘计算产业联盟正式成立. https:// www.sohu.com/a/120702285_119689[2021-06-20].

[10] 边缘计算产业联盟. 边缘计算产业联盟与网络 5.0 产业和技术创新联盟正式签署合作协议并召开联合工作组启动会. https:// www.sohu.com/a/342060041_100019702[2021-06-20].

[11] 边缘计算产业联盟. 华为牵头成立欧洲边缘计算产业联盟. http://www.ecconsortium.net/Lists/show/id/118.html[2021-06-20].

[12] 36 氪. 百度与 Intel 成立 5G+AI 边缘计算联合实验室加速推出相关商用产品. http:// www.cena.com.cn/5g/20180925/95914.html[2021-06-20].

[13] 启迪控股. 北邮启迪边缘计算与网络安全联合实验室挂牌成立. http:// www.tusholdings.com/h/branchnews/show-62-1506-1.html[2021-06-20].

[14] 龚亮, 赵雯. 机器人来袭: 怎样提升人工智能的 "道德水平". http:// news.sciencenet.cn/htmlnews/2017/9/387720.shtm[2021-06-20].

[15] 王诗涵. 5G 背景下 "天网工程" 在资金监控方面的运用探究. 财经界, 2020, (7):64-65.

[16] 刘灯, 周伟. 基于边缘计算的智慧工厂系统. 湖北工业大学学报, 2019, 34(2): 74-77.

[17] 有孚网络. 云计算助力"智慧港口"建设大有可为. https:// www.sohu.com/a/412768039_
　　　 120595321[2021-06-20].
[18] 王燕清. 基于"5G+边缘云"架构的 4K 编辑系统设计探讨. 现代电视技术, 2022, 4: 64-68.
[19] 华信咨询. 2020 边缘计算产业前沿研究报告. http:// www.ecconsortium.org/Lists/show/id/
　　　 399. html[2021-06-20].
[20] ICA 联盟. 智能城市生态研究白皮书. http:// www.199it.com/archives/734763.html [2021-06-20].
[21] 李肯立, 刘楚波. 边缘智能: 现状和展望. 大数据, 2019, 30(3): 6975.